數 ╪ 學 ＝（女 × 孩）

［隨機演算法］

日本暢銷科普作家
結城 浩 ——著

前師範大學數學系教授兼主任
洪萬生 ——審訂

北一女中數學老師
國際數學奧林匹亞競賽金牌獎
王嘉慶 ——推薦

陳冠貴 ——譯

數學女孩與隨機漫步

洪萬生

　　本小說是結城浩所創作的《數學女孩》系列之第四本。除了主要人物多了一位紅頭髮的美少女麗莎之外，本書敘事延續了結城浩的一貫風格，亦即，他充分運用語言、圖形、程式乃至於算式，來表現登場人物的思考脈絡。這種在故事情節中論述數學的手法，想必是本系列小說不僅吸引一般科普讀者，同時也得到數學家注意的主要原因之一。

　　明確地說，結城浩在本系列小說中的書寫，都是將構成各個主題的數學知識細節，編入故事的情節之中。因此，他的敘事往往伴隨著數學知識的開展，而達到融數學與敘事為一體的境界。一般而言，數學的這種鋪陳與開展，當然為一般科普作品所具備，不過，如果還想契合故事情節中小說人物的對話，那麼，作家的數學敘事（mathematical narrative），就非要完全融會貫通相關的數學知識不可了。

　　正是基於這種在「脈絡」（context）中「做」與「說」數學的特性，結城浩也得以細緻地分享他對相關數學主題的學習心得，因此，如果讀者有意就數學普及書籍學一點數學，那麼，這一系列小說都是上上之選。

　　本小說主題為隨機漫步（random walk）及其定量估算，但由於涉及機率、統計與矩陣，因此，作者運用了相當多的篇幅（共有四章），引進排列、組合、機率、期望值以及矩陣等高中基礎數學知識單元。在解題時，作者盯住細節但又不為其所侷限，總是提醒讀者從容出入，適時掌握「筆記」要點或「旅行地圖」，以免迷失所在位置。此外，他還進一步說明如何從結構面向切入，以連結具體例子與一般化，以及「看穿構造，需要心之眼」的知識洞察力之不可或缺。更值得注意的，在可滿足性問題（SAT）的脈絡中，作者也引進 $NP = P$ 是否成立這個千禧年百萬美元獎金難題。所謂 P 問題是指有效率可解的問題，至於 NP 問題，

則是給定一個可能的解時，能有效率判斷這個解是否正確的問題。目前已經證明 $NP \subset P$，但是反過來，則仍然未知。作者從具體例子入手，說明此一難題的背景與意義，意在激發「小數學家」的豪氣，用心良苦，令人感佩。

另一方面，本書適時地呼應可能出自作者自己年少苦讀數學的勵志嘉言。譬如說吧，他利用書中主角深入說明數學概念或原理時，最喜歡強調「舉例是理解的試金石」，或者指出「從理所當然之處開始是好事」，還有，他在主角討論數學的場合中，也總是鼓勵讀者「能夠有自由談的對象很重要」。譬如，在反思矩陣單元（第 7 章）的學習時，作者主張將「矩陣的理論當武器來使用」，至於琢磨武器的方法，則是透過對話：

> 與問題的對話、與自己的對話，還有與米爾迦或蒂蒂的對話。
> 我透過對話衡量自己的理解度，測試自己的力量。

還有，作者更是大聲召喚讀者：「將有傳達價值的，正確傳達地書寫－這是論文的本質。將過去的人類發現，再加上自己的新發現－這是研究的本質。將現在重疊在過去之上，看見未來－這是學問的本質。」這種期許年輕人的數學創新願景，在一般數學普及作品中並不多見。作者選擇了數學小說這個文類，而得以大大地凸顯此一願景，實在令數學家感到欣慰。

總之，結城浩在本系列的這第四本的招式並未用老，他的敘事表現或許也可以很好地解釋數學的深度與廣度，是取之不盡、用之不竭的人類知識泉源，值得我們繼承與珍惜！我在《數學女孩：哥德爾不完備定理》的推薦文中，以為該書是此一系列的終曲，沒想到結城浩又繼續發表本書以及《數學女孩：伽羅瓦定理》，真是令人驚喜！鑑於本系列對於相關數學知識普及的貢獻，我們非常期待他更多作品問世！

給讀者

　　本書中出現了各式各樣的數學問題，內容包括簡單到連小學生都懂，以至於連大學生都感到困難的問題。

　　除了使用語言、圖形，以及程式來表現登場人物們的思考脈絡之外，也會使用算式來敘述。

　　如果遇到不明白算式意義的時候，只要將算式放一邊即可，請先去追隨故事情節發展。蒂蒂與由梨會陪伴著你一起往前走。

　　而對數學很拿手的讀者，除了故事之外，也請務必配合並跟隨算式的腳步。如此一來，你可以將故事的全貌看得更清楚。

*註：結城浩《數學女孩》小說原著，至 2013 年共發行中文版為：
1.《數學女孩》，青文出版社，2007。
2.《數學女孩：費馬最後定理》，世版出版，2011。
3.《數學女孩：哥德不完備定理》，世茂出版，2012。
4.《數學女孩：隨機演算法》，世茂出版，2013。

C　O　N　T　E　N　T　S

序章

我的前方沒有路
我的後方開拓路
高村光太郎「路程」

我想理解世界。
我想理解自己。

　想去理解世界的廣度。
　想去理解自己的深度。

可是，其實──我希望讓別人理解。
希望世界、希望她能理解我。
但是，我不明白。
我不明白自己。
我真的希望讓別人看到現在的模樣嗎？
我，弄不明白。

　沉默寡言的紅髮女孩。
　新的季節與新的邂逅。
　由此產生的新的謎題。

如果選了一個，就不能選其他。
從無限的道路，選出一條路。

　確定的過去、不定的未來。
　位於這個交界的現在。

如果未來成了現在，就只剩單一的時間。
那就是一邊將不定的未來轉換成確定的過去，一邊向前走的現在。

選擇，決定去路。
選擇，前進未來。

即使不能理解，我也要選擇。
即使不能理解，我也要生存。
我一邊選擇，一邊生存；一邊走，一邊開路。

我的前方沒有路。
我的後方開拓路。

我不明白，自己是否正確理解世界。
我不明白，自己是否正確理解自己。
可是，我今天也在走著。

為了瞭解不能知的明天。
為了解開不能解的謎題。

一邊做著與你的未來的夢──

第 1 章
絕對不會輸的賭博

我在哪裡？
這裡是大陸？還是島嶼？
有沒有人煙？
還是有危險的野獸？
我什麼都不知道。
——《魯賓遜漂流記》

1.1　擲骰子

1.1.1　2 個骰子

「來一決勝負吧，哥哥！」由梨喊道。
「好好好，今天是什麼？」我答道。
「我出問題囉，你要認真和我較量才行！」

> 骰子決勝負
> 愛麗絲與鮑伯各擲 1 個骰子決勝負。
> 擲出點數大的獲勝。請問愛麗絲獲勝的機率是多少？

現在是四月，持續著平靜溫暖的日子。這裡是我的房間。

表妹由梨住在附近，是國中二年級學生——不，從這個春天開始就是三年級了。因為我們從小就一起玩，她總是叫我「哥哥」。她將栗色的頭髮綁成馬尾，穿著薄毛衣配牛仔褲。

由梨只要放假就會來我房間玩，最近我們常一起思考數學和解題呢。

「呃……因為對稱，愛麗絲獲勝的機率是 $\frac{1}{2}$ 吧？」

「錯——」由梨露出喜出望外的表情。

「啊，不對，這兩人——」

「你忽略這兩人平手的情況了——」由梨說道。

「我不小心的。」我說道，「愛麗絲的骰子點數有 6 種，各自對應鮑伯的點數也是 6 種。也就是全部有 6 × 6 = 36 種情況。這 36 種之中，不管哪一種，發生的機率都一樣。」

$$全部的情況數＝愛麗絲的 6 種 × 鮑伯的 6 種$$
$$＝ 36 種$$

由梨點著頭，我看著她繼續說：

「36 種當中，愛麗絲與鮑伯點數相等的有 6 種，這時候是平手。可以決定勝負的有 36 − 6 = 30 種，其中有一半的 15 種是愛麗絲獲勝，剩下的 15 種是鮑伯獲勝。」

$$
\begin{aligned}
愛麗絲獲勝的情況數 &= \frac{決定勝負的情況數}{2} \\
&= \frac{全部的情況數－平手的情況數}{2} \\
&= \frac{36 - 6}{2} \\
&= \frac{30}{2} \\
&= 15
\end{aligned}
$$

「嗯嗯。」

「因此，愛麗絲獲勝的機率就變成這樣。」

$$愛麗絲獲勝的機率 = \frac{愛麗絲獲勝的情況數 (15)}{全部的情況數 (36)}$$

$$= \frac{15}{36}$$

$$= \frac{5}{12}$$

「是的，這是正解。愛麗絲獲勝的機率是 $\frac{5}{12}$。哥哥，你竟然會忘記平手，在這種無聊的地方失誤了喵。」由梨用貓語說道。

「也會有這種事啊。」

「複雜的問題就《用表格來思考》，這是哥哥教我的喔。」

		鮑伯					
		1 ⚀	2 ⚁	3 ⚂	4 ⚃	5 ⚄	6 ⚅
愛麗絲	1 ⚀	平手	鮑伯	鮑伯	鮑伯	鮑伯	鮑伯
	2 ⚁	愛麗絲	平手	鮑伯	鮑伯	鮑伯	鮑伯
	3 ⚂	愛麗絲	愛麗絲	平手	鮑伯	鮑伯	鮑伯
	4 ⚃	愛麗絲	愛麗絲	愛麗絲	平手	鮑伯	鮑伯
	5 ⚄	愛麗絲	愛麗絲	愛麗絲	愛麗絲	平手	鮑伯
	6 ⚅	愛麗絲	愛麗絲	愛麗絲	愛麗絲	愛麗絲	平手

愛麗絲與鮑伯的骰子勝負表

「的確是這樣。」我一時大意犯了平凡的失誤，真令人懊悔。」

「所謂的 $\frac{15}{36} = \frac{5}{12}$，就是這個意思吧？」

$$= \frac{15}{36} = \frac{5}{12}$$

「嗯……接著換哥哥出題。」我以稍微強勢的口氣說道。

「不要──高三的不可以拿國三的對象認真啦──」

1.2 擲硬幣

1.2.1 2 枚硬幣

> **擲 2 枚硬幣**
> 愛麗絲各擲 1 枚一百圓硬幣與十圓硬幣後說話了。
>
> 　　愛麗絲:「至少有 1 枚出現《正面》。」
>
> 這時候,兩個硬幣皆為《正面》的機率有多少?

「很簡單吧。」由梨馬上說道。

「是嗎?」

「已經知道至少有 1 枚硬幣是《正面》了吧?所以兩個硬幣是否都是《正面》,就是由另一枚硬幣是否為《正面》來決定。那麼,機率不就是 $\frac{1}{2}$ 嗎?」

「然而妳錯了,機率不是 $\frac{1}{2}$。」

「咦!」由梨似乎打從心底吃驚的模樣。「不可能!」

「可能。」

「不可能!」

「在機率的問題上,《綜觀整體》是很重要的。」

「……絕對是 $\frac{1}{2}$ 啦。」

「由梨,妳在聽嗎?」

「我在聽,你說綜觀整體吧?」

「這個問題的情況,要考慮一百圓硬幣與十圓硬幣的硬幣正反

面。」

	一百圓硬幣	十圓硬幣
HH	正面	正面
HT	正面	反面
TH	反面	正面
TT	反面	反面

「這個 HH 是什麼？」由梨說道。

「啊啊，H 是《正面》，T 表示《反面》。也就是 Head 與 Tail。Head 是頭，Tail 是尾巴，表示硬幣的《正面》與《反面》。」

「咦——我都不知道。」

$$H\quad 正面（Head）$$
$$T\quad 反面（Tail）$$

「擲一百圓硬幣與十圓硬幣時，這個 HH、HT、TH、TT 的 4 種情況，發生的機率全是相等的。」。

「對啊，可是 TT 是不可能的，因為有一枚已經是《正面》了吧？」由梨答道。

「沒錯，所以實際上發生的可能性是 HH 或 HT 或 TH 中的一種。」

	一百圓硬幣	十圓硬幣
HH	正面	正面
HT	正面	反面
TH	反面	正面
~~TT~~	~~反面~~	~~反面~~

「啊……」

「HH、HT、TH 這 3 種的發生機率相等，為 $\dfrac{1}{3}$。其中，兩枚都是《正面》的，只有 HH1 種而已。也就是說，所求的機率是 $\dfrac{1}{3}$。」

「嗯……」由梨進入思考模式，頭髮閃耀著金色。

「正解是 $\frac{1}{3}$ 喔，妳能理解嗎？」

「哥哥，你剛說愛麗絲的臺詞是什麼？」

「愛麗絲的臺詞是——至少有 1 枚出現《正面》。」

「我懂了！《至少有 1 枚》是重點。愛麗絲說的《正面》硬幣可能是一百元日幣，也可能是十元日幣，有 2 種情況。」

「嗯，沒錯。至少有 1 枚是正面的情況有 3 種，其中兩個都是《正面》的，只有 HH 的 1 種而已。可是只有一個是《正面》的情況就有 HT 或 TH 這 2 種。」

「原來如此。」

「我剛才也說過了，機率《綜觀整體》是很重要的。」

1.2.2　1 枚硬幣

「喵嗚——！」由梨使勁伸展雙手。「我厭倦了，真的以擲硬幣來一決勝負吧！……借我一百圓硬幣。」

我遞給她一百圓硬幣，由梨馬上用大拇指將硬幣彈起。伴隨著輕微的金屬聲，銀色的硬幣直線升起又落下。由梨用左手背巧妙地接住硬幣，並用右手按住。

「由梨，妳真靈巧。」

「如果是《正面》就是由梨獲勝，若是《反面》就是哥哥輸了！」

「我知道了……嗯？等一下！」

「哼，你發現了嗎？」

「當然會發現，這個規則，由梨不就絕對獲勝嗎？」

「哎呀，你看，要是硬幣從邊緣立起，就是哥哥獲勝了。」

「喂喂喂。」我們相視而笑。

「啊哈哈……認真點吧——正反面，你選哪個？」

由梨使勁伸出扣住硬幣的手。

「《反面》吧。」

我說完，由梨張開手。

「可惜，是《正面》——」

「咦？這是《反面》喔，寫有年號的是《反面》[1]。」

「咦咦咦？是這樣嗎？」

「所以是哥哥贏了。」

「狡猾！」由梨鼓起臉頰。

《正面》　　　《反面》

「這完全不狡猾吧。」

「我要給狡猾的哥哥出困難的問題喔。」

這時候從廚房傳來了母親的聲音。

「孩子們！吃點心！」

「好——！……哼！哥哥你被鐘聲救了。」

「什麼鐘聲啊？」

「算了，就在這裡饒了你吧。」

由梨這麼一說，迅速離開房間。

啊……

我鬆懈下來，於是追著由梨朝飯廳而去。

---

1 日本的造幣廠為了方便起見，將寫有年號的面當作「反面」。

1.2.3　彩券的記憶

　　餐桌上排列著盛有蘇打餅乾的盤子，以及裝了湯的馬克杯。

　　「這是什麼……」我聞著湯的氣味問。

　　「這是我用新的香料做成的新作品呢，讓我聽聽你們的感想吧。」母親一副得意的模樣。

　　「這氣味好怪啊。」

　　「好香呢──」由梨說道。

　　「小由梨真是好孩子。」

　　「嗚嗚，這個味道……」我喝了一口呻吟道。

　　「真是沒禮貌！」母親說，「媽媽可是每天做料理呢，哪像你，前幾天讓你幫我做奶油湯的時候，就弄到結塊了，你這個樣子，還敢對我的料理味道說三道四。」

　　「什麼讓我幫妳做，明明就是強迫我站在廚房才對吧。」我反駁道，「而且媽媽，剛才是妳要我說感想的──」

　　「我明明就已經全部充分攪拌過了。」母親無視我的反駁，「還有啊，你新年的時候也是，我拜託你看著煮糖豆，結果煮到鍋子都燒焦了。」

　　「那時候是我看書入迷一下下，忘記關火了──」

　　「哥哥，你也要會做家事才行啊。」由梨說道，「不然由梨也不能放心喔。」

　　「什麼意思？」哎呀，事情變得越來越複雜。

　　「這孩子有沒有認真教小由梨功課啊？」母親對由梨說道。所謂的「這孩子」指的就是我。

　　「有，剛才他教了我機率的問題。」她答道。

　　這種時候，由梨就會表現得圓融周到，正經的清爽笑容準備好迎合大人。

　　「說到機率，車站前正在賣《春之彩券》呢，貼了張大廣告。」母親說。

　　「是那張《本店開出頭獎》的海報吧。」我說道。

春之彩券
本店開出頭獎！

　　海報以手寫風格的文字書寫，《頭獎》的上面還附有◎◎的標記。

　　「那家店的中獎機率不錯吧。」

　　「不，那是沒有意義的，媽媽。」我說，「因為《開出頭獎》這句話只是用來迷惑人的。」

　　「是這樣嗎？既然是出現中獎的店，中獎的機率不是就很高嗎？」

　　「數學上來說沒這回事。」

　　「可是，你看，這不是很幸運嗎？」

　　「那個啊，媽媽，彩券是沒有記憶力的，以前哪家店中獎過，彩券並不記得，妳別被那種海報騙了。」

　　「可是……」媽媽無法理解的樣子。

　　「喂，哥哥。」由梨喝完湯說，「海報上寫著《本店開出頭獎》對吧。」

　　「是沒錯。」

　　「這個主張在數學上不算有錯吧。」

　　「怎麼說？」連由梨都說出這種話。

　　「因為《本店開出頭獎》是事實吧，他又沒寫成《在本店買容易中獎》！」

　　「……的確是。」我說，「可是，意思也就是，人們容易誤會自己也會中獎而去買，這樣很狡猾。」

　　「就是說啊──」

　　「機率有很多違反直覺的問題，要是沒好好計算就會被騙。」

　　「不說這些了，請喝湯吧。」媽媽說。

1.3　蒙提霍爾問題

1.3.1　3 封信封

我勉強吞下湯，與由梨回到房間。

「說到機率，蒙提霍爾問題很有名喔。」我說。

蒙提霍爾問題

主持人將三個信封放在桌上，開口說話。

> **主持人**「這三封信封只有一封放有彩券，剩下兩封是空的。來吧，你要選哪一封？」

你選了一封信封拿起來。
正要打開的時候，主持人阻止你打開並如此說道。

> **主持人**「我知道哪一封是空信封，就當作是給你的提示，桌上剩下的兩封信封，我幫你開其中一封吧。如果放進彩券的信封在桌上的話，我就開空的信封；如果桌上剩下的兩封都是空信封，那我就隨機開這兩封其中的一封。」

主持人從桌上剩下的兩封信封，開了其中一封，並展示給你看，那封的確是空的。

> **主持人**「那麼，你可以保持一開始選的信封，也可以和桌上剩下的信封交換，你要怎麼做？」

你想要彩券，要保持一開始選的信封呢，還是和桌上剩下的信封交換比較好呢？

「這是不可能的情境喵。」由梨斷然說道。
「不，這好像曾經在『讓我們來做個交易』（"Let's Make a Deal"）的電視節目實際做過。不過不是彩券和空信封，而是車子和山羊。」
「山羊！山羊好好喔——我想要——」
「不，是沒選中山羊啦。」

「為什麼這叫做蒙提霍爾問題？」

「蒙提霍爾是節目主持人的名字。」

「哼——可是啊——就算主持人再怎麼選信封，只要一開始選到的信封沒有彩券，就決定結果，畢竟信封也不可能飛進彩券吧？」

「是啊。」

「既然這樣，交換不就沒意義了……我知道了，這是引人入甕的問題！《保持一開始選的信封呢，還是和剩下的信封交換比較好呢》他這麼問，其實結果就是《不管哪個猜中的機率都一樣》對吧喵？」

「妳真是太過度猜測了……對了，由梨的答案是？」

「由梨的答案是——就算不交換，猜中機率也一樣！」

「錯——」我模仿由梨。

「咦——錯了嗎？」

「和剩下的信封交換比較好——才是正解。」

「咦！交換比較好嗎？」

「對啊。」

「一定？」

「一定。我將所有情況列舉出來妳就懂了。我將信封標上 A、B、C，用表格來思考吧。猜中就用○，猜錯就用×來表示，結果就是這樣。」

機率		A	B	C	
1	$\frac{1}{3}$	○	×	×	A 是中獎的情況
	$\frac{1}{3}$	×	○	×	B 是中獎的情況
	$\frac{1}{3}$	×	×	○	C 是中獎的情況

「嗯——是沒錯。」由梨也點頭。

「這三封機率全是同樣的 $\frac{1}{3}$。」我說，「對於這三封的選法分別有三種，重新製表看看吧，選中的信封標上〔　〕記號。」

	機率		A	B	C	
1	$\frac{1}{3}$	$\frac{1}{9}$	〔○〕	×	×	A 是中獎，選 A 的情況
		$\frac{1}{9}$	○	〔×〕	×	A 是中獎，選 B 的情況
		$\frac{1}{9}$	○	×	〔×〕	A 是中獎，選 C 的情況
	$\frac{1}{3}$	$\frac{1}{9}$	〔×〕	○	×	B 是中獎，選 A 的情況
		$\frac{1}{9}$	×	〔○〕	×	B 是中獎，選 B 的情況
		$\frac{1}{9}$	×	○	〔×〕	B 是中獎，選 C 的情況
	$\frac{1}{3}$	$\frac{1}{9}$	〔×〕	×	○	C 是中獎，選 A 的情況
		$\frac{1}{9}$	×	〔×〕	○	C 是中獎，選 B 的情況
		$\frac{1}{9}$	×	×	〔○〕	C 是中獎，選 C 的情況

「喵來如此。」

「全部有 $3 \times 3 = 9$ 種情況，每種情況發生的機率是相等的 $\frac{1}{9}$。然後，如果選到中獎的，主持人開封的空信封就有可能是兩種情況。這時候，機率 $\frac{1}{9}$ 就被分解成兩種，各為 $\frac{1}{18}$。」

「嗯……」

「可是，如果選到沒中的，主持人開封的空信封就只有一種情況。這時候機率就維持 $\frac{1}{9}$。因為不容易理解，所以就用表格整理。一定會發生的機率是 1，然後依次分成 $1 \rightarrow \frac{1}{3} \rightarrow \frac{1}{9} \rightarrow \frac{1}{18}$。」

	機率			A	B	C	
1	$\frac{1}{3}$	$\frac{1}{9}$	$\frac{1}{18}$	〔○〕	✳	×	A 是中獎，選 A，開封 B 的情況
			$\frac{1}{18}$	〔○〕	×	✳	A 是中獎，選 A，開封 C 的情況
		$\frac{1}{9}$		○	〔×〕	✳	A 是中獎，選 B，開封 C 的情況
		$\frac{1}{9}$		○	✳	〔×〕	A 是中獎，選 C，開封 B 的情況
	$\frac{1}{3}$	$\frac{1}{9}$		〔×〕	○	✳	B 是中獎，選 A，開封 C 的情況
		$\frac{1}{9}$	$\frac{1}{18}$	✳	〔○〕	×	B 是中獎，選 B，開封 A 的情況
			$\frac{1}{18}$	×	〔○〕	✳	B 是中獎，選 B，開封 C 的情況
		$\frac{1}{9}$		✳	○	〔×〕	B 是中獎，選 C，開封 A 的情況
	$\frac{1}{3}$	$\frac{1}{9}$		〔×〕	✳	○	C 是中獎，選 A，開封 B 的情況
		$\frac{1}{9}$		✳	〔×〕	○	C 是中獎，選 B，開封 A 的情況
		$\frac{1}{9}$	$\frac{1}{18}$	✳	×	〔○〕	C 是中獎，選 C，開封 A 的情況
			$\frac{1}{18}$	×	✳	〔○〕	C 是中獎，選 C，開封 B 的情況

「好麻煩喵。」雖然由梨嘴上這麼說，眼睛還是盯著我重寫的表格。「所以呢？」

「所以，保持一開始選的信封是猜中的情況，就是指〔○〕。」

《保持一開始選的信封的中獎機率》=《〔○〕的機率和》

$$= \frac{1}{18} + \frac{1}{18} + \frac{1}{18} + \frac{1}{18} + \frac{1}{18} + \frac{1}{18}$$

$$= \frac{6}{18}$$

$$= \frac{1}{3}$$

「看——吧，就像由梨說的一樣，選中的機率是 $\frac{1}{3}$ 啊——」

「而交換後選中的機率，則要加總所有〔×〕的機率才能求出來。」

$$《交換後選中的機率》 = 《〔×〕的機率的和》$$
$$= \frac{1}{9} + \frac{1}{9} + \frac{1}{9} + \frac{1}{9} + \frac{1}{9} + \frac{1}{9}$$
$$= \frac{6}{9}$$
$$= \frac{2}{3}$$

「……原來如此。」

「結果——

$$《保持一開始選的信封的中獎機率》 = \frac{1}{3}$$
$$《交換後選中的機率》 = \frac{2}{3}$$

——所以，交換比較好。」

「嗯——好吧……雖然……覺得道理懂了——可是覺得想要更簡單理解。」

由梨雙手在後腦勺交叉，露出一副不滿的表情。

「也是。容易理解的說明有很多種，例如信封的數量不是三封，而總共有一萬封，放有彩券的只有其中一封。」

「這什麼啊……哈哈哈哈。」

「你從中選一封，然後主持人從剩下的 9999 封中打開 9998 封給你看。這時，交換信封比較好吧？」

「這樣看來，的確是交換比較好，因為──一開始選的信封中獎的機率是 $\frac{1}{10000}$，幾乎就代表猜錯，不是嗎。」

「沒錯。」

「剩下的 9999 封信，其中某封放有彩券的機率是 $\frac{9999}{10000}$。主持人知道哪一封有禮券，並提醒他不要開封有彩券的信封，於是劈哩啪啦地開了 9998 封。沒中的機率是……嗯，由梨沒辦法詳細說明啦！」

「主持人不會開放有彩券的信封，而開封了 9998 封。這個意思是，嗯，就是說──放有彩券的機率 $\frac{9999}{10000}$ 緊緊地塞在剩下的一封信中。」

「就像將糖豆煮乾？」由梨嘻皮笑臉地說道。

「……呃，算是吧。三封的情況也是同樣的思考方式。一開始選中的機率是 $\frac{1}{3}$。反過來說，桌上有中獎的信封機率就是 $\frac{2}{3}$。主持人開封空信封，桌上的機率 $\frac{2}{3}$ 就煮乾進入那一封信了。」

「嗯嗯。」

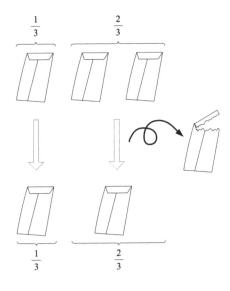

「所以，蒙提霍爾問題就是：

- 將機率 $\frac{1}{3}$ 抱在手上的信封，
- 以及將機率 $\frac{2}{3}$ 煮乾的桌上信封，

要選哪個的問題了。」

「那你一開始就該這麼說啊。」

唉……

1.3.2　神的觀點

「雖然如此，哥哥，《用表格來思考》這方法還真不錯呢。」

「是啊，《用表格來思考》是為了《綜觀整體》的方法之一……可以說是《神的觀點》吧。」

「神明的觀點？神明可以看見全部？未來的事也可以？」

「畢竟是全知全能，所以可以看見。」

「那麼，由梨能不能解開這個問題、會跟誰結婚、什麼時候會死，祂全都能看見？」

「或許吧，連由梨在家有沒有好好用功都看得見。」

「哼——」

「國中三年級，這是要考高中的一年。」我指著由梨說道。

「啊——夠了，你讓我想起討厭的事了——反擊！高中三年級，這是要考大學的一年。」由梨指著我說道。

「嗚哈！」我伴了鬼臉……可是，這個動作其實很丟臉。

「考高中還好吧。」由梨說道。「可惜的是，我錯過米爾迦大小姐和哥哥，你們都畢業了。」

「還有蒂蒂在。」

「好吧——可是蒂德菈同學也要三年級了——」

「能夠有自由談論想法的對象，很重要喔。」

「這樣啊，嗯——能夠自由談論想法的對象……」

由梨突然陷入沉默。

嗯，沒錯。
能夠有自由談論想法的對象，這件事很重要。
因為相遇，我每天都起了相當大的改變。
一直到我高中入學以前，我從沒想過會每一天變成這樣。
談論想法的對象、談論數學的對象。
高一的春天遇見米爾迦同學——
高二的春天遇見了蒂蒂。
我不清楚未來的事。
不知道會發生什麼事。

「對了——哥哥……」
「嗯？」
「我有點事想問你……」
由梨擺弄著頭髮支支吾吾，這可是真稀奇。
「什麼事啊，怎麼突然變了。」
「嗎摸咩、摸咪喵、喵……」
「這是什麼咒語？」
「那個啊，哥哥，呃……」
「嗯。」
「你親過嗎？」

如果立方體所有的面都完全一樣，
要怎麼分辨出現的是哪個點位呢？
——《電腦的數學》[8]

第 2 章
累積愚直的一步

我最初的工作是，
分辨能使用與不能使用的東西。
——《魯賓遜漂流記》

2.1　高中

2.1.1　蒂蒂

「學長！」

我轉頭迎向一個快活高昂的聲音。

這裡是高中，現在是放學後，地點在寫著〔請肅靜〕的走廊正中央。

「蒂蒂……妳安靜一點。」我說道。

蒂蒂是高中二年級學生，也是小我一屆的學妹。她是個嬌小可愛又精力充沛的少女；雖然她偶爾會有精力充沛失控的問題，變成慌慌張張的小孩。

「啊，對喔，抱歉。」她搔搔頭上的短髮說道。一如往常的交談、一如往常的蒂蒂、一如往常的——不，她的身後站著一個我沒見過的女孩。

紅頭髮。

首先映入眼簾的是這女孩的頭髮，紅如火焰，長度及肩。髮型像是隨便用剪刀刷刷幾下剪掉一樣，給人野生動物的印象。

「學長，她是今年入學的麗莎學妹。」蒂蒂說道。

啊，原來是今年四月入學的新生。

是學妹蒂蒂再下一屆的學妹，嗯——因為我對蒂蒂的印象還停留在

《永遠的一年級》，所以會有奇怪的感覺。

這位紅髮的新生，明明正在由蒂蒂介紹給大家認識，可是她卻沒有露出笑容或點個頭。雖然她很漂亮，卻始終面無表情。她沒戴眼鏡，感覺是個不可思議的女孩呢。

「妳好。」我打招呼，「呃，妳的名字是……」

紅髮的女孩表情不變，聲音有些沙啞地回答：

「雙倉麗莎。」

2.1.2　麗莎

在圖書室。

麗莎與蒂蒂還有我，三個人並坐著。麗莎打開輕薄型筆記型電腦，從剛才開始就一直在打字。電腦的顏色，簡直就像配合她的髮色一樣，是鮮豔的紅色。麗莎始終不說話，蒂蒂喊她「喂！」就只有那瞬間會看向這邊，然後視線又回到電腦的螢幕，但她打字的手也沒停下來。不看畫面也能繼續打鍵盤，真屬害呢。

「對了，說到雙倉，是那個——雙倉圖書館？」我對麗莎說。

麗莎保持沈默地點頭。

「沒錯！」回答的人是蒂蒂。「麗莎學妹是雙倉圖書館的——雙倉博士的千金。」

「咦，這樣啊。」我說著看麗莎，可是麗莎事不關己的樣子，繼續與電腦對話。話題沒從這裡進展下去，只流轉著尷尬的沉默。

「……對了，妳升上二年級，心情如何？」我對蒂蒂說。

「這個嘛，新學期，想開始新氣象的感覺。」蒂蒂雙手用力緊握地說。

「新象氣？」

「對，我想開始學**演算法**。」

「演算法？」我反問。「演算法，我記得是電腦運算的程序吧？」

「對，沒錯。所謂的演算法，就是依據所提供的**輸入**，以得到所需的**輸出**，而制定的**明確步驟**。這個步驟大部分是以電腦程式來執行。」

蒂蒂很開心地繼續說明。

「演算法有幾個特徵，有輸入、有輸出、步驟明確，還有……還有……奇怪？抱歉，應該還有兩個特徵，我忘記了……總、總之，重要的是演算法的步驟不能曖昧不清。」

「這樣啊。」我不太懂電腦，雖然讀過有關程式設計的書，但還是搞不太清楚。「所以，妳在學演算法？」

「對，我以前就學過一點點程式設計，前幾天，村木老師告訴我，也學學演算法吧，他還給我線性搜尋的卡片。」

「線性搜尋？」

我一問，蒂蒂馬上莞爾一笑。

「我也有事可以教學長呢，所謂線性搜尋……」

2.1.3　線性搜尋

所謂**線性搜尋**，就是找東西的一種演算法。在數列當中，依序找尋是否存在特定數字的方法。……呃，雖然找的東西不限於數字，但為了說明，就當作找數字吧。

呃呃呃，現在我舉個例子。考慮這樣的數列：

$$\langle 31,\ 41,\ 59,\ 26,\ 53 \rangle$$

在這五個數字中……對了，比方說，讓我們來檢查是不是可以找到 26 這個數字吧。人類只要稍微看一下，就知道＜找得到＞ 26。可是，對電腦來說，則必須一個一個檢查。線性搜尋就是《從頭開始依序找下去》的演算法。

按照線性搜尋的演算法找 26，情況是這樣：

```
⟨ ㉛,  41,  59,  26,  53 ⟩ 第 1 個數字是 31，不等於 26。
⟨ 31,  ㊶,  59,  26,  53 ⟩ 第 2 個數字是 41，不等於 26。
⟨ 31,  41,  ㊾,  26,  53 ⟩ 第 3 個數字是 59，不等於 26。
⟨ 31,  41,  59,  ㉖,  53 ⟩ 第 4 個數字是 26，等於 26。
                            找到了！
```

◎　◎　◎

「可是，這不是理所當然的嗎？」我說。

「對，我一開始也這麼想，可是——」這時蒂蒂微微一笑，「從理所當然之處開始是好事……就是這樣！」

「……是沒錯。」

《從理所當然之處開始是一件好事》

這是我曾經對蒂蒂說過的臺詞，她記得可真清楚呢。

蒂蒂是學妹，平常都是我在教她，像是回答數學的問題或是幫她解問題。可是今天相反，是她來教我，感覺真新鮮。

「例如數字有一百萬個。」蒂蒂將雙手像噴泉般攤開說，「要是並列這麼多的數字，再怎麼依序檢查，人類都應付不了。可是，電腦就可以。意思就是，只要將演算法以程式的形式給電腦就行了。」

「咦……蒂蒂妳真是用功學習呢，這麼說來，我記得蒂蒂說過將來想從事電腦的工作——可是，我對演算法的印象並不太清楚。」我說。

「如果將線性搜尋這個演算法仔細整理……」

蒂蒂說著，拿出一張卡片。

線性搜尋演算法（輸入與輸出）

輸入

- 數列 $A = \langle A[1], A[2], A[3], \ldots, A[n] \rangle$
- 數列的大小 n
- 尋找的數字 v

輸出

　　A 當中有等於 v 的數字時，

　　　　就輸出 ＜找到＞。

　　A 中沒有等於 v 的數字時，

　　　　就輸出 ＜找不到＞。

「線性搜尋……」蒂蒂說道。「就是給予 n 個數字並列的數列 $A = \langle A[1], A[2], A[3], \cdots, A[n] \rangle$，以及數字 v，然後從數列 A 當中找尋 v 的演算法。輸入的是 A、n、v。」

「嗯嗯。」我點頭。「$A[1]$ 的意思是 A_1 嗎？」

「對，沒錯。在這裡——

$$A_1, A_2, A_3, \ldots, A_n$$

將這種數學寫法替代為：

$$A[1], A[2], A[3], \ldots, A[n]$$

這種寫法。$A[1]$ 是數列 A 的第 1 個數字。」

「嗯，我懂了。」我說。

「在線性搜尋演算法中，數列 A、數列的大小 n，以及尋找的數字 v 是輸入時給予的值。然後……如果數列 A 中有等於 v 的數字時，就輸出〈找到〉，沒有就輸出〈找不到〉。輸出的是〈找到〉或〈找不到〉。」

「原來如此，所謂的輸出就是指結果吧。」

「對，沒錯。所以──線性搜尋演算法的**程序**可以這樣表示。」

蒂蒂又拿出另一張卡片。

線性搜尋演算法（程序）

$L1$:　　procedure LINEAR-SEARCH(A, n, v)
$L2$:　　　　k ← 1
$L3$:　　　　while k ≦ n do
$L4$:　　　　　　if A[k] = v then
$L5$:　　　　　　　　return〈找到〉
$L6$:　　　　　　end-if
$L7$:　　　　　　k ← k + 1
$L8$:　　　　end-while
$L9$:　　　　return〈找不到〉
$L10$:　end-procedure

「這裡是使用**虛擬程式碼**來表示程序。」

「虛擬程式嗎？」

「對，所謂的虛擬程式碼，就是虛擬的程式，英文叫做『pseudo-code』。這裡表示的程序，電腦並不能直接執行，我是借用了類似程式的標示方法來寫出演算法。」

「咦……」

「村木老師說演算法，的寫法會因不同的書而千差萬別，可是，不管哪種寫法都無所謂，只要從輸入來求輸出的程序都必須明確表示。」

「原來如此……那麼，這就是線性搜尋演算法吧。」

「對。一言以蔽之，$A[1]$, $A[2]$, $A[3]$, …，依序看到 $A[n]$ 為止，去檢查是否有和 v 相等的數字，這就是線性搜尋的演算法。」

「這個程序要從 $L1$ 開始讀是嗎？」

「對對對。」蒂蒂微微點點頭，繼續說話，「沒錯，老師說要從 $L1$ 執行到 $L10$ 的各個步驟。」

「執行……？」

蒂蒂反覆看著筆記，慢慢展開話題。

「這個嘛，根據村木老師所說……要把自己當成電腦，來執行演算法就行了。

- 想像我是電腦。
- 想著我被給予演算法與輸入。
- 然後一步一步執行程序。

……雖然覺得很麻煩，但據說這麼做是理解演算法的最佳方法。」

「咦……」

「我最喜歡嘗試這種東西了，這是以耐性決勝負，用這個方式，讓我蒂德菈從此以後變成電腦！」

「可真是精神飽滿的電腦呢。」我說。

「電腦蒂德菈啟動」麗莎靜靜地說。

2.1.4　走查

現在開始使用一個測試案例——具體輸入例子——來一步一步執行線性搜尋演算法的程序。將演算法「walk through」，走查……也就是跑過一遍。

測試案例是——

$$\begin{cases} A = \langle 31, 41, 59, 26, 53 \rangle \\ n = 5 \\ v = 26 \end{cases}$$

給予以上的輸入。也就是說——

$A[1] = 31, \quad A[2] = 41, \quad A[3] = 59, \quad A[4] = 26, \quad A[5] = 53$

從上述 5 個數字中，使用線性搜尋來找 26 這個數字。

線性搜尋演算法的程序從 $L1$ 行開始。

① $L1$: **procedure** LINEAR-SEARCH(A, n, v)

這一行是表示接下來要開始 LINEAR-SEARCH 的程序。程序的英文是「procedure」。另外，這一行也表示在這個程序中，會給予 A、n、v 的輸入值。

繼續往下一行 $L2$ 前進。

② $L2$: $k \leftarrow 1$

這一行在變數 k 代入 1。執行了這一行，k 這個變數的值就變成 1。

啊，所謂的 k，就是表示現在要注視第 k 個數字的意思。

往 $L3$ 行前進。

③ $L3$: **while** $k \leq n$ **do**

這一行會檢查**重複**的條件。**while** 是表示條件成立的時候，重複執行從這裡到 **end-while** 這行為止的關鍵字。這裡寫的條件是 $k \leq n$。

因為變數 n 是數列的大小，所以 $k \leq n$ 就是《注視的地方是位在數列範圍內》的條件。正確來說是 $1 \leq k \leq n$，不過因為變數 k 是從 1 開始增加，只要有 n 以下的條件就可以了。

因為現在是 $k = 1, n = 5$，所以條件 $k \leq n$ 成立。

因為條件成立，所以往下一行 $L4$ 前進。

④ $L4$: **if** $A[k] = v$ **then**

這一行會檢查條件。**if** 是表示只要條件成立時，從此處執行到 **end-if** 這行為止的關鍵字。這裡的條件是 $A[k] = v$。

$A[k] = v$ 這個條件，相當於《注視的數字等於尋找的數字》這個條件。

因為現在是 $k = 1$，所以從輸入時給予的數列中，我們知 $A[k] = A[1] = 31$。也就是說，因為 $A[k] = 31, v = 26$，所以條件 $A[k] = v$ 不成立。

意思是數列的第 1 個數字不是要找的數。

因為條件不成立，到 **end-if** 之前的這幾行就不會執行直接跳過。

結果會跳到 $L7$ 行。

⑤ $L7$: $k \leftarrow k + 1$

這一行會在變數 k 代入式子 $k + 1$ 的值。因為現在是 $k = 1$，所以式子 $k + 1$ 的值是 2，變數 k 的值就從 1 增為 2。

因此注視的地方就往前移了一個。

往 $L8$ 行前進。

⑥ $L8$: **end-while**

這行的 **end-while**，是對應 $L3$ 行的 **while**。

回到 $L3$ 行。

◎　◎　◎

「蒂蒂，妳真的很用功學習呢。」我很佩服。

「是、是嗎……」蒂蒂臉紅了。

「蒂蒂的說明，來往於形式與意義之間，真有趣。是關於程式字面的話題，以及演算法上的話題。」

「啊……」

「可是，這可真麻煩呢。」我看著蒂蒂的筆記本說，上面詳細記載著虛擬程式碼的說明。

「對啊。只要下定決心，記錄變數的值，再一步一步進行，應該是不會太麻煩……」

「Continue.（繼續）」麗莎說。

◎　◎　◎

⑦ $L3$: **while** $k \leq n$ **do**

回到 $L3$ 行，重新檢查重複的條件。

因為現在是 $k = 2, n = 5$，所以條件 $k \leq n$ 成立。

往 $L4$ 行進行。

⑧ $L4$: **if** $A[k] = v$ **then**

　　再次檢查條件。現在因為變數 k 的值等於 2，所以條件 $A[k] = v$ 不成立 。輸入的 $A[2]$ 的值是 41，v 的值是 26。

　　　意思是，數列的第 2 個數字不是要找的數。

　　因此，跳過 $L5$ 行與 $L6$ 行，到 $L7$ 行。

⑨ $L7$: k ← k + 1

　　變數 k 的值再加 1，變成 3。往 $L8$ 行前進。

⑩ $L8$: **end-while**

　　再回到 $L3$ 行。

◎　◎　◎

　　「一直在重複同樣的事呢。」我說。

　　「對，」蒂蒂說，「可是，k 的值增加了。」

　　「Continue.」麗莎說。

◎　◎　◎

⑪ $L3$: **while** k ≦ n **do**

　　因為現在是 $k = 3$，所以 $k \le n$ 成立。往 $L4$ 行前進。

⑫ $L4$: **if** A[k] = v **then**

　　因為現在是 $k = 3$，$A[k] = v$ 不成立。輸入的 $A[3]$ 值是 59，因此跳到 $L7$ 行。

⑬ $L7$: k ← k + 1

　　變數 k 的值變成 4，往 $L8$ 行前進。

⑭ $L8$: **end-while**

　　又再次回到 $L3$ 行。

◎　◎　◎

　　「還是在重複同樣的事呢。」我說。

　　「對。」蒂蒂說，「可是可是，k 的值增加了。」

「Continue.」麗莎說。

◎　◎　◎

⑮ *L3*: **while** k ≦ n **do**

因為現在是 $k = 4$，所以 $k \leq n$ 成立，往 *L4* 行前進。

⑯ *L4*: **if** A[k] = *v* **then**

因為現在是 $k = 4$，$A[k] = v$ 的條件成立！$A[4]$ 的值等於 26，因此 **if** 的條件終於成立。往 *L5* 行前進。

⑰ *L5*: **return** 〈找到〉

return 是表示輸出這個程序的關鍵字。執行結果〈找到〉，跳往 **end-procedure** 的 *L10* 行。

⑱ *L10*: **end-procedure**

程序 LINEAR-SEARCH 結束。

像這樣經過從①到⑱ 18 個階段的步驟，演算法就結束了。針對 $A = \langle 31, 41, 59, 26, 53 \rangle$, $n = 5$, $v = 26$ 的輸入值，可以得到〈找到〉的輸出。

◎　◎　◎

「真是累人呢。」我說。

「嗯……是啊。」蒂蒂說，「光是檢查〈31, 41, 59, 26, 53〉之中找不找得到 26，就必須這麼大費周章了。變數k的值中途也變了好幾次，真是複雜。」

「結果做了什麼動作呢？」

「只要將剛才所執行的行列，依序標上號碼，就會變成像下面這樣，這就是旅行的足跡！」

```
L1:   procedure LINEAR-SEARCH(A, n, v)      ①
L2:       k ← 1                             ②
L3:       while k ≦ n do                    ③  ⑦  ⑪  ⑮
L4:           if A[k] = v then              ④  ⑧  ⑫  ⑯
L5:               return 〈找到〉                        ⑰
L6:           end-if
L7:           k ← k + 1                      ⑤  ⑨  ⑬
L8:       end-while                          ⑥  ⑩  ⑭
L9:       return
L10:  end-procedure 〈找不到〉                               ⑱
```

線性搜尋的走查

(輸入值 $A = \langle 31, 41, 59, 26, 53 \rangle$, $n = 5$, $v = 26$)

「原來如此……」

「電腦很厲害吧？類似的動作不管重複幾次都不會厭煩。」

「我覺得蒂蒂的耐性也很厲害。」我說。

「電腦蒂德菈。」麗莎說。

2.1.5 線性搜尋的分析

「對了……村木老師的意思是，這張卡片也是研究課題嗎？」

「啊！沒錯！」蒂蒂馬上回答我的疑問。

村木老師交給我們的卡片，有時候是《求○○》之類的問題，但很多時候根本就不是問題的形式。他會隨便給我們數學性質的題材，意思是要我們對此題材自由思考，找出有趣的性質。這與學校課程出的問題相當不同，是以卡片為發想，自己發現問題、自己解決。

我從高一的時候起，就與村木老師反覆進行這種來往，因此，我已經大概掌握了使用自己的腦袋與手來思考的態度。這態度不只是要解開老師給的問題，還要自己發想問題。

可是——蒂蒂這次為我說明的卡片，與以往的數學有點不同。數學的性質在哪裡？算式只有 $k \leq n$ 或是 $A[k] = v$ 這種簡單的而已……。

「喂……」我說，「線性搜尋我是懂了，可是從這裡能走去哪？從

這張卡片可以產生怎樣的問題呢？」

我漫不經心地看麗莎。她在我們談話時，手仍未離開電腦的鍵盤，手指一直不停地動。

「這個嘛……」蒂蒂眨了眨迷人的大眼睛，「將這個演算法**加速**怎麼樣？演算法的目的是為了得到輸出，所以時間愈短愈好。」

「原來如此。」我點頭，「可是，蒂蒂……所謂的線性搜尋演算法，只是從開頭依序檢查的方法，有辦法變快嗎？而且，寫在紙上的步驟，會花多少時間，要怎麼測？」

「啊，對喔，是這樣沒錯……」蒂蒂嗯——地哼了一聲。

「執行次數。」麗莎說。

我與蒂蒂看著麗莎，麗莎則是面無表情地看我們，在鍵盤上跳躍的手也並未停止。

「執行次數……是什麼意思？」我說。

「每行。」

紅髮少女繼續打字。麗莎說話的細微之處，混雜著沙啞的聲音，但並不令人感到不愉快，反倒具有一種令人驚奇的魅力。她沙啞的聲音，使人對她說的一字一句感到印象深刻。

「意思是每行算一次執行次數吧。」蒂蒂說，「呃，剛才**end-procedure** 是⑱的話，全部就是執行了 18 個步驟，**執行步驟數**就是 18。」

「可是，18 這個數字，只限於剛才的測試案例吧。」

「怎麼說？」

「妳看，依據給予的輸入值，數列 A 中可能有找到數字 v 的情況，也有找不到的情況。即使是找到的情況，也可能是在數列的開頭出現，或是在最後才出現，這麼多的情況沒辦法區分。」

「啊……」

「看來最重要的就是輸入的 n 了。就像蒂蒂剛才說的，若 $n =$ 一百萬，就不能考慮全部或許有 v 的地方，來計算執行步驟數了吧？」

「是、是啊……」

2.1.6　線性搜尋的分析（找到 v 的情況）

麗莎保持沉默，迅速將電腦轉過來面對我們。螢幕上顯示著以下的畫面。各行按照 1 或 M，記載了每一行的執行次數。

	執行次數	線性搜尋
$L1$:	1	procedure LINEAR-SEARCH(A, n, v)
$L2$:	1	$k \leftarrow 1$
$L3$:	M	while $k \leqq n$ do
$L4$:	M	if $A[k] = v$ then
$L5$:	1	return 〈找到〉
$L6$:	0	end-if
$L7$:	$M-1$	$k \leftarrow k+1$
$L8$:	$M-1$	end-while
$L9$:	0	return 〈找不到〉
$L10$:	1	end-procedure

找到 v 的執行次數

「M是什麼？」蒂蒂詢問麗莎。

「v的位置。」麗莎簡潔地回答。

「原來如此。」我看著顯示的演算法說，「原來這是記載從 $L1$ 到 $L10$ 的各行，分別執行了幾次……」

對！

這是數學常做的事。如果重複的次數有很多次不一定，只要使用變數來寫就可以了。導入 M 這個變數，那就是——

《將變數的導入一般化》

「可是，這要怎麼做才行？」蒂蒂問。

「只要統計各行的執行次數，就可以求全部的執行步驟數！」我說，「可以導成包含 M 這個變數的式子。」

《找到情況下的執行步驟數》

$= L1 + L2 + L3 + L4 + L5 + L6 + L7 + L8 + L9 + L10$

$= 1 + 1 + M + M + 1 + 0 + (M-1) + (M-1) + 0 + 1$

$= M + M + M + M + 1 + 1 + 1 + 1 - 1 - 1$

$= 4M + 2$

「找到 v 的情況下，執行 $4M + 2$ 個步驟，就會得到輸出！」蒂蒂說。

「沒錯，比方說蒂蒂提出的例子，是要找 26，這時候……」

「我來我來我來我來！我來做！」蒂蒂大叫，「要**驗算**吧！」

「嗯，是啊。」我和蒂蒂都很清楚，導成一般化的式子以後，接下來該做的事：使用具體的例子驗算。

「剛才的測試案例，是在 $\langle 31, 41, 59, 26, 53 \rangle$ 之中，檢查是否找得到 26。因為 26 的位置在第 4 個，所以就是 $M = 4$。」

《測試案例的執行步驟數》

$= 4M + 2$

$= 4 \times 4 + 2$　　　　　　　代入 $M = 4$

$= 18$　　　　　　　　　　計算

「喔。」

「的確可以求出 $4M + 2 = 18$ 個步驟結束這個答案呢。」

「嗯，因此可以求出找到 v 情況下的執行步驟數是 $4M + 2$，如此一來，下一個問題自然就是在數列中——」

「——找不到數字 v 情況下的執行步驟數，對吧！」

蒂蒂接著我的話說。

問題　2-1（線性搜尋的執行步驟數）
數列 $A = \langle A[1], A[2], A[3], \ldots, A[n] \rangle$ 中找不到數字 v，求線性搜尋的執行步驟數。

2.1.7　線性搜尋的分析（找不到 v 的情況）

麗莎再次給我們看螢幕。

	執行次數	線性搜尋
$L1$:	1	procedure LINEAR-SEARCH(A, n, v)
$L2$:	1	$k \leftarrow 1$
$L3$:	$n + 1$	while $k \leq n$ do
$L4$:	n	if $A[k] = v$ then
$L5$:	0	return 〈找到〉
$L6$:	0	end-if
$L7$:	n	$k \leftarrow k + 1$
$L8$:	n	end-while
$L9$:	1	return 〈找不到〉
$L10$:	1	end-procedure

找不到 v 情況下的執行次數

「啊！這次沒出現 M 了。」蒂蒂說。

「這個……各行的執行次數吻合嗎？」

我思考著。

$L1$ 與 $L2$ 行的執行次數是 1 次，沒錯。

可是，$L3$ 行的執行次數是 $n + 1$ 次嗎？應該是 n 次吧？……不對不對，$n + 1$ 才對。為什麼呢，首先是 $k \leq n$ 成立時，就有 $k = 1,2,3\cdots,n$ 的 n 次。然後，如果不成立就是 $k = n + 1$ 的 1 次。合計兩者就是 $n + 1$ 次。這就相當於 $L3$ 行的執行次數——可見麗莎的頭腦轉得真快呢。

「$L3 = L2 + L8$」麗莎說。

這怎麼回事……好吧，算了，往下走吧。

$L4$ 行怎麼樣呢？找不到數字 v 的情況下，從 $A[1]$ 到 $A[n]$ 的 n 個數，就應該要與數字 v 比較。比較的是 $L4$，所以這行的執行次數是 n 次就很合理。

$L5$ 行……嗯，因為沒輸出〈找到〉，所以 $L5$ 與 $L6$ 行的執行次數是 0。

L7、*L8* 行等於 *L4* 行，是 *n* 次。

L9 行一下就知道，既然輸出〈找不到〉，之後就結束，所以 *L9*、*L10* 行是 1 次。

嗯——看來的確吻合。

蒂蒂將算式記下來。

《找不到情況下的執行步驟數》

$= L1 + L2 + L3 + L4 + L5 + L6 + L7 + L8 + L9 + L10$

$= 1 + 1 + (n + 1) + n + 0 + 0 + n + n + 1 + 1$

$= n + n + n + n + 1 + 1 + 1 + 1 + 1$

$= 4n + 5$

「這樣一來，區分情況就完成了！」蒂蒂整理好結果。

$$《線性搜尋的執行步驟數》 = \begin{cases} 4M + 2 & （找到的情況） \\ 4n + 5 & （找不到的情況） \end{cases}$$

原來如此，以算式的形式來呈現很清楚……只要將執行步驟數以算式來呈現，電腦的問題就可以當作數學的問題來思考了。我從前總是認為電腦程式和數學是完全不同的東西，可是，其實並非如此。

解答 2-1（線性搜尋的執行步驟數）
數列 $A = \langle A[1], A[2], A[3], \ldots, A[n] \rangle$ 中找不到數字 v 的情況下，線性搜尋的執行步驟數是 $4n + 5$。

2.2　演算法的分析

2.2.1　米爾迦

「呀！」

麗莎一直都在沈默地打字，卻忽然發出像小狗般的可愛叫聲。

然後──響起了清脆的聲音。

「麗莎，好久不見囉。」

黑長髮。

婷婷玉立的身姿。

金框眼鏡。

像指揮般靈動的指尖。

是既聰明又靈敏，能說善道的數學少女──米爾迦。

米爾迦是我的同班同學，自從進入這所高中《櫻花邂逅》以來，我就與她一起學習。雖這麼說，但她的數學廣度還是深度，我都完全比不上……。

她知道很多事，在我們步上數學的這趟旅程，她居於可靠領導人的地位。可是，她的魅力不僅於此。

我──

我只要看到米爾迦的身影，心裡就會感到痛苦。

不管是我，還是她，高中三年級──是我們高中的最後一年。

米爾迦畢業後……不，暫時打住。

「住手。」麗莎說。

米爾迦站著，用手指將麗莎的頭髮攪得亂蓬蓬。

「住手，米爾迦小姐。」麗莎將她的手推開，咳嗽起來。

「啊，米爾迦，這位是小麗莎。」蒂蒂說。

「不要加《小》。」麗莎迅速恢復面無表情地說。

「我和她很熟。」米爾迦說，「她是雙倉博士的女兒。」

2.2.2　演算法的分析

「……嗯，演算法的分析嗎。」

米爾迦隔著麗莎的肩膀窺探螢幕。

麗莎沉默地點頭。

「求演算法的執行步驟數……」米爾迦環視我們，「這的確是分析演算法的第一步，可是……」

麗莎抬起頭。

米爾迦停了一拍，繼續說：

「可是，為了從這裡求執行時間，前提條件就必須明確。目的是以執行步驟數為基礎來判斷速度，執行各步驟要花多少時間，就是必須給予的前提條件。不然的話，快慢是沒有意義的。」

原來如此，的確沒錯。

「這就是訂定**計算模型**的意思。」米爾迦繼續說，「麗莎使用的是各行耗費時間相同的計算模型，也就是說，不管是《$k \leftarrow 1$》還是《**if** $A[k] = v$ **then**》——皆是在花費時間全都相等的前提條件下進行思考，雖然單純但是個不差的計算模型。」

「計算模型……」我說。

「米爾迦學姊！」蒂蒂發出大叫，「這麼說來，您知道演算法擁有的特徵嗎？有輸入、有輸出、步驟明確，還有兩個……」

「輸入、輸出、明確性、實效性以及有限性。」米爾迦立刻反應，「不過，還有無輸入的情況。」

「所謂的明確性是指步驟要明確，那實效性呢？」

「是指步驟能夠實際執行的性質。」

「啊……那麼有限性是什麼？」

「執行時間是有限的性質。」

「原來如此，輸入、輸出、明確性、實效性，以及有限性……」蒂蒂記在筆記本上。

2.2.3　消去區分情況

米爾迦重新讀了蒂蒂的筆記本。

$$\langle\text{線性搜尋的執行步驟數}\rangle = \begin{cases} 4M + 2 & (\text{找到的情況}) \\ 4n + 5 & (\text{找不到的情況}) \end{cases}$$

「嗯……」

「這是區分情況來求執行步驟數。」蒂蒂說。

米爾迦聽到這句話，倏然閉上眼睛。她一這麼做，大家就都迅速閉上嘴，連個性慌慌張張的蒂蒂也馬上安靜下來看著米爾迦，麗莎——打從一開始就很安靜。不久，米爾迦左右搖晃食指並睜開眼睛。

「這裡——」米爾迦不知為何很開心，「這裡將線性搜尋演算法區分成兩種情況來分析：數列 A 中找到 v 的情況，以及找不到的情況。這並沒錯。可是，這兩種可以彙整成一種。」

「將區分的情況……彙整？」我說。

蒂蒂立刻舉手，就算發問的對象在眼前，她也會舉手提問。

「抱、抱歉，米爾迦學姊，彙整的意思是——彙整找到的情況與找不到的情況嗎？」

「對。」米爾迦說道。

「可是，這兩種情況的輸出不一樣，所彙整的意思是……？」蒂蒂看著筆記本說。

「正因為沒有彙整，所以要區分情況吧。」我也說。

米爾迦走到麗莎身旁，對她附耳私語了什麼。麗莎雖然露出很麻煩的表情，但最終——又開始打字。

「這並不難，就是這個意思。」如同配合米爾迦的話一般，麗莎將紅色電腦的螢幕轉向我們。

	執行次數	線性搜尋
$L1:$	1	procedure LINEAR-SEARCH(A, n, v)
$L2:$	1	$k \leftarrow 1$
$L3:$	$M + 1 - S$	while $k \leqq n$ do
$L4:$	M	if $A[k] = v$ then
$L5:$	S	return 〈找到〉
$L6:$	0	end-if
$L7:$	$M - S$	$k \leftarrow k + 1$
$L8:$	$M - S$	end-while
$L9:$	$1 - S$	return 〈找不到〉
$L10:$	1	end-procedure

彙整找到 v 的情況與找不到 v 的情況之執行次數

「出現新的變數 S 了。」蒂蒂十分謹慎地說。

「這是《導入變數達到一般化》。」米爾迦說,「畢竟所謂的一般化,就是將複數個特殊情況彙整成一個。這裡導入的變數 S,就是採取對應這兩個情況的值來定義的。」

- $S = 1$ 表示找到 v 的情況。
  這時 M 與 v 的位置相等。
- $S = 0$ 表示找不到 v 的情況。
  這時候 M 等於 n。

「為什麼是用 S 這個字呢?」蒂蒂問。

「變數的名稱用什麼都可以,不過這裡是『Successful(成功)』的『S』,也就是成功找到的意思。變數 S 是將《數列 A 當中找到 v》這個命題的真假,各自對應在 1 與 0 的 1 位元上。」

$$《數列 A 中找到 v》 \Longleftrightarrow \quad S = 1$$
$$《數列 A 中找不到 v》 \Longleftrightarrow \quad S = 0$$

「原來如此……變數 S 的值如果是 1 就是〈找到〉,如果是 0 就是〈找不到〉。」我說。

「增加一個變數，換來的是消除區分情況。」米爾迦說。

「消除區分情況……意思就是，線性搜尋的執行步驟數，可以用一個式子表示嗎？」我問。

蒂蒂立刻開始計算。

《線性搜尋的執行步驟數》

$$= L1 + L2 + L3 + L4 + L5 + L6 + L7 + L8 + L9 + L10$$
$$= 1 + 1 + (M + 1 - S) + M + S + 0 + (M - S) + (M - S) + (1 - S) + 1$$
$$= 4M - 3S + 5$$

2.2.4　思考意義

蒂蒂一臉認真在筆記本上計算，她說「$4M - 3S + 5$ 的驗算也 OK」並抬起頭。「那個……雖然這可能是奇怪的問題，可是像這種變數 S 可以隨便決定嗎？總覺得好像只是……方便主義。」

「無所謂。」米爾迦立刻回答。

「既不曖昧，也不矛盾吧。」我對蒂蒂說，「畢竟只是訂定擁有某個特定值的變數。」

「與其在意增加變數，還不如思考變數的《意義》比較有意義。」米爾迦說。

「變數的意義……是嗎？」蒂蒂露出詫異的神色。

「你移去那邊坐。」米爾迦指著對面的位子，意思是要我空出蒂蒂隔壁的座位。

「是是是。」我馬上將座位讓給米爾迦。

「小測驗。$S = 1$ 的時候 M 是什麼？」米爾迦提問。

「M 是數 v 的位置吧。」蒂蒂回答。

「嚴格來說不正確。」米爾迦說。

「咦！」蒂蒂很驚訝。

「咦！」我也很驚訝。

「……」麗莎默然。

「例如，要從〈31, 26, 59, 26, 53〉這個數列中找出 $v = 26$ 呢？」

「啊啊……數 v 不限於一個地方吧。」蒂蒂點頭。

「對，要是斷言 M 是 v 的位置，就會隨便進入 v 只出現在數列一處的假設。正確來說，M 必須作為《v 的位置中最小的值》。」

「可是，重覆說《最小的值》很麻煩。」我說。

「的確。」米爾迦也同意，「只是，不能忘記《實際上可能有複數個》。」

「好的。」蒂蒂說。

「下一個小測驗。S 是什麼？」米爾迦對蒂蒂說。

「好的！這個之前提過了，S 是表示數列中是否找到 v 的變數。」

「還可以。一般我們會將《某個命題是否成立》以《1 或 0》來表示的變數或式子，稱為指示。變數 S 就是指示。」

「是『indicator』……嗎？」

「對，也叫做『indicator variable』。」

「『indicate 物』……所謂的《指示物》到底是指什麼？」蒂蒂輕輕擺動食指問。

「S 指的是《找到 v》的命題。」

「……」蒂蒂陷入沉思。

「下一個小測驗。$1 - S$ 是什麼？」

「$1 - S$ 嗎？呃……啊，對了，找到 v 的情況是 0，找不到的情況就是 1 的式子，對吧？因為 $1 - S$ 這個式子 $S = 0$ 的時候就是 1，$S = 1$ 的時候就是 0，1 與 0 剛好相反——」蒂蒂的手掌翻來覆去好幾次說道。

「還可以。$1 - S$ 就是《找不到 v》的指示。」

「啊！」蒂蒂說，「這也是指示！」

「下一個小測驗。$M + 1 - S$ 是什麼？」

「$M + 1 - S$ 嗎？」

蒂蒂開始在筆記本上動筆思考。

我也思考著。

- $S = 1$ 的情況下，$M + 1 - S$ 等於 M。
  也就是 v 的位置——正確來說是 v 位置中最小的。
- $S = 0$ 的情況下，$M + 1 - S$ 等於 $M + 1$。
  意思就是……

……意思就是，嗯——該怎麼說呢？

「$S = 1$ 的情況下，$M + 1 - S$ 就是 v 的位置。」米爾迦說，「那麼 $S = 0$ 的情況呢？」

「v 位置的下一個吧？」我說。

「學長……」蒂蒂說，「《v 位置的下一個》很奇怪吧——因為 $S = 0$ 的情況是找不到 v 的。」

「啊，對喔。」我被蒂蒂指出條件錯誤，真失敗。

「$S = 0$ 的情況下，$M + 1 - S$ 代表什麼？」米爾迦重問一次。

「$n + 1$。」麗莎小聲說。

「沒錯。」米爾迦對麗莎說，「$S = 0$ 的情況下，M 等於 n，所以 $M + 1 - S$ 就等於 $n + 1$。」

「抱歉！剛才你說什麼……我搞不清楚。」蒂蒂說。

「嗯……」

米爾迦站起身，在我們的座位四周開始慢慢走動。不知從哪流進了柔和的春風，數學少女的長髮飄逸，柑橘香氣挑逗著我的鼻子。

「$M + 1 - S$ 這個式子頗有意思。」米爾迦邊走邊說，「$M + 1 - S$ 如果 $S = 1$，就會等於 v 的位置；如果 $S = 0$，就等於 $n + 1$。那麼——這兩種沒辦法彙整成一種嗎？也就是說，不能將式子 $M + 1 - S$ 視為不管在哪種情況下，都等於 v 的位置嗎？」

「可是米爾迦，$S = 0$ 的情況下，v——」我話才說到一半。

「對，$S = 0$ 的情況下，v 就不存在 $A[1], A[2], A[3], \cdots A[n]$ 中。既然這樣，只要強制讓 v 存在於 $A[n + 1]$ 中就好了。」

「強制……讓它存在？」我說。

「這樣一來，$M + 1 - S$ 就總是等於 v 的位置了。」

米爾迦平淡地繼續說道，但我不明就裡。

「$M + 1 - S$ 並不是兩種，而是表示一種。」

「一種……是嗎？」蒂蒂說。

我的記憶被撼動了……這是什麼時候的事呢？

察覺兩種樣貌，其實是一種。

這時就會發生非常棒的事。

「衛兵。」麗莎說。

「對，如麗莎所說，就是衛兵——麗莎，妳來這裡。」米爾迦向她招手。

「不要。」麗莎簡潔地拒絕。

「那個……衛兵，到底是什麼？」蒂蒂說。

2.2.5　有衛兵的線性搜尋

米爾迦對麗莎耳語，麗莎迅速地打字。麗莎打字真快，幾乎沒有打字的聲音，是無聲的打字。

不久後，麗莎向我們出示了——有衛兵的線性搜尋演算法。

有衛兵的線性搜尋演算法（程序）

S1:　　**procedure** SENTINEL-LINEAR-SEARCH(A, n, v)

S2:　　　　A[n + 1] ← v

S3:　　　　k ← 1

S4:　　　　**while** A[k] ≠ v **do**

S5:　　　　　　k ← k + 1

S6:　　　　**end-while**

S7:　　　　**if** k ≤ n **then**

S8:　　　　　　**return** 〈找到〉

S9:　　　　**end-if**

S10:　　　　**return** 〈找不到〉

S11:　　**end-procedure**

我們目不轉睛地看著電腦的畫面，想了一陣子。

不久，蒂蒂大叫一聲「不寫根本就搞不懂！」然後在筆記本上開始寫。看來是電腦蒂德菈啟動了。

「用測試案例來具體算算看吧。」米爾迦說。

S1:　**procedure** SENTINEL-LINEAR-SEARCH(A, n, v)		①
S2:　　　A[n + 1] ← v		②
S3:　　　k ← 1		③
S4:　　　**while** A[k] ≠ v **do**		④ ⑦ ⑩ ⑬
S5:　　　　k ← k + 1		⑤ ⑧ ⑪
S6:　　　**end-while**		⑥ ⑨ ⑫
S7:　　　**if** k ≤ n **then**		⑭
S8:　　　　**return** 〈找到〉		⑮
S9:　　　**end-if**		
S10:　　　**return** 〈找不到〉		
S11:　**end-procedure**		⑯

有衛兵的線性搜尋演算法的走查

(輸入值A = 〈31, 41, 59, 26, 53〉, n = 5, v = 26)

「……走查時我發現,我們重複在 $S4 \to S5 \to S6$ 的 3 行繞來繞去。」蒂蒂說,「有衛兵的線性搜尋,在檢查條件比起線性搜尋要簡單多了……究竟衛兵是什麼?」

「在 $S2$ 置放於 $A[n+1]$ 的數。」米爾迦答,「$A[n+1]$ 如果放的是 v,搜尋就不會從這裡往下進行,因為 $k = n + 1$ 一定是《找到》。為了避免不小心往下進行,所放置的數——這就是衛兵,稱為『sentinel』。只要有衛兵,就沒必要用 $S4$ 的 **while** 來檢查 k 的範圍了。」

「剛才的 LINEAR-SEARCH 的執行步驟數是 18。這個 SENTINEL-LINEAR-SEARCH 的執行步驟數是 16……可以說——快了一點吧,可是只節省了 2 個步驟……」

「這畢竟是舉例而已。將 $S4$ 行的執行次數設為 M,〈找到〉情況的指示設為 S,必須如此思考一般有衛兵的線性搜尋的執行步驟數。」

	執行次數	線性搜尋
$S1:$	1	procedure SENTINEL-LINEAR-SEARCH(A, n, v)
$S2:$	1	$A[n+1] \leftarrow v$
$S3:$	1	$k \leftarrow 1$
$S4:$	$M+1-S$	while $A[k] \neq v$ do
$S5:$	$M-S$	$k \leftarrow k+1$
$S6:$	$M-S$	end-while
$S7:$	1	if $k \leq n$ then
$S8:$	S	return 〈找到〉
$S9:$	0	end-if
$S10:$	$1-S$	return 〈找不到〉
$S11:$	1	end-procedure

有衛兵的線性搜尋的執行步驟數

- $S = 1$ 表示找到 v 的情況。
  這個情況下 M 與 v 的位置相等。
- $S = 0$ 表示找不到 v 的情況。
  這個情況下 M 等於 n。

《有衛兵的線性搜尋的執行步驟數》

$= S1 + S2 + S3 + S4 + S5 + S6 + S7 + S8 + S9 + S10 + S11$

$= 1 + 1 + 1 + (M + 1 - S) + (M - S) + (M - S) + 1 + S + 0 + (1 - S) + 1$

$= 3M - 3S + 7$

「剛才的線性搜尋的執行步驟數是 $4M - 3S + 5$。」蒂蒂看著筆記說道。「這次的有衛兵的線性搜尋則是 $3M - 3S + 7$。」

程序	執行步驟數
LINEAR-SEARCH	$4M - 3S + 5$
SENTINEL-LINEAR-SEARCH	$3M - 3S + 7$

「原來如此！」我大叫，「只要能用式子表示執行步驟數，就能比較演算法的速度了。」

「比較是吧！我馬上寫出不等式！」蒂蒂說。

《線性搜尋的執行步驟數》 > 《有衛兵的線性搜尋的執行步驟數》

$$4M - 3S + 5 > 3M - 3S + 7$$

「這樣也可以啦。」我說，「也可以使用左邊－右邊式子的公式來計算，然後檢查結果是否 > 0。」

《線性搜尋的執行步驟數》 － 《有衛兵的線性搜尋的執行步驟數》

$= (4M - 3S + 5) - (3M - 3S + 7)$

$= 4M - 3S + 5 - 3M + 3S - 7$

$= M - 2$

「啊啊……」蒂蒂發出聲音。

「所以，只要在式子 $M - 2$ 大於 0 的情況下，就可以說有衛兵的線性搜尋比較快。」我說。只要能將想法化為算式就可以放心了。

「$M - 2 > 0$，也就是 $M > 2$。一開始找到 v 的位置，如果是數列 A 的第三個數字以後，有衛兵的線性搜尋就比較快。」

「利用算式就會明白了呢。」蒂蒂說。

「最花時間的是〈找不到〉的時候，線性搜尋的執行步驟數是 $4M - 3S + 5 = 4n + 5$，有衛兵的線性搜尋則是 $3M - 3S + 7 = 3n + 7$。這就是演算法各別最大執行步驟數了。」我說。

2.2.6 建構歷史

米爾迦一邊轉動我的自動鉛筆，一邊說：

「線性搜尋是 $4M - 3S + 5$，有衛兵的線性搜尋是 $3M - 3S + 7$，意思也就是有衛兵可以使執行步驟數變成約 3/4。」

「3/4 是從哪裡來的？」

「M 的係數比。」米爾迦說，「因為 M 只要夠大，就可以將 $4M - 3S + 5$ 視為 $4M$；$3M - 3S + 7$ 則視為 $3M$。」

「快了約 25%。」麗莎說。

米爾迦繼續說：

「設定明確的**前提條件**來求演算法的執行步驟數，就能夠**定量估算**。能夠定量估算，就不單是《快》，還可以主張《快了約 25%》。透過量估算，就能夠有憑據地分辨演算法的好壞。」

「原來如此。」我說。

「如果是設定明確前提條件的定量估算，就不只有某個人能使用這個估算，別人也可以使用這個估算，還能驗證與改良，以及用來分析其他的演算法。」米爾迦說。

「《設定明確前提條件的定量估算》……這個、這個，這個就像是在建構歷史一樣。」蒂蒂夢幻般地說，「因為即使估算的人不在，剩下的其他人……活在未來的其他人，也可以使用。想法能夠超越個人保留下去——這個，就是對人類的貢獻吧！」

「蒂蒂好厲害啊。」我不自覺感動於她的構思廣度。

「只是，必須小心。」米爾迦豎起食指說，「根據顯微鏡式的觀察，要是只注視演算法的細微差異，就會漏掉大的共通點。委善處理這一點，就是**漸近**的**解析**。若為大規模時的動作——」

「線性搜尋是 O(n)。」麗莎說 [1]。

「妳剛才是因為理解 O(n) 的意思,才這麼說的?」米爾迦間不容髮地詢問。

麗莎稍微沉默了一下,小聲回答:

「……不是。」

麗莎在米爾迦的面前,就變得像隻小狗了。

「妳只是說出一知半解的名詞嗎?」

噢,真是挑釁的發言!

麗莎對米爾迦怒目而視。

米爾迦冷淡地還她一眼。

「那、那個……」蒂蒂惶恐不安。

大家在一陣子沉默的面面相覷後,麗莎輕輕移開視線。

總是沒人能在互瞪之中贏過米爾迦。

「放學時間到了。」

噢,這並非……鐘聲,而是圖書管理員瑞谷老師在宣布。瑞谷女士總是恰好準時地宣布放學時間。瑞谷女士宣布完,瞥了我們一眼,就回到了圖書管理員室。

2.3　我家

2.3.1　愚直的一步

晚上,我在家裡思考。

今天我對演算法這個東西,感覺到稍微掌握了一些。為了從輸入求輸出,以既明確又可能執行的步驟,在有限的步驟完結的東西——就是演算法。

---

1 O(n)的讀法有「O n」、「big O n」、「Order n」等。

耐性堅強的蒂蒂，為我仔細地示範了線性搜尋演算法的遊走。為了理解演算法，愚直地追隨程序很重要。還有，如果用算式來表示執行步驟數，就能進展到分析演算法。

米爾迦教了我《設定明確前提條件的定量估算》，以及《導入變數以消除區分情況》。即使是看起來理所當然的演算法，仔細思考就會有所發現呢。

即使如此，算式的力量真大。支撐著定量估算的就是算式，只要能化為算式，就可以估算、比較以及判斷。

還有——紅髮的麗莎。她對米爾迦的提問，回答《衛兵》。她會無聲地高速打字，是雙倉博士的女兒。麗莎知道衛兵，她一定也是自己學習著很多事。

哎呀，學校教的真的好少，不靠自己學是不行的，必須經常自己主動去吸收知識才行。

蒂蒂、米爾迦，還有麗莎。

大家都好厲害。

比起她們，我真是——好丟臉。

不！不對！不可以往那邊想！

我要想起與米爾迦的約定！

我……摘掉眼鏡，將手輕輕貼在左臉頰。

我、現在、高中三年級。我想進入大學。

我的確想學什麼，

的確想完成什麼。

我的愚直用功，會在大學入學考試這一個測試案例中，被定量估算。如果及格就是 1，不及格就是 0，這個指示……實在是很沉重的 1 位元呢。

我想著這些，重新戴上眼鏡，打開筆記本。

來吧，今晚——
也要邁出愚直的一步。

很少有人在選擇自己畢生研究命名的機會時，
具有得天獨厚的機會。可是，在 1960 年代，
我必須創造「演算法的分析」這個詞組。
原因是我打算要做的事，
無法以既有的用語適切地表達。
——高德納（Donald Ervin Knuth）[2]

2　"Selected Papers on Analysis of Algorithms", p. ix

No.

Date　　・　・　・

蒂蒂的筆記（虛擬程式碼）

程序的定義

> **procedure** 〈程序名稱〉（〈參數列〉）
> 　　〈句子〉
> 　　　　⋮
> 　　〈句子〉
> **end-procedure**

用〈程序名稱〉，定義作為輸入〈參數列〉的程序。

代入句子

> 〈變數〉←〈式子〉

將〈式子〉的值代入〈變數〉。

代入句子（交換值）

> 〈變數1〉↔〈變數2〉

〈變數 1〉的值與〈變數 2〉的值交換。

if 句子 (1)

> **if**〈條件〉**then**
> 　　〈程序〉
> **end-if**

1. 檢查〈條件〉是否成立。
2.〈條件〉成立時，執行〈程序〉，往 end-if 這行前進。
3.〈條件〉不成立時，往 end-if 這行前進。

if 句子 (2)

> **if**〈條件〉**then**
> 　　〈程序1〉
> **else**
> 　　〈程序2〉
> **end-if**

1. 檢查〈條件〉是否成立。
2.〈條件〉成立時，執行〈程序 1〉，往 end-if 這行前進。
3.〈條件〉不成立時，執行〈程序 2〉，往 end-if 這行前進。
　　亦即必定只執行〈程序 1〉或〈程序 2〉之一。

No.

Date　·　·　·

if 句子 (3)

> **if**〈條件 A〉**then**
> 　　〈程序1〉
> **else-if**〈條件 B〉**then**
> 　　〈程序2〉
> **else**
> 　　〈程序3〉
> **end-if**

1. 檢查〈條件 A〉是否成立。
2. 〈條件 A〉成立時，執行〈程序1〉，往 end-if 這行前進。
3. 〈條件 A〉不成立時，檢查〈條件 B〉是否成立。
4. 〈條件 B〉成立時，執行〈程序2〉，往 end-if 這行前進。
5. 〈條件 A〉、〈條件 B〉都不成立時，執行〈程序3〉，往 end-if 這行前進。
   亦即必定只執行〈程序1〉或〈程序2〉或〈程序3〉之一。

> **while**〈條件〉**do**
> 〈程序〉
> **end-while**

1. 檢查〈條件〉是否成立。
2. 〈條件〉成立時，執行〈程序〉，往 end-while 這行前進，再回到 while〈條件〉do 那行。
3. 〈條件〉不成立時，往 end-while 下一行前進。

return 句子 **(執行結果)**

> **return**〈式子〉

1. 求〈式子〉的值，並將值作為程序的執行結果（輸出）。
2. 往 end-procedure 這行前進，並結束執行此程序。

第 3 章

171 億 7986 萬 9184 的孤獨

> 小時候我曾在小鎮裡賣籃子的店門前，
> 開心地看著工匠編織籃子。
> 如今看來，這個經驗對現在的我而言，
> 是無比的有用。
>
> ——《魯賓遜漂流記》

3.1　排列

3.1.1　書店

「猜猜我是誰！」

伴隨著聲音，我突然被摀住雙眼。

「一定是由梨。」我掙開她的手。

「哼，真沒意思喵——」表妹由梨站著，栗色的馬尾從她戴的棒球帽後面順著垂下。

今天是星期六，這裡是車站附近剛開幕的大型書店，店裡到處放置了閱覽用的椅子，可以在買書之前慢慢地閱讀，令人感覺很舒服。

「妳是來買書的嗎？」我問由梨。

「那當然，我們去屋頂聊天吧。」

「屋頂？可是我現在正在選書……」

我當然明白，我會照由梨吩咐的去做。

3.1.2　同意感

「哇——好多人在下面走動！」

由梨從屋頂隔著鐵絲網的圍牆俯視行人，發出歡呼聲。我將自動販賣機買來的果汁遞給她。

「給妳。」

「Thank you.」

話說回來——前幾天她的問題是什麼意思呢？

‧‧‧‧‧‧你親過嗎？

雖然後來由梨隨便蒙混過去，嗯‧‧‧‧‧‧。她雙手抱著果汁罐，正在喝果汁。

「喂，我說由梨，我以前有沒有跟妳說過《蘆筍》的事。」

「那是什麼？」

「我現在可以說了？」我問。

「蘆筍、蘆筍、蘆‧‧‧‧‧‧」

「嗯？」

「蘆‧‧‧‧‧‧蘆‧‧‧‧‧‧我不知道！哥哥真愛捉弄我。」

「抱歉抱歉。」我看著由梨鼓起的臉，覺得鬆了口氣。

「討厭‧‧‧‧‧‧這麼說來，哥哥你對排列了解嗎？」

「還好吧。」哪裡有《這麼說來》的點啊。

「嗯——我不太會呢。」

「可是，國中學的《排列》不是沒那麼難嗎，將 4 張卡片排成一列之類的。」

問題 3-1（排列）

請問將 4 張卡片：

$$\boxed{A}, \boxed{B}, \boxed{C}, \boxed{D}$$

排成一列的方法，一共有幾種？

「我馬上就知道答案了！」由梨說，「可是，老師的說明我不太

懂。他馬上就進入計算練習，排列 4 個數，排列 4 個人，還有排列 4 隻山羊之類的。」

「沒有山羊吧。」

「那些只是改變排列的物品，計算方法一樣！由梨比較想知道計算的原理。」

「原來如此，我大概懂了。由梨妳並不想知道該怎麼應用公式——而是想知道這個公式從哪裡來的——想要有能明白的說明，對吧？」

「嗯……是吧。」她說著，喝了一口果汁。「不能明白，只會反覆計算，很痛苦，嗯嗯。」

「由梨是這種人呢，不明白就不動作。」

「而且啊，要是不能好好說明，《那傢伙》就會吐槽，很煩人啊——不能說明，我就很不甘心……」

（那傢伙？）

「排列啊……」我說，「要**各自對應**，來考慮狀況。」

「那是什麼，必殺技？」

3.1.3　具體例子

我們坐在屋頂的長椅上，繼續談論著排列。風吹得很舒暢。的確，現在的季節，與其窩在建築物裡，不如在室外比較好。

我從口袋取出記事本。

「那我們來重新思考吧。來研究『將 4 張卡片 $\boxed{A}\boxed{B}\boxed{C}\boxed{D}$ 排成一列的方法總共有幾種』這個問題。」

「嗯。」

「首先要注意的是《排成一列》這個敘述，這是表示考慮到順序很重要的意思。例如：

$$\boxed{A}\boxed{B}\boxed{C}\boxed{D} \text{ 以及 } \boxed{B}\boxed{A}\boxed{C}\boxed{D}$$

這兩種排法是不同的處理方式。」

「嗯嗯嗯，要考慮到順序。」

「考慮順序的排法，稱為**排列**，也就是考慮順序排成列的意思。」

「排列，考慮順序排成列，喔喔——原來如此。」

由梨眼睛熠熠生輝地聽我說明，她只要一無聊，就會馬上說《無聊》，所以和她說話非常容易。在這個點上，由梨與蒂蒂很相像。由梨還是蒂蒂都不會《裝懂》。

「然後《不遺漏、不重複》計算的態度很重要。」

「不遺漏、不重複？」

「要是漏算就會比真正的結果還少；若是重複計算相同的排列方式，則會比真正的結果還多。不遺漏、不重複，正確計算很重要。」

「啊，我喜歡這個，只要不遺漏、不重複地計算就可以。」

「不遺漏、不重複計算，是非常麻煩的。」

「在骰子決勝負小測驗，忘記算平手就是漏算嗎喵？」

「……是啊，人是會算錯的，所以才有作戰策略。」

「什麼是作戰策略？」

3.1.4　規則性

「計算時的作戰策略——意思是找出規則，再來計算。」

「我不知道你在說什麼。」

「有規則地計算，例如試著畫出**樹狀圖**。」

「樹狀圖是什麼？」

「就像這樣。」我在記事本上畫樹狀圖，「因為形狀像樹木，所以稱為樹狀圖，現在我試著把排列的關係畫清楚給你看，樹狀圖對於找出規則很有幫助喔。」

「嗯——樹狀圖啊。」

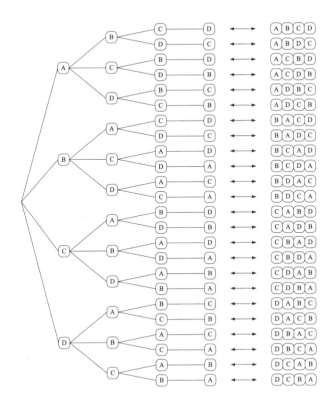

樹狀圖與排列

第 1 段分支

「來仔細觀察樹狀圖吧。從左邊開始看，最初的樹枝分岔成四支。這就是對應第 1 張的卡片可以選擇 Ⓐ Ⓑ Ⓒ Ⓓ 四種。」

「分支，是什麼？」

「就是指分支，妳看從左邊開始最初，有 4 個分支吧。」

「嗯，是啊。」

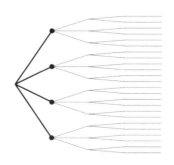

第1段分支：4個分支

第2段分支

「接著是第2段。各自對應4個樹枝末端的分支。」

「嗯，我懂。」

「喂，由梨……剛才妳發現我說了《各自對應》這句話嗎？」

「咦？啊，嗯，這麼一說，真的耶，哥哥。」

「第2段的分支是各為3支，這是對應第2張卡片，可以有3種選擇。」

「嗯，這我懂。因為第1張卡片已經不能用了。」

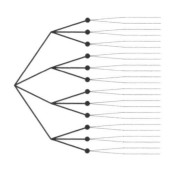

第2段分支：對應4個樹枝末端，再各自分為3支

「各自對應4個樹枝末端，各有3支。出現《各自對應》就代表是乘法，因此第2段的樹枝末端，就變成 $4 \times 3 = 12$ 支。」

「哈哈——原來如此，的確沒錯。」

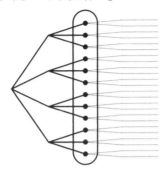

第 2 段樹枝末端是 4×3 = 12 支

第 3 段分支

「那麼接著是第 3 段。如果截至目前為止如果都能明白，剩下的就是重複而已，很簡單。」

「這樣啊，第 3 段就是 12 個樹枝末端全部再分為 2 支。」

「雖然如此，也要好好使用武器。」我說。

「什麼武器？」

「要使用各自對應的敘述。」

「啊，對喔。各自對應 12 個樹枝末端，各為 2 個分支，又出現乘法了。」

「對對對，就是 12×2 = 24。」

「我懂了。」

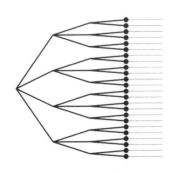

第 3 段分岔：各自對應 4×3 個樹枝末端，四為 2 個分支

第 4 段分支

「那麼，來到第四段。因為第 3 段的樹枝末端有 24 支……」

「不行不行！由梨來說！」她打斷我的話，「各自對應 24 支的樹枝末端，有 1 支的分支——奇怪？」

「怎麼了？」

「1 支還有分支很奇怪吧，哪有分支呢？」

「是啊，一般不說 1 支的分支，可是，這麼思考就很容易明白，只為形成一貫的思考方式，有一貫性才有規則性。」

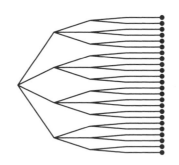

第 4 段分支：各自對應 4×3×2 個分支，各有 1 個分支

「嗯……好吧，各自對應 24 支的樹枝末端，有 1 誓分支。乘法計算，24×1 ＝ 24，所以可知第 4 段的樹枝末端是 24 支。」

「沒錯。這是對應排列 4 張卡片 Ⓐ, Ⓑ, Ⓒ, Ⓓ 的結果，有 24 種。」

「我懂了。」

「那麼，在這裡試著統整看看。隨著每段進行下去，分支會由 4→3→2→1 逐漸減少。然後，在每次《各自對應》之後計算乘法。」

最初的分支是 4 支。　　←----→　　4
各自對應有 3 個分支。　←----→　×　3
各自對應有 2 個分支。　←----→　×　2
各自對應有 1 個分支。　←----→　×　1

「這樣啊——！所以就是這樣嗎……

$$4\text{ 張卡片排列的數字依序} = 4 \times 3 \times 2 \times 1$$

哥哥剛才說這樣是……規定？」

「是有規則。」

「嗯，根據思考規則的計算法，很容易明白。」

「對，只要畫出樹狀圖，就容易找出規則，而且計算上也容易《不遺漏、不重複》。《各自對應》的時候，就會出現乘法，到這裡都懂了吧。」

「嗯，我懂了，原來如此啊——真不愧是哥哥，好厲害。」

「沒有，我覺得這種程度就稱讚厲害，由梨也很了不起。」

「呵呵——別這麼誇我啦——」

解答 3-1（排列）

將 4 張卡片：

$$\boxed{A}, \boxed{B}, \boxed{C}, \boxed{D}$$

排成一列的方法，全部有 24 種。

「從具體例子來找出規則，往下一步前進。」

「下一步？」

3.1.5　一般化

「下一步是一般化。」

「一般化？」

「4 張卡片的排列有 24 種，但這畢竟是 4 張的情況。所謂的一般化，就是不管 5 張、6 張、7 張……無論求幾張，都能沿用的方法。」

問題 3-2（排列）
請問 n 張卡片排成一列的方法，總共有幾種？

「n 張嗎……」

「一般化的時候，常常會加入這種如 n 的變數，這叫做──

《將變數導入一般化》

剛才的 Ⓐ, Ⓑ, Ⓒ, Ⓓ 排法有 24 種，是因為有 4 張卡片。只要能知道 n 張的排法──也就是說，將排列的數用 n 來表示，也就是 n 等於 5、等於 6、等於 7……代表所有情況。」

「嗯嗯。」

「算術與數學最大的差異就在這裡。由梨，妳記得國中的數學課一開始使用代數式的時候吧。」

「記得記得，例如 a 或 b 或 x 或 y 之類的。」

「那個啊，不只能處理像 4 這種具體的數字，也要練習處理更一般性的數喔。」

「嗯……所以？說到剛才的卡片排列，結果怎麼樣？」

「只要將 4 換成 n 開始就可以了。從 n 開始依序做出《一個一個減 1 數字的乘積》。」

最初的分枝是 n 支。　　　　　　　←----→　　n
各自對應有 n−1 個分支。　　　　　←----→　× (n−1)
各自對應有 n−2 個分支。　　　　　←----→　× (n−2)
　⋮　　　　　　　　　　　　　　　　⋮　　⋮　⋮
各自對應有 n−2 個分支。　　　　　←----→　× 2
各自對應有 1 個分支。　　　　　　←----→　× 1

「啊，我知道了，這是 n 的**階乘**對吧？寫成 n!。」

n 的階乘

$$n! = n \times (n-1) \times (n-2) \times \cdots \times 2 \times 1$$

「妳很清楚呢，由梨。」

「當然！」

「所以排列 n 個東西時，排列數就是 n!。」

「沒錯，只要想像樹狀圖就能理解了。」

解答 3-2（排列）

n 張卡片排成一列的方法，總共有 n!種。

3.1.6 建設道路

「由梨，我們剛才討論的並不是那麼困難。n 張的排法就只有 n!種，要背的話，馬上就能背起來。可是，我們推論的過程，可要好好思考喔。」

「嗯──哥哥是怎麼了，突然認真起來。」

「我在說重要的事啊，用數學思考事情的時候，一開始要用**具體事證**來思考，就像排列 4 張卡片。」

「嗯，我知道了。」

「可是，只有用具體事證還能不安心。仔細看例子，要看穿其中隱藏的**規則性**，非常重要。」

「米爾迦用不同的表達方式說過一樣的話。」

《看穿構造，需要心之眼》

「米爾迦大小姐！」由梨突然大叫。她非常喜歡米爾迦……米爾迦

大小姐是崇拜的稱呼。

　　「為了找出規則，樹狀圖很有用，也可以製作表格。只要找出規則，就可以把它**一般化**，大部分都可以化為算式。」

　　「具體事證、規則、一般化……」由梨老實地複述。「你說的我都懂，可是為什麼要做這些事喵？」

　　「這個嘛……由梨，所謂的從具體事證找出規則，再一般化——

　　　　是從《做看看就會明白》這種狀態，變成

　　　　《不用做也能明白》的狀態。這點很厲害呢。」

　　「不用做也能明白？」由梨皺起眉頭。

　　「意思是，即使沒有逐一畫出樹狀圖，也只要計算 $n!$ 就可以了。就算沒有實際試驗，一般化的算式……就是公式。只要能應用公式就行了，公式的方便之處就在這裡。換句話說，若沒有自己思考論證的經驗，就不能明白公式的珍貴。所以死記硬背公式很糟糕，只要明白公式的珍貴，應用的要領就能夠馬上心領神會。」

　　「哥哥……」

　　「總之，具體地思考是很重要的，不可以偷懶不做。可是從這裡找出規則性，再一般化……這是更重要的事。無論再小的問題，都不可以忘記具體事證→規則→一般化，建設這條道路。」

　　　　具體事證→規則→一般化

　　「就像建設道路……」

　　「數學的前方，有一個證明你所發現的事物，是否真正正確，這個工作在等著你。」

　　「也就是證明……」

　　「總之，要好好運用自己的手與腦來思考，導出 $n!$。這麼做的話，自然就能記得排列方法的總數可以用 $n!$ 來求得，比起不明就裡的背誦要好多了。」

　　「啊，可是老師說要背到 $10!$。」

「嗯，數字比較小的階乘背起來比較方便，哥哥也記得喔。這樣一來，不管何時何地出現 3628800 這個數字，你就會想到《這應該是 10! 吧》。」

n	1	2	3	4	5	6	7	8	9	10
$n!$	1	2	6	24	120	720	5040	40320	362880	3628800

「就像這樣，從 1! 記到 10!」由梨說。

「這樣一來，聽到 10! 就會想到 362 萬 8800。」我說。

3.1.7 那傢伙

「哥哥說的很容易了解，真高興！」

由梨將果汁空罐扔進垃圾桶，重新戴好棒球帽，使香皂氣味飄來。

於是我想到一個問題。

「喂，由梨，《a・s・pa・ra・gu・s（蘆筍）》的 6 個字母，排成一列的方法有幾種，妳知道嗎？」

「簡單。是 6! 吧，720 種，我剛才背起來了。」

「真可惜。」

「咦，不對嗎？為什麼？」

「因為 asparagus 這個字裡有兩個《s》，所以不是 6! 種。」

「咦！《asrapagus》竟然有兩個《s》，好狡猾！」

由梨說。

「不是《asrapagus》是《asparagus》。」

「asrapagu……咦——真討厭——！」

由梨戳戳我的腰窩。

「哎喲！」我呻吟。

「這是哎喲的階乘。」由梨說。

「由梨，很痛耶……」

「討厭——這不是相親相愛的表現嗎。」

「相親相愛啊……話說回來，為什麼會談到《排列》的話題？」

「──嗯，因為班上有個數學很強的人，他很囉唆啊，還出數學小測驗的題目。」

「……」

「我忘記是什麼時候，那傢伙曾對我說《妳可以解釋什麼是排列嗎》，這實在非常地，該怎麼說呢，很狂妄──我很生氣──」

「那麼，由梨覺得自己不能輸給那《那傢伙》嗎？」我說。

「嗯，當然！下次在學校……啊，可是，那傢伙說因為家裡發生狀況，要休學一陣子──」

問題 3-3（含有相同文字的排列）

請問《a・s・pa・ra・gu・s》的 6 個字母，排成一列的方法有幾種？

3.2　組合

3.2.1　圖書室

「哎呀呀呀呀！」

巨大的聲音打破寂靜，不用確認我也知道，那是蒂蒂的聲音。

她跌倒了，手中的卡片散落一地。

這裡是高中的圖書室，現在是放學後。

如夢一般過了 16 歲這個 2^{2^2} 的年紀，來到了質數的 17 歲。

雖說是──考生，我每天仍一如平常地流過。聽課，放學後在圖書室繼續念書，生活步調沒有變化。

若說只有一個變化，那就是除了數學以外，念書的科目變多了。我變得比以前更忙了。

「好痛……」

蒂蒂一邊呻吟，一邊收起掉落的卡片。

我也從位子上站起來幫忙。

「蒂蒂，妳沒事吧？」

這些是村木老師給的卡片。

3.2.2 排列

「是排列呢。」我將撿起的卡片還給蒂蒂，「剛好最近我和由梨討論了關於排列的事呢。」

「這樣啊。」

從 n 個事物之中，依據順序取出 k 個的情況數（排列的定義）

$$P_k^n = \frac{n!}{(n-k)!}$$

「可是，我跟由梨說的，不是取出 k 個這種一般形式，而是排列全部 n 個東西的情況數。」

「呃……那是 P_n^n 的意思吧？」

「沒錯。」

$$P_n^n = \frac{n!}{(n-n)!} \qquad 在 P_k^n 的定義上 n = k$$

$$= \frac{n!}{0!} \qquad 因為 n - n = 0$$

$$= \frac{n!}{1} \qquad 因為 0! = 1$$

$$= n!$$

「是的……對了，不過說到 P_k^n。」蒂蒂說。

$$P_k^n = \frac{n!}{(n-k)!}$$

「嗯？」

「雖然這狀況的個數，必定是整數，但因為排列的定義是 $\frac{n!}{(n-k)!}$，是分數的形式，很不可思議，我還是不能理解……」

「形式雖然是分數，但約分以後就會變成整數了。」

「是啊，最後一定會變成整數，很不可思議。」

「為了理解，可以用具體事證來思考。」

「具體事證嗎？」

「譬如，從 5 個東西裡，取出 2 個來排列——

● 第 1 次選法有 5 種。

● 各自對應第 1 次，第 2 次的選法有 4 種。

——也就是說，排列 P_2^5 是 5×4 的形式。」

$$P_2^5 = \text{從 5 個東西裡，取出 2 個，排列的數} = 5 \times 4$$

「對，沒錯，乘上 5→4 依序減少的數。」

「像這樣每次減 1 的數字乘積，可以用階乘 $n!$ 來表示。」

「咦！可是 5 的階乘和 P_2^5 不一樣。有多餘的尾巴。」

蒂蒂一副尋找自己尾巴的樣子……什麼？有尾巴？

$$5! = \underbrace{5 \times 4}_{P_2^5} \times \underbrace{3 \times 2 \times 1}_{\text{尾巴}}$$

「P_2^5 需要的，只有 5×4×3×2×1 之中，5×4 的部分而已。」我說，「尾巴的 3×2×1 是不需要的。因此，除以 3×2×1，切掉尾巴……變成這種想法。而且，這個 3×2×1 是階乘 3!。所以我們就明白，可以只寫成階乘 P_2^5。」

$$P_2^5 = 5 \times 4$$

$$= \frac{5 \times 4 \times \overbrace{3 \times 2 \times 1}^{\text{尾巴}}}{\underbrace{3 \times 2 \times 1}_{\text{尾巴}}}$$

$$= \frac{5!}{3!}$$

「的確是！……這樣就能切斷尾巴了。」蒂蒂點頭。

「現在就用 5 或 2 這些具體的數字來思考吧。」我繼續說，「如果使用像 n 或 k 之類的變數，就能導出排列 P_k^n 的式子。」

$$P_k^n = n \times (n-1) \times (n-2) \times \cdots \times (n-k+1)$$

$$= \frac{n \times (n-1) \times (n-2) \times \cdots \times (n-k+1) \times \overbrace{(n-k) \times \cdots \times 2 \times 1}^{\text{尾巴}}}{\underbrace{(n-k) \times \cdots \times 2 \times 1}_{\text{尾巴}}}$$

$$= \frac{n!}{(n-k)!}$$

「式子 $\dfrac{n!}{(n-k)!}$ 的分母 $(n-k!)$ 就是尾巴呢！」

「……嗯，是啊。」

3.2.3 組合

「學長，考慮順序就是排列，那不考慮就是組合吧。」

「嗯，沒錯。組合就寫成 $\binom{n}{k}$ 或 C_k^n。」

> 排列 P_k^n 從 n 個之中依照順序取出 k 個的情況數
> 組合 C_k^n 從 n 個之中不依照順序取出 k 個的情況數

「是的。」

「譬如，從 5 張卡片 Ⓐ, Ⓑ, Ⓒ, Ⓓ, Ⓔ 中取出 2 張。一開始是依照順序取出《排列》的例子，有 $P_2^5 = 5 \times 4 = 20$ 種。」

ⒶⒷ	ⒶⒸ	ⒶⒹ	ⒶⒺ	ⒷⒸ
ⒷⒹ	ⒷⒺ	ⒸⒹ	ⒸⒺ	ⒹⒺ
ⒷⒶ	ⒸⒶ	ⒹⒶ	ⒺⒶ	ⒸⒷ
ⒹⒷ	ⒺⒷ	ⒹⒸ	ⒺⒸ	ⒺⒹ

從 5 張卡片依照順序取出 2 張的排列結果

「對，沒錯。」

「就這個例子，如果 5 張卡片不依照順序取出 2 張的《組合》，則變成下面 10 種。」

| ⒶⒷ | ⒶⒸ | ⒶⒹ | ⒶⒺ | ⒷⒸ |
| ⒷⒹ | ⒷⒺ | ⒸⒹ | ⒸⒺ | ⒹⒺ |

從 5 張卡片不依照順序取出 2 張的組合結果

「從 5 張卡片取出 2 張的組合，寫成 $\binom{5}{2}$ 就是——」

$$\binom{5}{2} = \frac{5!}{2! \, 3!} = 10$$

「對……所以呢？」

「試著比較《排列》與《組合》，就會發現 ⒶⒷ 與 ⒷⒶ，在《排列》時是當作不一樣的東西計算；但是在《組合》卻看成一樣的東西，只用 ⒶⒷ 來當代表即可。」

「對，我明白，組合會歸納重複的部分。」

「那麼，來想想《排列》比《組合》，重複了多少呢？」

「呃，只重複了 2 倍吧……」

「對，再仔細想想，就會明白只重複了取出時的排列。要是取出 2

張卡片，就會重複 ⒜⒝ 與 ⒝⒜。這是取出 2 張的排列，也就是只重複了 $P_2^2 = 2!$。」

「啊……」

「首先是依照順序地取出，可是這樣有重複。所以如果除以重複的部分，就可以求出《組合數》。」

$$《從 5 張卡片取出 2 張，不依照順序取出的情況數》$$
$$= \frac{《從 5 張卡片取出 2 張，順序取出的情況數》}{《依照順序排列 2 張卡片的情況數》}$$
$$= \frac{P_2^5}{P_2^2}$$
$$= \frac{5 \times 4}{2 \times 1}$$
$$= 10$$

「先依照順序取出……再除以重複的部分，對吧。」

「沒錯，如果到這裡都懂，一般化就更輕鬆了。」

$$《從 n 個東西取出 k 個，不依照順序取出的情況數》$$
$$= \frac{《從 n 個東西取出 k 個，依照順序取出的情況數》}{《依照順序排列 k 個東西的情況數》}$$
$$= \frac{P_2^5}{P_2^2}$$
$$= \frac{5 \times 4}{2 \times 1}$$
$$= 10$$

「原來如此。」

「雖然這裡也出現了 $\dfrac{n!}{k!(n-k)!}$ 的分數，但因為除以重複的部分，所以結果一定是整數。」

「我相當明白了。因為出現 $\dfrac{n!}{k!(n-k)!}$ 這個分數，$n!$ 與 $k!$，以及 $(n-k!)$ 賦予的意義就很清楚了……」

從 n 個當中不考慮順序地取出 k 個的情況數（組合的定義）

$$C_k^n = \binom{n}{k} = \frac{n!}{k!\,(n-k)!}$$

3.2.4　蘆筍

　　蒂蒂將圖書室桌上的卡片收整齊，剛才的話題已記在筆記本上。她雖然慌慌張張的，但是有勤勉記事的習慣，想必是喜歡語言文字吧……啊，對了。

　　「蒂蒂。」

　　「什麼事？」她從筆記本中抬起頭。

　　「妳知道 a・s・pa・ra・gu・s 這 6 個字的排法有幾種嗎？」

　　「因為要依照順序，所以是排列。6 的階乘……啊，不對不對不對。《s》重複了，所以請等一下。全部是 6 個字……。

$$《6 個字的排列數》 = 6!$$

可是，這樣就重複了。因為兩個《s》沒區分，所以必須除以 2 個字的重覆排列數。」

$$《2 個字的排列數》 = 2!$$

所以，變成這樣。

$$
\begin{aligned}
《asparagus 的排列方法數》 &= \frac{《6 個字的排列數》}{《2 個字的排列數》}\\
&= \frac{6!}{2!}\\
&= 6 \times 5 \times 4 \times 3\\
&= 360
\end{aligned}
$$

「沒錯,這樣很好,蒂蒂,雖然是相同的東西,但先將兩個《s》區分,也可以這麼思考。」

$$《\text{asparagus 的排列方法數}》 = \frac{《a \cdot \overset{1}{s} \cdot pa \cdot ra \cdot gu \cdot \overset{2}{s} \text{的排列數}》}{《\overset{1}{s} \cdot \overset{2}{s} \text{的排列數}》}$$

$$= \frac{6!}{2!}$$

$$= 6 \times 5 \times 4 \times 3$$

$$= 360$$

「總共有 360 種呢!asparagus、asparasgu、aspaguras、aspagusra……」

「喂,蒂蒂……妳打算全部說完嗎?」

解答 3-3(含有相同文字的排列）

將《a · s · pa · ra · gu · s》的 6 組字母,排成一列的方法有 360 種。

3.2.5 二項式定理

我從卡片中抽出一張,說道。

「這是二項式定理中,關於組合數 $\binom{n}{k}$ 最有名的定理。」

二項式定理

$$(a + b)^n = \sum_{k=0}^{n} \binom{n}{k} a^{n-k} b^k$$

「二項式定理……」蒂蒂的表情像是想起了什麼，「以前你也教過我……可是，我不擅長很多變數的題目。」

「看到二項式定理這種出現很多變數的式子時，一定要做具體的練習。」

「具體的練習……這是什麼意思呢？」

「文字出現很多變數，一般的式子都是這樣。也可以說是《將變數的導入一般化》的結果。這種時候，可能試著將具體數字代入變數的式子。這時你就會知道《是啊，真的成立呢》。」

「難道是要做和《將變數的導入一般化》相反的事嗎？」

「沒錯，也可以說是《代入變數使之特殊化》。譬如說，在二項式定理 $n = 1$ 時……」

$$
\begin{aligned}
(a+b)^1 &= \sum_{k=0}^{1} \binom{1}{k} a^{1-k} b^k && \text{在二項式定理 } n = 1 \text{ 時} \\
&= \underbrace{\binom{1}{0} a^{1-0} b^0}_{k=0 \text{ 的情況}} + \underbrace{\binom{1}{1} a^{1-1} b^1}_{k=1 \text{ 的情況}} && \text{不使用 } \Sigma \text{ 來表示} \\
&= 1a^{1-0} b^0 + 1a^{1-1} b^1 && \text{使用 } \binom{1}{0} = 1, \binom{1}{1} = 1 \\
&= 1a^1 b^0 + 1a^0 b^1 \\
&= a^1 + b^1 \\
&= a + b
\end{aligned}
$$

「的確變成 $(a+b)^1 = a + b$。」

「嗯，同樣的，在二項式定理 $n = 2$ 時……」

$$(a + b)^2 = \sum_{k=0}^{2} \binom{2}{k} a^{2-k} b^k$$

$$= \underbrace{\binom{2}{0} a^{2-0} b^0}_{k = 0 \text{ 的情況}} + \underbrace{\binom{2}{1} a^{2-1} b^1}_{k = 1 \text{ 的情況}} + \underbrace{\binom{2}{2} a^{2-2} b^2}_{k = 2 \text{ 的情況}}$$

$$= 1a^{2-0} b^0 + 2a^{2-1} b^1 + 1a^{2-2} b^2$$

$$= 1a^2 b^0 + 2a^1 b^1 + 1a^0 b^2$$

$$= a^2 + 2ab + b^2$$

「啊，學長，這個……？」

「順便也寫寫看 $n = 3$ 的情況。」

$$(a + b)^3 = \sum_{k=0}^{3} \binom{3}{k} a^{3-k} b^k$$

$$= \underbrace{\binom{3}{0} a^{3-0} b^0}_{k = 0 \text{ 的情況}} + \underbrace{\binom{3}{1} a^{3-1} b^1}_{k = 1 \text{ 的情況}} + \underbrace{\binom{3}{2} a^{3-2} b^2}_{k = 2 \text{ 的情況}} + \underbrace{\binom{3}{3} a^{3-3} b^3}_{k = 3 \text{ 的情況}}$$

$$= 1a^{3-0} b^0 + 3a^{3-1} b^1 + 3a^{3-2} b^2 + 1a^{3-3} b^3$$

$$= 1a^3 b^0 + 3a^2 b^1 + 3a^1 b^2 + 1a^0 b^3$$

$$= a^3 + 3a^2 b + 3ab^2 + b^3$$

「學長！所謂的二項式定理，就是 $(a + b)^2$ 或 $(a + b)^3$ 的一般化吧！……那那那，我竟然到剛剛才發現，我、真的是、很遲鈍呢。」

「才沒那種事呢，蒂蒂。」我微笑，「即使妳沒在文字的公式狀態下發現，只要代入具體的數字就能理解，這樣就可以了。」

「是的，我懂了。」蒂蒂點頭，她真是老實呢。

「國中學過 $(a + b)^2 = a^2 + 2ab + b^2$ 的公式吧，將積的形式改為和的形式……對，這就是**展開式**。雖然我們已經背過經常使用的各展開式，但這裡使用二項式定理來充分說明。」

「好的！」

「妳明白原來二項式定理的各項中，出現 $\binom{n}{k}$ 這個組合數的理由嗎？」我問。

「是的，這個以前學長教過我了。」蒂蒂，「譬如——」

◎　◎　◎

譬如，以 $(a+b)^3$ 來思考，這是 3 個因數的乘法。

$$(a+b)^3 = \underbrace{(a+b)}_{\text{因數 1}}\underbrace{(a+b)}_{\text{因數 2}}\underbrace{(a+b)}_{\text{因數 3}}$$

展開這個式子時，變成要從 3 個因數中，選擇 a 或 b 其中一項來做乘法運算。

$$\left(\text{ⓐ}+b\right)\left(\text{ⓐ}+b\right)\left(\text{ⓐ}+b\right) \quad \rightarrow \quad aaa = a^3b^0$$
$$\left(\text{ⓐ}+b\right)\left(\text{ⓐ}+b\right)\left(a+\text{ⓑ}\right) \quad \rightarrow \quad aab = a^2b^1$$
$$\left(\text{ⓐ}+b\right)\left(a+\text{ⓑ}\right)\left(\text{ⓐ}+b\right) \quad \rightarrow \quad aba = a^2b^1$$
$$\left(\text{ⓐ}+b\right)\left(a+\text{ⓑ}\right)\left(a+\text{ⓑ}\right) \quad \rightarrow \quad abb = a^1b^2$$
$$\left(a+\text{ⓑ}\right)\left(\text{ⓐ}+b\right)\left(\text{ⓐ}+b\right) \quad \rightarrow \quad baa = a^2b^1$$
$$\left(a+\text{ⓑ}\right)\left(\text{ⓐ}+b\right)\left(a+\text{ⓑ}\right) \quad \rightarrow \quad bab = a^1b^2$$
$$\left(a+\text{ⓑ}\right)\left(a+\text{ⓑ}\right)\left(\text{ⓐ}+b\right) \quad \rightarrow \quad bba = a^1b^2$$
$$\left(a+\text{ⓑ}\right)\left(a+\text{ⓑ}\right)\left(a+\text{ⓑ}\right) \quad \rightarrow \quad bbb = a^0b^3$$

將上述算出的 $aaa, aab, aba, \cdots, bbb$ 這 8 個不同項加總起來。這時候，由於係數是表示《同類項有幾個》，所以就是同類項個數的組合數。譬如，a^2b^1 的係數，因為是從 3 個因數中，取出 2 個 a 的組合數，因此，係數就是組合數。

◎　◎　◎

「係數就是組合數，對吧。」蒂蒂說。

「就是這樣，注意係數的部分，很有趣喔。」

我寫出展開式，在係數位置加上〇。

$$(a + b)^0 = ①$$

$$(a + b)^1 = ①a + ①b$$

$$(a + b)^2 = ①a^2 + ②ab + ①b^2$$

$$(a + b)^3 = ①a^3 + ③a^2b + ③ab^2 + ①b^3$$

「所以，圓圈符號的部分很有趣——嗎？」

「對，蒂蒂知道嗎？」

這時候。

我感覺到有一股微弱的柑橘香味。

我迅速回頭看——

「帕斯卡三角形，好像很有意思呢。」

米爾迦站在那裡，露出爽朗的笑容。

3.3 2^n 的分配

3.3.1 帕斯卡三角形

「繼續。」米爾迦說。

「帕斯卡三角形——我好像曾經看過，記得是依序增加並排的數字。」蒂蒂說。

「沒錯。兩端為 1……」

我在筆記本上寫出帕斯卡三角形，到目前為止，我已經寫過好多次了。動手寫下數列，讓我非常開心。

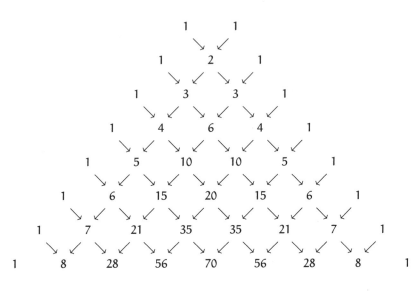

帕斯卡三角形

　　蒂蒂在旁邊看著我寫，米爾迦則在我背後窺探。甜香與檸檬香混在一起，我什麼話都說不出來。

　　「怎麼了？繼續說明啊。」米爾迦說。

　　「呃……嗯。展開 $(a+b)^n$ 出現的係數，排列在帕斯卡三角形的第 n 段。最上面為第 0 段——」

第 0 段　　$(a+b)^0$ 　　　　　　　　　　$= ①$

第 1 段　　$(a+b)^1$ 　　　　　　$= ①a$ 　　$+$ 　　$①b$

第 2 段　　$(a+b)^2$ 　　$=①a^2$ 　　$+$ 　　$②ab$ 　　$+$ 　　$①b^2$

第 3 段　　$(a+b)^3 =①a^3$ 　　$+$ 　　$③a^2b$ 　　$+$ 　　$③ab^2$ 　　$+$ 　　$①b^3$

　　「沒錯！」蒂蒂說，「那個……覺得好不可思議喔。帕斯卡三角形就是上一層的兩個數相加，依序組合而成的。這麼做可以看到，用加法

製作的帕斯卡三角形，別然和乘法製作的組合數完全符合，真不可思
議。」

「又再次變成《不可思議》……」我說。

「用這張圖很難思考。」米爾迦說著，把金框眼鏡輕輕往上推。
「說到帕斯卡三角形，通常都會畫成左右對稱的三角形，不過在這裡，
畫成表格會比較好。」

n \ k	0	1	2	3	4	5	6	7	8
0	$\binom{0}{0}$								
1	$\binom{1}{0}$	$\binom{1}{1}$							
2	$\binom{2}{0}$	$\binom{2}{1}$	$\binom{2}{2}$						
3	$\binom{3}{0}$	$\binom{3}{1}$	$\binom{3}{2}$	$\binom{3}{3}$					
4	$\binom{4}{0}$	$\binom{4}{1}$	$\binom{4}{2}$	$\binom{4}{3}$	$\binom{4}{4}$				
5	$\binom{5}{0}$	$\binom{5}{1}$	$\binom{5}{2}$	$\binom{5}{3}$	$\binom{5}{4}$	$\binom{5}{5}$			
6	$\binom{6}{0}$	$\binom{6}{1}$	$\binom{6}{2}$	$\binom{6}{3}$	$\binom{6}{4}$	$\binom{6}{5}$	$\binom{6}{6}$		
7	$\binom{7}{0}$	$\binom{7}{1}$	$\binom{7}{2}$	$\binom{7}{3}$	$\binom{7}{4}$	$\binom{7}{5}$	$\binom{7}{6}$	$\binom{7}{7}$	
8	$\binom{8}{0}$	$\binom{8}{1}$	$\binom{8}{2}$	$\binom{8}{3}$	$\binom{8}{4}$	$\binom{8}{5}$	$\binom{8}{6}$	$\binom{8}{7}$	$\binom{8}{8}$

組合 $\binom{n}{k}$ 表

n \ k	0	1	2	3	4	5	6	7	8
0	1								
1	1	1							
2	1	2	1						
3	1	3	3	1					
4	1	4	6	4	1				
5	1	5	10	10	5	1			
6	1	6	15	20	15	6	1		
7	1	7	21	35	35	21	7	1	
8	1	8	28	56	70	56	28	8	1

組合 $\binom{n}{k}$ 表（實際值）

「看了這張表格，就會明白帕斯卡三角形是以下面的加法構成的。」米爾迦說。

$$\binom{n-1}{k-1} \qquad \binom{n-1}{k}$$

$$\searrow \qquad \downarrow$$

$$\binom{n}{k}$$

「也就是說，對於滿足 $0 < k \leqq n$ 的整數 n, k，下面的**遞迴關係式**就會成立。」米爾迦說。

$$\binom{n}{k} = \binom{n-1}{k-1} + \binom{n-1}{k}$$

「啊，那個……這個遞迴關係式的變數 n 與 k 很複雜，有什麼意義呢？」蒂蒂問。

米爾迦沉默地指我，要求我來說明。

「嗯，這個遞迴關係式可以這樣《讀》。」我回答。

《從 n 個東西收集 k 個的選擇組合數》
＝《從 $n-1$ 個東西收集 $k-1$ 個的選擇組合數》
　＋《從 $n-1$ 個東西收集 k 個的選擇組合數》

「呃……呃。」蒂蒂露出傷腦筋的表情。

「這個啊，是表示區分情況的遞迴關係式，蒂蒂。」

「區分情況……嗎？」

「試著用 $n = 4, k = 2$ 來想看看吧。從 $\boxed{A}$, $\boxed{B}$, $\boxed{C}$, $\boxed{D}$ 這 4 張卡片中選出 2 張的組合，以是否選擇 $\boxed{A}$ 這張卡片來區分。」我說。

「呃，選到的情況和沒選的情況……是這個意思嗎？」

「沒錯。如果是**選到** $\boxed{A}$ 的情況，組合數只要考慮除了 $\boxed{A}$ 以外的 3 張，再從中選 1 張，這樣組合就可以了。也就是說，從 $n-1$ 張選出 k

－1 張的組合。」

「……啊，意思是說，雖然要選 2 張，但因為已經選了 $\boxed{A}$，只要考慮剩下的 1 張是什麼就好。」

「沒錯。……然後，沒選 $\boxed{A}$ 的情況，組合數則只要考慮從 $\boxed{A}$ 以外的 3 張之中，再選 2 張的組合。也就是說，變成從 $n-1$ 張選出 k 張的組合。」

「……這次是從 $\boxed{A}$ 以外的 3 張之中，選出 2 張。」

「對對對。」我點頭，「合併這二種情況，就會變成從 4 張之中選出 2 張的組合。這就是組合的遞迴關係式。」

$$
\binom{n}{k} \qquad \text{從 } n \text{ 張選出 } k \text{ 張的組合}
$$

$$
= \binom{n-1}{k-1} \qquad \text{從 } \boxed{A} \text{ 以外的 } n-1 \text{ 張，選出 } k-1 \text{ 張的組合}
$$

$$
+ \binom{n-1}{k} \qquad \text{從 } \boxed{A} \text{ 以外的 } n-1 \text{ 張，選出 } k \text{ 張的組合}
$$

「以不同情況區分……這個式子顯得理所當然。」

3.3.2 位元模式

米爾迦站起身，面向的窗戶看得見窗外的懸鈴木。她朝我這邊轉頭一看，一頭黑長髮瞬間輕輕飄散開來。

「試著想想位元模式吧。」

試著想想位元模式吧。

能用 n 位元表示的數——也就是 2 進位 n 位數的數，有 2^n 種。譬如 $n = 5$ 的時候，能用 5 位元表示的數，就是從 00000 到 11111，有 $2^5 = 32$ 種。

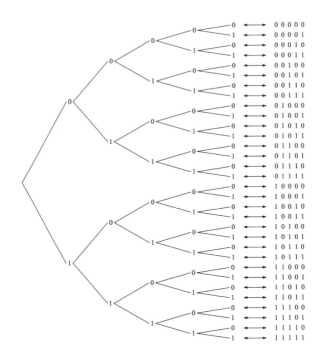

樹狀圖與位元模式

　　現在我們試著將位元模式以數字 1 的個數來分類。

　　例如，00000 這個位元模式裡一個 1 也沒有，也就是說 1 的個數是 0 個。而 00101 就是 2 個，10110 有 3 個 1。當然，最多的是 11111 這個位元模式，有 5 個。總而言之，可列成如下的柱狀圖。

		11000	11100		
		10100	11010		
		10010	10110		
		10001	01110		
		01100	11001		
	10000	01010	10101	11110	
	01000	01001	01101	11101	
	00100	00110	10011	11011	
	00010	00101	01011	10111	
00000	00001	00011	00111	01111	11111
1 的個數 　0	1	2	3	4	5
模式數 　1	5	10	10	5	1

將位元模式以數字 1 的個數來分類

◎　◎　◎

「米爾迦。」蒂蒂說，「在模式數的地方，寫著 1, 5, 10, 10, 5, 1，這是組合數嗎？」

「對。」米爾迦回答，「《n 位元之中，k 位元是 1》的位元模式，對應《從 n 個之中選出 k 個的組合》。不管哪個位元，都要判定是否為 1，所以就得到這樣的結果。」

「說得沒錯。」我說。

3.3.3 指數的爆發

「有 5 位元的話，可以表示成 32 種，對吧。」蒂蒂說。

「覺得 5 位元很厲害，是因為蒂德菈不知道指數的爆發吧。」

「指數的爆發是什麼？」

「如果有 1 位元，就是在 2 個人加上號碼，0 號與 1 號。」

「這是……？」蒂蒂露出詫異的表情。

「如果有 2 位元，就是在 4 個人加上號碼：00 號、01 號、10 號、

11 號。」

「是、是這樣啊。」

「如果有 n 位元，就是在 2^n 個人加上號碼。從 $\underbrace{000\cdots0}_{n\text{ 位元}}$ 到 $\underbrace{111\cdots1}_{n\text{ 位元}}$ 的號碼。到這裡妳懂了嗎？蒂德菈。」

「是的，我懂了！如果有 n 位元，就是在 2^n 個人加上號碼。」

「那麼，小測驗。」米爾迦說，「要給全世界的人加上號碼，至少需要幾位元呢？假設人口有 100 億人。」

「咦，給 100 億人加上號碼嗎？」

「對。」

「因為號碼至少要有 100 億個，所以……呃，應該要大概 1 萬位元吧。」

「不需要那麼多。」米爾迦馬上回答。

「咦，更少嗎？那麼，是不是 3000 位元？」

「還是太多了。」

「我知道了，那是 300 位元嗎？」

「正解是 34 位元。」

「咦！只要 34 位元嗎？」蒂蒂雙手擺出距離約 34cm 的姿勢，我不太明白這是什麼姿勢。

「33 位元就不夠。」米爾迦說，「至少需要 34 位元，因為：

$$2^{33} = 85 \text{ 億 } 8993 \text{ 萬 } 4592$$
$$2^{34} = 171 \text{ 億 } 7986 \text{ 萬 } 9184$$

。」

$$2^{33} < 100 \text{ 億 } < 2^{34}$$

「我……我猜需要 300 位元。」

「據說宇宙的體積大概是 2^{280}cm，也就是說，如果有 280 位元，就可以將整個宇宙分割成 1cm^3 的立方骰子，並一個一個加上號碼。如果有 280 位元——」

米爾迦說到這裡，靠近蒂蒂的臉旁。

這根本就不是靠近臉的距離。

而是兩人鼻子對鼻子、嘴唇對嘴唇，幾乎要碰到的距離。

而且——

米爾迦用雙手緊緊按住蒂蒂的肩膀。

「如果有 280 位元的話，就可以將全宇宙的每個地方，以這種準確度特別指定。」

「啊、啊、啊……」

蒂蒂無法動彈，滿臉通紅，只能眨眼睛。

3.4 冪乘的孤獨

3.4.1 歸途

歸途。

我一個人，在心裡描繪著樹狀圖。

如果有 34 段《分支》，就能分成 171 億 7986 萬 9184 種。經過 34 次的分支，就可以區分全人類的每一個人。

既然只要 34 次的分支就會產生 171 億 7986 萬 9184 種的結果，那麼從以前到現在，經過無數分支的我們，究竟是多大可能性之一呢。

3.4.2 家

「我回來了。」

我一到家，母親就到玄關來，壓低聲說話。

（剛剛由梨來了。）

（由梨？）

我不由得也低聲說話。

我一進房間，就看到由梨一個人坐在椅子上。

她臉朝下，手插在羽絨大衣的口袋裡。

平時的馬尾垂下，失去精神的樣子。

「由梨，怎麼了？」

「哥哥……」

由梨抬起頭。

半哭喪著臉。

「那個、那個──那個啊……」

「嗯。」

「那個、那傢伙、那傢伙──轉學了……怎麼辦。」

由梨終於出聲說了這句話，隨即緊緊閉上眼睛。

──然後雙手摀著臉。

那傢伙。

是指國中三年級，與表妹由梨同班的男生。

他與由梨互相練習數學小測驗，是放學後聊到很晚的對象。

那孩子──轉學了。

一起談喜歡的書、一起學習、吵架，又和好的對象。

那孩子──去了遠方。

那孩子已經和由梨的生活不相關了。

只是 1 位元的差別，就會讓道路大大不同。唉，我們每天真的充滿了分支，必須跑過有無數分歧的森林。

她雙手摀著臉，垂下頭。

脖子細微地顫抖。

她沒有對我祈求的話語。

但是，我明白由梨的痛苦。

我──
湊近那個特別用 280 位元指定的空間──
輕輕將手放在她的頭上。

構成地球的原子總數　2^{170} 個
構成銀河系的原子總數　2^{223} 個
全宇宙的體積　2^{280}cm^3
──出自"Applied Cryptography"

第 4 章
機率的不確定性

「一個人或兩個人，不，即使只有一個人也好。

如果有從那艘遇難船逃到這裡來的傢伙，

如果有能和我說話、一起交談的一個夥伴，

一個同胞在就好了！」

——《魯賓遜漂流記》

4.1　機率的確定性

4.1.1　除法的意義

「哥哥，除法是什麼？」

「哲學。」

今天是星期六，這裡是我的房間。國三的由梨像平時一樣來我房間玩，挑選書籍讀書。我一邊翻著單字卡，一邊偶爾敷衍回答從她那飛來的問題。

距離前幾天由梨的眼淚，還沒一個星期，但不知為何她似乎已完全恢復精神了，一如往常地開朗——不，但我還是不太明白實情。

「不是做過骰子決勝負的小測驗了嗎，哥哥搞錯的那個。」

「……才沒有呢。」還真是會揪著那個失誤不放呢。

愛麗絲和鮑伯各擲 1 個骰子。

出現點數大的人就獲勝。愛麗絲獲勝的機率是？

「哥哥，那時候你寫了這樣的式子吧。」

$$《愛麗絲獲勝的機率》 = \frac{《愛麗絲獲勝的情況數(15)》}{《全部的情況數(36)》} = \cdots = \frac{5}{12}$$

「嗯，我寫過。」

「出現了分數，分數是除法吧。」

「是啊，分子/分母就等於分子÷分母。因此，愛麗絲的獲勝機率也可以說是 $\frac{5}{12}$，5÷12＝0.4166……也可以這麼說。」

「所謂的機率，為什麼是**除法**？」

「嗯？妳的意思是，妳不懂為何用《關注的情況數》除以《全部的情況數》的理由嗎？」

「這個嘛──雖然我總覺得不明白，不過……討厭！我就是不懂嘛──由梨很傷腦筋，想想辦法吧。」

「雖然不知道妳不懂什麼，我知道了，我整理一下來告訴妳吧。」

我攤開筆記本，由梨將椅子拉到我旁邊來。

「呃，由梨，妳擦了口紅嗎？」我看著她說道。

「嗯？喵，這是護唇膏喔──」由梨回答著咧嘴笑了，並用指尖輕輕碰了嘴唇。

「啊，是嗎……那麼，首先是愛麗絲擲骰子。這時就會出現 ⚀,⚁,⚂,⚃,⚄,⚅ 這 6 種之中的一種點數。接著是鮑伯擲骰子，這時還是一樣出現 ⚀,⚁,⚂,⚃,⚄,⚅ 這 6 種之中的一種點數。」

「好的。」

「來考慮全部的情況吧。各自對應愛麗絲的那 6 種點數，鮑伯可能有 6 種點數。妳看，就是平常的──」

「出現了《各自對應》！是乘法。」

「對對對，由梨，妳很清楚嘛。全部的情況數是 6 種×6 種＝ 36 種。這 36 種發生的機率全部相同。這 36 種當中，愛麗絲獲勝的是 15 種。因此，愛麗絲獲勝的機率是 $\frac{15}{36}$。約分就是 $\frac{5}{12}$。那麼，妳哪裡卡住了？」

「哥哥這樣跟我說明，我好像就懂了喵。但是，我還是不明白為什麼要除法。」

「嗯……那麼，我再用別種方法說明吧。」

我想像由梨頭腦裡《不懂》的樣子，並組織新的說明方式。說明的

時候，不管對方說了幾次《不懂》也不能生氣，畢竟生氣對於對方的理解不會有幫助。與其生氣，不如推測對方心裡想像的事，改變成符合對方想法的表達方式還比較好。

「喂，由梨，所謂的除法，是使用在《將全部想成 1》的時候。」

「將全部想成 1？」

「對，如果把全部的量當作 1，我們關注的量是多少？……要回答這種問題時，就要用除法。這稱為**比例或比**。」

「……我不知道你在說什麼。」

「譬如說，有根長 20cm 的 Pocky 巧克力——」

「哥哥，Pocky 的長度是 13cm。」

「咦，是這樣啊……那麼，改成有根 13cm 長的 Pocky 巧克力，吃掉了其中的 6.5cm 吧。全部當中吃掉了多少比例呢？」

「很簡單，吃了一半對吧。」

「沒錯。《全部的長度》是 13cm，《吃掉的長度》6.5cm 是它的一半——也就是相當於 1/2。」

$$\text{吃掉的長度比例} = \frac{\text{吃掉的長度}(6.5\text{ cm})}{\text{全部的長度}(13\text{ cm})} = \frac{6.5}{13} = \frac{1}{2}$$

「哥哥，這是小學生的計算吧。」

「把全部的長度當作 1 時，吃掉的長度就相當於 1/2。也就是說呢，

　　　把《全部的量》當作 1 時，
　　　《關注的量》是多少比例？

這個問題的答案是分數——也就是除法的計算。」

「這我知道，可是，機率又不是長度！」

「嗯，機率不是長度，可是和長度的比例類似。不限於長度的比例、面積的比例、體積的比例……不管是什麼，總之——

　　　把《一定會發生的事》當作 1 時，
　　　《關注的事件》會發生的比例是多少？

這個問題的答案就是機率唷，由梨。」

「嗯——我漸漸有點懂了……哥哥，你剛才說機率也和面積的比例相似對吧，這讓我想起了表格。」

由梨抽出放在我桌子上的筆記。

		鮑伯					
		1 ⚀	2 ⚁	3 ⚂	4 ⚃	5 ⚄	6 ⚅
愛麗絲	1 ⚀	平手	鮑伯	鮑伯	鮑伯	鮑伯	鮑伯
	2 ⚁	愛麗絲	平手	鮑伯	鮑伯	鮑伯	鮑伯
	3 ⚂	愛麗絲	愛麗絲	平手	鮑伯	鮑伯	鮑伯
	4 ⚃	愛麗絲	愛麗絲	愛麗絲	平手	鮑伯	鮑伯
	5 ⚄	愛麗絲	愛麗絲	愛麗絲	愛麗絲	平手	鮑伯
	6 ⚅	愛麗絲	愛麗絲	愛麗絲	愛麗絲	愛麗絲	平手

「將愛麗絲獲勝的省略成一個字《愛》；鮑伯獲勝的是《鮑》；平手則是《平》……不就會形成這樣的正方形了？」

平	鮑	鮑	鮑	鮑	鮑
愛	平	鮑	鮑	鮑	鮑
愛	愛	平	鮑	鮑	鮑
愛	愛	愛	平	鮑	鮑
愛	愛	愛	愛	平	鮑
愛	愛	愛	愛	愛	平

「原來如此。」我看著由梨寫的格子點頭。

「把這個正方形的全部面積當作 1 時，《愛》部分的面積是多少，就是愛麗絲的獲勝機率。」

「沒錯，就是這樣！由梨真是聰明呢！」

「嘿嘿——多稱讚一點吧。」

「這樣就夠了。」

「小氣，你稱讚的比例好少啊。」由梨嘟起嘴巴，「可是，哥哥。比起求面積，應該要算數量吧，因為全部的格子數是 36 個，其中《愛》的數量是 15 個。」

「是啊，因為這 36 種全部都是在相同的機率發生的。」

由梨凝視著正方形，思考著什麼。

突然間，她栗色的頭髮閃耀著金色。

「喂，哥哥！既然這樣，就不要擲 2 次骰子，從一開始就用 36 角形的輪盤也可以吧？」

「36 角形的輪盤？」

由梨畫了個好像輪盤的東西。

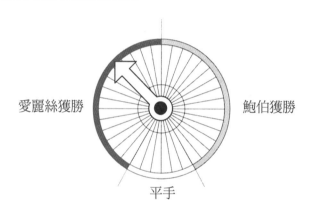

愛麗絲獲勝　　　鮑伯獲勝

平手

與骰子勝負一樣的 36 角形輪盤

「啊，是啊。使用 36 角形的輪盤也一樣：愛麗絲獲勝的地方是 15 個，鮑伯獲勝的地方是 15 個，平手的是 6 個。」

「如果獲勝的地方一個也沒有，獲勝機率就是 0。」

「沒錯。機率之所以是 0，就是完全不發生的情況。然後，36 個全部的地方如果都是愛麗絲獲勝……」

「愛麗絲獲勝的機率就是 1，這是一定發生的情況。」

「對。不管怎樣的事件，都是在《完全不發生》與《一定發生》之間，也就是說——

$$0 \leq 機率 \leq 1$$

　　這個不等式恆常成立。機率不會是負數,也不會超過 1。在 0%以上,100%以下。」

　　「《120%準確》是不可能的,哇哈哈!」

　　「妳忽然笑什麼,由梨?」

　　「前幾天老師說了《120%準確!》呢,那時由梨說《老師,這在數學上很奇怪》,結果反而惹老師生氣了。」

　　「妳別欺負老師了。老師是想強調很準確⋯⋯」

　　「好好好。」由梨邊笑邊說道。「有趣的是,那天放學後,那傢伙——」

　　她的話突然中斷。

　　我看著由梨的臉。

　　她迅速轉身向後,伸手到書架。

　　「由梨?」

　　「⋯⋯」

　　「由梨?」

　　「⋯⋯哥哥,這本書借我。」

　　由梨抽出一本書,馬上走向客廳。

4.2　機率的不確定性

4.2.1　同樣的機率

　　「——我們就談了上面這些。」我說道。

　　「機率真是棘手的呼。」蒂蒂邊吃便當邊回答。

　　這裡是高中的屋頂,現在是午休時間。雖然暖和但天空多雲。

　　「是這樣嗎?」我咬著在販賣部買的麵包。

「那個啊⋯⋯我明白所謂的《把全部當作 1 來思考》。但是——我不懂學長說過的《一樣的機率》，這句話是什麼意思。」

她用筷子戳起煎蛋，繼續說。

「說到機率，以日語來說，該怎麼說呢，感覺似乎穩定感很差；如果是英語，機率就是"Probability"——符合《有多少"Probable"（易發生）的程度》的意思。」

蒂蒂的英語發音十分漂亮。

「機率——啊，的確是翻譯的名詞。」

「是的，我特別不明白的是那句話的意思。雖然說骰子的每一種點數是以《相同的機率》出現，不過為什麼可以這麼說呢？」

「出現的機率各是 $\frac{1}{6}$ 對吧。」我說道。

「是的，如果每一種點數是以相同的機率出現，那我明白個點數是以 $\frac{1}{6}$ 的機率出現。但是⋯⋯一開始《每一種點數以相同的機率出現》——這個主張，為什麼是正確的呢？」她放下便當的筷子，直盯著我。

「這個啊⋯⋯因為沒有歪斜的骰子，各面都是做成相同的形狀——」說到這裡我遲疑不決，因為我明白了她的疑問。

「學長⋯⋯因為骰子的各面做成相同的形狀就是一樣的機率——如果是這樣，那麼，就感覺已經不是數學了。」

「是啊，該說是物理吧——不對，這更像是工程學的主題。」

「我⋯⋯沒辦法很明確地說我不懂什麼。」

蒂蒂這麼說著，一口吃掉煎蛋。

4.2.2 真正的武器

我將吃完的麵包袋子塞進口袋，思考著蒂蒂說的事。蒂蒂的疑問是這樣：

骰子的每一種點數會以《相同的機率》出現
——這是什麼意思？

我無法好好回答她的單純疑問。

我在這之前，從未對《相同的機率》這個說法有過疑問。不管在小學也好，國中也好，在高中也一樣。因為機率的計算，只要能好好地計算排列或組合，就不會錯了。

但是，蒂蒂不一樣。

她到真正有《明白的感覺》之前，都會持續抱有疑問。

我發現了某件事。

蒂蒂認為《堅強毅力》是自己的武器。

我則認為《獨特的構思》是她的武器。

但是──實際上，蒂蒂擁有的真正武器，既不是毅力堅強，也不是獨特的構思。她的武器是──

《自己真的還不明白》

是這個自我認識，我發現了這件事。

一年級的時候──蒂蒂不明白很多事。質數、絕對值，以及和……。蒂蒂藉由與我的對話中，學習到定義的重要，以及算式的重要。過了一年──最近的她增加了《不明白感覺》的深度。

我這麼一說，蒂蒂就在面前張開雙手，奮力揮舞。

「不對不對！我很遲鈍，只是理解得非常慢而已，要是可以更快地明白就好了。」

「也不一定是這樣，我認為真正的數學家面對挑戰的問題時，不會馬上就找到答案。因此，一直持續擁有心中知道自己無法理解的能力絕對是重要的。而且，蒂蒂有這個能力。」

「那個……我──能夠讓學長這麼說，對我是非常、非──常大的鼓勵。該怎麼說呢，我切實地感受到，可以維持我的原貌就好了。即使是遲鈍的我也有優點，使我覺得原來我不只有缺點呢。」

「不，我覺得蒂蒂很厲害。」

「我──聽到學長的這一番話，讓我想更努力學習，想要學得更

廣、更廣又更廣；學得更深、更深又更深。這是真的，我在家用功的時候，就會想起學長和米爾迦學姊說的話，覺得很高興。」她這麼說著，露出懇切的表情。「我常常覺得——我不是孤零零的一個人。」

「不是孤零零的一個人？」

「對。解不開數學的問題時——我就會忐忑不安，手心發汗。但是，這種時候我會大力深呼吸，然後，想起學長和米爾迦學姊的鼓勵，這樣一來，就會放鬆並以新的心情面對問題。……學長說過，在面對算式時，我們全是《小數學家》。」

「嗯。」

「我回想起這句話，就不會對流逝的時間感到驚慌、也不著急，只想著去面對自己眼前的問題，大家都是這麼做的，面對問題的我，確實是一個人，不過並非孤獨的戰鬥，學長的話在內心給予我力量。」

「……」

「我——並非孤零零一人。不管是誰，每個人都是獨自面對《自己的問題》。世界上的《小數學家》們，正在埋頭研究各自的問題。所以、所以，我們不孤單。即使面臨的問題不同，也絕對、絕對不孤獨。即使——

　　　即使一個人，仍好好思考。
　　　即使一個人，仍好好戰鬥。
　　　經歷這些，才能互相了解。

——我發現，存在著這樣的世界。」

這時蒂蒂臉紅起來。

「學長，所以，我、總是、學長的、那個……總之，我沒辦法說得很好，可是那個、我、我、我！對學長……」

這時候啪嗒一聲，冷冷的東西落下來。

「蒂蒂，糟了，下雨了！」

「啊，便當！」

天空忽然下起雨來，我們驚慌地躲進入室內。蒂蒂一邊下樓梯，一

邊說，

「……學長，我一直都很感謝你。」

4.3　機率的實驗

4.3.1　解譯器

下午的課程結束了，到了放學後，我和平時一樣走向圖書室。

窗外出現了開始冒出一點點嫩葉的懸鈴木，對面的天空遼闊，午休下起驟雨的雲朵完全消失了。

蒂蒂與麗莎並坐著。紅髮的麗莎，面無表情地面對鮮紅色的筆記型電腦，蒂蒂則是在旁邊注視著螢幕——一副很興奮的樣子。

「啊！學長學長學長學長學長！」

「說了學長五次，質數——」質數，我還來不及說話，蒂蒂就已經跑到跟前來拉我的手臂了，一如往常的香甜氣味包圍了我。

「你看！你看！」蒂蒂手指著麗莎的螢幕說道。「好、好厲害喔。麗莎讓那個虛擬程式碼實際動起來了！」

「實際動起來了……是什麼意思？」我說。

螢幕上顯示 LINEAR-SEARCH 的程式，其中一部分正在閃閃發光。我不太明白。

「咦，不明白嗎？——現在現在，電腦正在執行哪一行，會以這個標誌顯示。」

蒂蒂說著，用手指著顯示的小標誌給我看。她靠近畫面的手臂，被麗莎的手以驚人的速度抓住。

「不行。」麗莎說。

「咦……啊，不可以用手指碰觸畫面對吧。對不起，我會注意的。」蒂蒂坦率地道歉，完全就像麗莎才是高年級學姐。

「我明白了。」我看著標示說，「虛擬程式碼現在正執行的那一行，就會加上標誌，而且標誌會配合電腦的動作而變化。」

「沒錯！你看！這裡有變數表喔。因為這個，就可以知道現在的 k 值。」蒂蒂一邊注意著不要用手觸碰螢幕，一邊指著畫面的變數表。

啊啊……我漸漸懂了。只要一過 $k \leftarrow k + 1$ 行，變數表的 k 就會加 1，現在剛好在 k 從 379 變成 380 的地方。的確很有趣，程式運作的樣子一目瞭然了。

「可是……奇怪？電腦這麼慢嗎？」

「不！這是故意慢的。小麗莎，請妳讓學長看加速的樣子吧。」

「不要加《小》。」麗莎一邊說，一邊操作電腦。

於是，標誌的移動速度變成了眼睛跟不上的快速，在此同時，k 的變化也變快了。剛才明明是 380，一下變成 22000、23000、24000……眼花繚亂的數字，百位數以下的變化已經太快無法閱讀了。

「這是 LINEAR-SEARCH 對吧，n 的值定為多少？」

「這個嘛，叫出來的時候，我覺得 n 的值大概是 100 萬。」

「一百萬?!」我很驚訝。

「是 104 萬 8576。」麗莎輕咳著說，「2 的 20 次方。」

「要搜尋那麼多的數？」我說。

「據說是將數列 A 的元素全部當成 1，從中找 0。」蒂蒂說。「因為 v 的值是 0，所以結果是找不到就結束了。雖然讓程式找一個找不到的東西是刁難，但因為是實驗就抱歉了。」

我觀察畫面一閃一閃的變化一陣子。「對了，我不太懂麗莎讓虛擬程式碼《動了》的意思。」

「我也不明白，但是聽說只要將寫了演算法的虛擬程式碼輸入到電腦，電腦就會解釋每一行的意義，然後執行程式碼。因為將虛擬程式當成程式，執行程式是小麗莎做的！……對吧？」

蒂蒂把最後的問號轉向麗莎，麗莎無言地點頭。

「意思是執行程式的程式嗎？」我說。

「解譯器。」麗莎說。

麗莎──剪得一頭粗糙的紅髮，什麼都不說的表情，沙啞的聲音，無聲而高速的打字，還有──不可思議的程式設計能力。

「……對了，學長，我還有一個發現，是小麗莎的鍵盤，你發現了

嗎？」

發現？我看了麗莎的手邊。

啊！鍵帽表面──沒有文字。

麗莎的鍵盤上，排列著紅色的鍵帽。但是，鍵帽上什麼都沒印。不管是英文字母還是數字，什麼都沒有。

「好厲害啊……鍵帽沒有文字呢。」我說。

「因為我不看。」麗莎說。

4.3.2　骰子決勝負

「這樣一來，小由梨的骰子決勝負就可以做了吧！」蒂蒂對麗莎一說，她就馬上寫了程式。

```
procedure DICE-GAME()
    a ← RANDOM(1,6)
    b ← RANDOM(1,6)
    if a > b then
        return （愛麗絲獲勝）
    else-if a < b then
        return （鮑伯獲勝）
    end-if
    return 〈平手〉
end-procedure
```

骰子決勝負

「這個 RANDOM（1,6）是什麼意思？」我問。

「代替骰子。」麗莎以沙啞的聲音回答。

「"random（隨機）"……是胡亂的意思吧。」蒂蒂說。

「原來如此，這樣啊。RANDOM（1,6）是與擲骰子時一樣，任意選1以上到6以下的整數，然後就會回報的函數。」我一說，麗莎就點

了點頭。

麗莎操作電腦，執行了幾次 DICE-GAME。

```
DICE-GAME() ↵
⇒〈愛麗絲獲勝〉

DICE-GAME() ↵
⇒〈愛麗絲獲勝〉

DICE-GAME() ↵
⇒〈鮑伯獲勝〉

DICE-GAME() ↵
⇒〈平手〉

DICE-GAME() ↵
⇒〈鮑伯獲勝〉
```

「真有趣。」蒂蒂說，「變數 a 代入愛麗絲的骰子點數；變數 b 代入鮑伯的骰子點數。然後，比較這兩個數，決定勝負。將想法以程式的形式表現，只用語言來書寫就能執行，真有意思。」

4.3.3　輪盤決勝負

「等等。」我發現了，由梨所說的 36 角形的輪盤，也可以製作成一樣的程式吧？

我向麗莎說明，她馬上說了「拼法」。

「啊，是《輪盤》的拼法吧。」蒂蒂代替我回答，「"R-O-U-L-E-T-T-E"。」

像這種英文，蒂蒂總是能馬上拼出呢。

麗莎沈默無言，迅速開始寫程式。

```
procedure ROULETTE-GAME( )
    r ← RANDOM(1, 36)
    if r ≦ 15 then
        return 〈愛麗絲獲勝〉
    else-if r ≦ 30 then
        return 〈鮑伯獲勝〉
    end-if
    return 〈平手〉
end-procedure
```

輪盤決勝負（等於以 2 個骰子決勝負）

「這次只有叫一次 RANDOM 呢。」蒂蒂說。

「範圍不同吧。」我說，「RANDOM(1, 36)，就相當於 1 以上 36 以下的輪盤轉 1 次。結果就是，在變數 r 代入 1 以上 36 以下的整數。變數 r 的值若在 15 以下就是愛麗絲獲勝，30 以下就是鮑伯獲勝，其他則是平手⋯⋯原來如此。」

這樣一來，就完成了 DICE-GAME 與 ROULETTE-GAME 這兩個程式。這兩個程式的內容雖然不同，但無論哪個都是機率 $\frac{5}{12}$ 為愛麗絲獲勝，機率 $\frac{5}{12}$ 是鮑伯獲勝，機率 $\frac{1}{6}$ 是平手。

「不過，小麗莎製作程式還真快呢⋯⋯」

「好驚人呢。」我也同意。

「呀！」麗莎大叫起來。

不知什麼時候⋯⋯連聲音也沒有，就突然出現的黑髮才女，一邊將麗莎的紅髮玩弄得亂蓬蓬，一邊窺探著螢幕。

「模擬？」

「住手，米爾迦小姐。」

米爾迦好像很喜歡玩弄麗莎的頭髮。

4.4 機率的崩壞

4.4.1 機率的定義

用麗莎的程式玩了一陣子之後，我、蒂蒂，還有米爾迦，我們像平時一樣進入數學的議題，麗莎則在旁邊繼續無聲的程式設計，不知她有沒有在聽我們說話呢……

蒂蒂將午休時間和我談到的疑問，拿來詢問米爾迦。

「……所以我實在不能理解《相同的機率》。」

「嗯。」米爾迦說著閉上眼。

圖書室的窗戶流入了雨後的涼爽空氣，遠方的運動場，傳來微弱的運動社團吆喝聲。

米爾迦。

金框的眼鏡、緩慢搖曳的美麗黑髮、秀氣的容貌，還有姿勢端正又凜然的風采。但是……米爾迦的魅力不僅是外表而已，廣博的知識與深度的智慧，以及自由的構思與大膽的判斷——她能毫無拘束地使用能力，讓思考的羽翼振翅高飛。

不管是表妹由梨，還是學妹蒂蒂，（順帶一提連我的母親也是）都非常喜歡這樣的米爾迦。

「來定義機率吧。」米爾迦張開眼睛說。

「好的。」蒂蒂回答。

「蒂德菈的話，會怎樣定義機率。」米爾迦說。

「咦！我？我來定義嗎?!」

「對。如果不能理解，妳就自己試著定義好了。」

「呃……這個嘛。所謂的機率……好的，好好地說。」蒂蒂暫時休息一下，才重新接續：「所謂的機率，是關注的情況數，除以全部情況數的值。」

「嗯。那麼，接著你來反駁這一點。」米爾迦指了我。

嗯，我早就知道她會點我。

「——這樣啊，我認為蒂蒂的定義是可以的。只是，我認為要存在發生各種情況是《相同機率》的條件。《關注的情況數》除以《全部情況數》的值，也就是為了使《情況數的比》成為機率，全部的情況必須在《相同機率》的條件下發生。」

「啊……對喔，這是必要條件。」蒂蒂點頭。

「但是啊，蒂蒂。」我提出當然的吐槽，「蒂蒂妳說不懂《相同機率》對吧。」

「是的，《相同機率》的意思，我不理解……」

「既然如此，機率的定義可以用這個嗎？」

「咦！啊！對喔，就是說啊。哎呀呀……可是，意思就是，非得不用《相同機率》這句話來定義機率了嗎!?到、到了這個地步……這種事，可能嗎？」蒂蒂這麼說著看了我。

「這種事可能嗎？」我這麼說著看了米爾迦。

「可能。」米爾迦立即回答，「可以不用《相同機率》這句話來定義機率嗎——蒂德菈的問題答案是《可能》。數學上可以不用《相同機率》這句話來定義機率。」

「那麼……機率的定義要使用什麼呢？」蒂蒂問。

米爾迦回答：「公設。為了定義機率的公設，也就是給予《機率的公設》。然後，滿足《機率的公設》的東西，就稱為機率。在數學上是這樣定義機率。在這裡為了方便起見，就使用《機率的公設》，將定義的機率稱為**公設的機率**。」

「奇怪，可是——在學校是使用《情況數的比》來定義機率吧。難道這在數學上是錯的嗎？」蒂蒂說。

「不是錯的。之所以假設《相同機率》，並把《情況數的比》當作機率，是由數學家拉普拉斯集大成的古典機率論的機率而來，可以稱為古典機率。雖然也有在古典機率不能處理的問題，但是和公設機率並不矛盾。古典機率不過是公設機率的特殊案例。」

「那麼，我所知道的機率——呃，不是古典機率有錯吧。」蒂蒂鬆了口氣似地說。

「並沒錯。可是，以現代數學《機率的定義》來說，則是指《機率的公設》的定義。」

「那麼只要學了《機率的公設》，就會明白骰子的點數以《相同機率》出現的理由了吧！」蒂蒂眼睛發光地說。

「這就錯了。」米爾迦說，「無論怎麼學《機率的公設》，還是不會明白骰子的點數是否以《相同機率》出現。」

「咦？」

「如果想知道骰子的每種點數出現的機率是多少，就只能實際擲骰子，調查《發生頻率的比》，這可以稱為**統計機率**。」

「呃，呃……」

「來整理機率的意義吧。」黑髮的才女開口說。

4.4.2 機率的意義

來整理機率的意義吧。機率這一個詞，主要使用的意義有三種。為了方便起見，這三種分別稱為公設機率、古典機率，以及統計機率。

公設機率，是根據《機率的公設》所制定的機率。將機率的性質以公設的形式制定，定義為滿足這個公設的東西就是機率。在現代數學上，這就是機率的定義。

古典機率，是根據《情況數的比》所制定的機率。事先決定擁有相同機率的事件是什麼，用《關注的情況數》除以《全部情況數》的值，亦即《情況數的比》表示為機率，高中以前學的機率就是這個。這與公設機率並不矛盾，直覺上也容易懂，但適用範圍有限。

統計機率，是根據《發生頻率的比》所制定的機率。調查關注的事件實際上發生了幾次，將此做為機率來考量。在全部之中發生了幾次——也就是《發生頻率的比》——實際調查後，以過去為基礎來預測未來。當原因難以用理論來思考的時候，譬如，一年內遇到交通事故的機率，就屬於這種。

4.4.3　數學的應用

「機率的定義很多種呢……」蒂蒂說。

「在現代數學，機率的定義只有一個，就是公設機率。剛才說的公設機率、古典機率，以及統計機率這三種，只是思考機率的立場不同。」

「對了——在古典機率上，是使用《相同機率》的概念對吧。」蒂蒂說。

「沒錯，相同機率的事件是什麼，給予此前提。」

「儘管如此……這樣是對的嗎？」

「是的。因為如果沒有前提，就不能做任何討論。」

「但是，如果骰子歪斜，事實上就不能說是《相同機率》了……」

「那倒沒錯。」米爾迦說。

「如果是這樣，還是要將《相同機率》以數學的方式好好定義才行——」

「嗯……那麼，再稍微思考深入一點吧。」米爾迦慢慢地說，「要是骰子歪斜，每種點數說不定就不會以《相同機率》出現，但是，這時候錯誤是在哪裡呢？」

「妳說錯誤是在哪裡——是嗎？」

「錯誤並非在數學。」米爾迦說，「錯誤的地方在於，將什麼樣的情況錯認為是《相同機率》。換句話說，並非數學有錯，而是數學的應用有錯。」

「啊……」蒂蒂皺起眉頭。

「骰子的各種點數，實際上是否以《相同機率》出現——數學無法回答這個問題。只是如果認為以《相同機率》出現，到底會成立什麼呢——數學可以回答這個問題。」

對米爾迦的話，蒂蒂表情不滿地開始咬指甲。

「但是……覺得很狡猾。我真正想知道的是，實際上會怎麼樣，但是，數學卻不能回答這個。」

「如果給予條件，就能回答從那個條件可以導出什麼。」米爾迦這

麼說著，手指碰了眼鏡的鼻架。「蒂德菈之前不是因為《設定明確前提條件的定量估算》而感動嗎？」

「是的——不過……」

「這和那個一樣。數學是在設定明確前提條件後，研究可以主張什麼，這就是數學，不能隨便超越這個本分。」

「……原來如此。」蒂蒂說。

「我試著用三種立場來回答蒂德菈的疑問吧。」米爾迦說。

4.4.4　對疑問的解答

我試著用三種立場來回答蒂德菈的疑問吧。

> 骰子的各種點數以《相同機率》出現
> ——是什麼意思呢？

在**公設機率**的立場來說，就是設定各點數的機率相同，稱為《相同機率》。也就是說，在公設上被定義的機率，以這個概念來定義《相同機率》是什麼。既然已設定好各種點數相等的機率，每種點數就會以《相同機率》出現。這就是將沒有歪斜的骰子模型化的意思。

在**古典機率**的立場來說，就是將沒有歪斜的骰子點數，以《相同機率》出現當作討論的前提。《相同機率》在怎麼樣的情況如何對應，並未給予答案。全部的情況都是《相同機率》的時候，《情況數的比》即為機率。也就是說，每種點數以《相同機率》出現時，表示每種點數就以相等的機率出現。

在**統計機率**的立場來說，骰子反覆擲了好多好多次時，各種點數如果幾乎以相等的頻率出現，骰子的點數就是以《相同機率》出現。當然，要擲幾次來判斷呢，要怎麼考慮不平均的頻率呢，這些事項都需要再討論。

4.5　機率的公設定義

4.5.1　柯爾莫哥洛夫

「那麼，所謂的公設機率是什麼東西呢？」蒂蒂說。

「制定機率的公設的命題。然後，將滿足此命題的東西稱為機率——這就是公設機率；也稱為機率的公設定義，或是公設主義機率。」

「啊，這麼說來……以前有過類似的定義吧！」

「對。我們用群的公設定義了群，用環的公設定義了環，用體的公設定義了體，用皮亞諾公設定義了自然數，用形式體系的公設定義了形式體系。這個也一樣，是用機率的公設來定義機率。」

米爾迦從位子站起來，手指轉了轉圈，繼續說：

「機率的公設定義，是由俄國的數學家，安德雷・柯爾莫哥洛夫（Andrey Nikolaevich Kolmogorov）在 1933 年提出的。」

「1933 年？20 世紀以後嗎……」我說。

「柯爾莫哥洛夫是偉大的數學家，同時也是——」

米爾迦這時盯著我的臉說。

「——偉大的老師。」

4.5.2　樣本空間與機率分布

「來談談關於公設機率吧。」米爾迦說，「讓我們先來考慮樣本空間與機率分布。所謂的樣本空間是基本事件的集合；機率分布則是從樣本空間的部分集合到實數的函數，然後這些都必須滿足機率的公設才——」

「請、請等一下。」蒂蒂像要倚靠米爾迦似地伸出雙手，「我的腦袋裡，現在什麼都想不出來。」

「嗯……那麼，我從例子開始說吧。擲 1 次骰子的時候。」米爾迦開始《授課》了。

◎　◎　◎

擲 1 次骰子的時候，考慮像如下的集合 Ω（Omega）──集合名稱可任意命名，蒂德菈。

$$\Omega = \{ \overset{1}{\boxdot},\ \overset{2}{\boxdot},\ \overset{3}{\boxdot},\ \overset{4}{\boxdot},\ \overset{5}{\boxdot},\ \overset{6}{\boxdot} \}$$

這個算式裡，Ω 表示為由 $\overset{1}{\boxdot}$, $\overset{2}{\boxdot}$, $\overset{3}{\boxdot}$, $\overset{4}{\boxdot}$, $\overset{5}{\boxdot}$, $\overset{6}{\boxdot}$ 這 6 個元素組成的集合。在這裡──將這個集合 Ω，視為……集合了擲 1 次骰子時，所出現點數的所有可能性。

我們將這個 Ω 稱為擲 1 次骰子時的**樣本空間**。

樣本空間 Ω 網羅了會發生的可能性，不會出現不屬於 Ω 的點數。譬如，不會出現《點數 0》或是《點數 7》，亦即樣本空間不會遺漏。

另外，樣本空間的各元素也不會同時發生。$\overset{1}{\boxdot}$ 與 $\overset{2}{\boxdot}$ 不會同時出現。亦即樣本空間不會重複。

──這就是樣本空間。

接著，來考慮函數 Pr。Pr 是從 Ω 的部分集合到實數的函數，譬如，來定義以下的對應關係。

s	$\{\overset{1}{\boxdot}\}$	$\{\overset{2}{\boxdot}\}$	$\{\overset{3}{\boxdot}\}$	$\{\overset{4}{\boxdot}\}$	$\{\overset{5}{\boxdot}\}$	$\{\overset{6}{\boxdot}\}$
Pr(s)	$\frac{1}{6}$	$\frac{1}{6}$	$\frac{1}{6}$	$\frac{1}{6}$	$\frac{1}{6}$	$\frac{1}{6}$

從這個表格可見，Pr 是給予 { 骰子的點數 } 這個集合，回報 $\frac{1}{6}$ 這個值的函數。在這裡──這個函數 Pr，就視為……擲 1 次骰子時出現點數的機率。

這個函數 Pr，就稱為擲 1 次骰子時的**機率分布**。另外，實數 Pr($\{x\}$)，則稱為出現點數 x 的**機率**。

不寫成表格的形式，也可以寫成以下的式子。

$$Pr(\{\boxed{1}\}) = \frac{1}{6} \quad Pr(\{\boxed{2}\}) = \frac{1}{6} \quad Pr(\{\boxed{3}\}) = \frac{1}{6}$$
$$Pr(\{\boxed{4}\}) = \frac{1}{6} \quad Pr(\{\boxed{5}\}) = \frac{1}{6} \quad Pr(\{\boxed{6}\}) = \frac{1}{6}$$

機率分布 Pr，必須定義為無論對 $\{\boxed{1}\}$～$\{\boxed{6}\}$ 中的哪一個，都會回報 0 以上的值。亦即不管對於樣本空間的哪個元素，機率都不會是負的，也不會是未定義。

在這裡雖然是全部的機率都相等，但是散亂的也沒關係。不過，機率分布 Pr 必須在全部的機率為 1 才行。……滿足機率分布的條件，之後再詳細說明。

$$Pr(\{\boxed{1}\}) + Pr(\{\boxed{2}\}) + Pr(\{\boxed{3}\}) + Pr(\{\boxed{4}\}) + Pr(\{\boxed{5}\}) + Pr(\{\boxed{6}\}) = 1$$

來吧，妳快要和樣本空間 Ω，以及機率分布 Pr 成為朋友了，蒂德菈。

◎　◎　◎

「蒂德菈。」米爾迦說。

「呃，啊，好的，我明白了。樣本空間 Ω，是把可能發生的事，作為元素的集合；而機率分布 Pr，則是為了得到機率的函數，對吧？」

「這個答案可以。」

「這是用集合 Ω 與函數 Pr 來表示機率。」我說。

「那麼，用小測驗來確認理解吧，下面的式子是什麼意思？」

$$Pr(\{\boxed{3}\})$$

「呃……是的，是《擲骰子出現 $\boxed{3}$ 》的意思。」

「不對。」

「咦！」

「說的不夠，Pr $\{\boxed{3}\}$ 是《擲骰子出現 $\boxed{3}$ 的機率》。」

$$\text{算式} \quad \longleftrightarrow \quad \text{意義}$$

$$\{\overset{3}{\boxdot}\} \quad \longleftrightarrow \quad \text{出現 } \overset{3}{\boxdot}$$

$$\Pr(\{\overset{3}{\boxdot}\}) \quad \longleftrightarrow \quad \text{出現 } \overset{3}{\boxdot} \text{ 的機率}$$

「啊……我明白了，對喔。」

　　我聽著米爾迦與蒂蒂互相往來，思考著**對話**。為了能夠互相理解，對話發揮了重要的作用。認真的詢問與認真的回答——學校的上課能夠實現這樣的對話嗎？一個老師要應付眾多學生，而且學生的理解程度不一——這樣的狀況，有可能為了達到深度理解，展開仔細的對話嗎？不，老師正是為了這種對話才存在的不是嗎？我思考著這件事。

　　「對不起！我不明白機率和機率分布的差異！」蒂蒂抱頭。

　　「$\Pr\{\overset{3}{\boxdot}\}$ 是出現 $\overset{3}{\boxdot}$ 的機率。以剛才的例子來說，這等於實數 $\frac{1}{6}$。」

　　「是的，沒錯。」蒂蒂說。

　　「對於這個，Pr 表示機率分布。從這個《發生的事》到《機率》的對應關係——表示函數。函數與實數不同。」

　　「我知道實數與函數不同，但是，機率分布的《分布》，這個詞的意思……我不懂。」

　　「嗯……」米爾迦思考了一下，「剛才我說，全部的機率是 1。反過來想一想，也就是說，機率分布 Pr 這個函數，是讓機率 1 在樣本空間 Ω 上分布。」

　　「讓機率分布……」

　　「就是把 1 給 distribute 啊，蒂德菈。」

　　「"distribute" 嗎？」蒂蒂大叫，「原來如此！Pr 這個函數，就是將 1 這個機率，分配給一件一件的事件，對吧！」蒂蒂做出開花爺爺的姿勢。

　　「就是這樣。」米爾迦說，「機率分布在英語稱為 "probability distribution"。機率分布決定機率的分布。怎樣的事件機率高，怎樣的事件

機率低，在哪裡有高山，在哪裡有矮山，決定這全部風景的，就是機率分布。」

「公平的骰子成了平原。」我說。

4.5.3　機率的公設

來談談源自柯爾莫哥洛夫的機率公設吧。

機率的公設

Ω 為集合，A、B 為 Ω 的子集合。

將 Pr 為從 Ω 的子集合到實數的函數。

令函數 Pr 滿足以下公設 P1、P2、P3。

公設 P1　$0 \leq \Pr(A) \leq 1$

公設 P2　$\Pr(\Omega) = 1$

公設 P3　若 $A \cap B = \{\}$，則 $\Pr(A \cup B) = \Pr(A) + \Pr(B)$

這時候，

- 集合 Ω 稱為**樣本空間**；
- Ω 的子集合稱為**事件**；
- 函數 Pr 稱為**機率分布**；
- 實數 Pr（A）稱為 A 發生的**機率**。

「機、機率可以這樣定義嗎……看起來不像機率。」蒂蒂說。

「不像機率，那看起來像什麼？」米爾迦瞇起眼睛說。

「集合──吧。」

「沒錯。在公設機率上，會使用集合與邏輯。用機率來定義機率，就變成循環論證。為了定義機率，當然不可使用機率。」

「原、原來如此……這倒沒錯。」

4.5.4 部分集合與事件

蒂蒂重讀機率的公設。

「呃……在機率的公設有這條《Ω 的子集合稱為**事件**》……事件是什麼？」

「英語的話，就是 event。」

「"event"，原來如此，事件——就是《發生的事》對吧。」

「發生的事、發生了的事、會發生的事、事情的意思。」

「機率分布 Pr，意思就是從事件得到機率的函數嗎？」我一說米爾迦就點頭。

「《A 是 Ω 的子集合》的定義妳懂嗎，蒂德菈。」

「妳是說 A 是 Ω 的一部分、的、意思、吧？」蒂蒂結結巴巴。

「這樣不行。」米爾迦斬釘截鐵地說，「感覺符合，但不是定義。所謂《A 是 Ω 的子集合》，意思是《不管對於 A 的哪種元素，這個元素也會成為 Ω 的元素》。「集合 Ω 是

$$\Omega = \{ \overset{1}{\boxdot}, \ \overset{2}{\boxdot}, \ \overset{3}{\boxdot}, \ \overset{4}{\boxdot}, \ \overset{5}{\boxdot}, \ \overset{6}{\boxdot} \}$$

的時候，就是子集合 A 的例子！」

部分子集合 A 的例子，米爾迦說著指我，我馬上回應：

「嗯，我來做子集合的例子，例如——

$$A = \{ \overset{2}{\boxdot}, \ \overset{4}{\boxdot}, \ \overset{6}{\boxdot} \}$$

這個集合，就是

$$\Omega = \{ \overset{1}{\boxdot}, \ \overset{2}{\boxdot}, \ \overset{3}{\boxdot}, \ \overset{4}{\boxdot}, \ \overset{5}{\boxdot}, \ \overset{6}{\boxdot} \}$$

的子集合。」

「好的……啊，這個是《例如》的話題吧？」

「嗯，沒錯，蒂蒂。不管選集合A的哪個元素——也就是 $\overset{2}{\square}$ 也好，$\overset{4}{\square}$ 也好，$\overset{6}{\square}$ 也好——這個元素都會成為集合 Ω 的元素。這就是《A 是 Ω 的子集合》的定義。這時候寫成式子 $A \subset \Omega$，意思是集合 A《被包含於》集合 Ω。」

「圖也要。」米爾迦說。

「好好好……畫成圖就是這樣。」我畫了圖。

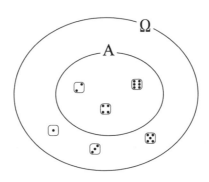

集合 A 是集合 Ω 的子集合

集合 A 被包含於集合 Ω

$A \subset \Omega$

「好的，我懂子集合的定義了……那個，剛才出現的集合 $A = \{\overset{2}{\square}, \overset{4}{\square}, \overset{6}{\square}\}$，是怎樣的事件呢？」

「蒂蒂覺得是什麼？」

「那個……我覺得是……擲 1 次骰子的時候，《出現偶數點數的事件》。」

「嗯，妳說得沒錯。」我回答，「擲 1 次骰子時的事件、也就是集合 Ω 的子集合還有其他很多個，全部有 2^6 個唷。子集合的個數，由 $\overset{1}{\square}$ 到 $\overset{6}{\square}$ 的 6 個元素是否屬之，就可以求出。」

「特別——」米爾迦繼續說，「要注意 Ω 本身也是 Ω 的子集合，空集合 $\{\,\}$ 也是 Ω 的子集合。——好了，先不管子集合的複習了，讓我

們回到柯爾莫哥洛夫提倡的機率公設，仔細地讀吧。」米爾迦說。「這個公設，正是定義了數學上的機率。」

4.5.5　機率的公設 P1

機率的公設 P1

公設 P1　$0 \leq \Pr(A) \leq 1$

「這個不等式表示什麼呢？」米爾迦說。

$$0 \leq \Pr(A) \leq 1$$

「呃，這個不等式的意思是《事件 A 的機率在 0 以上 1 以下》對吧。」蒂蒂回答，「可是……那個，為什麼函數 Pr 會滿足這個不等式呢？」

「蒂德菈，這個問題沒有意義。」米爾迦說，「我們想說的並不是《函數 Pr 滿足這個不等式》，而是《為了將函數 Pr 稱為機率分布，就必須滿足這個不等式才行》。」

「啊……」

「使用算式來制定《函數 Pr 必須滿足這個條件才行》，這也就是說，讓 Pr 受制約，然後《稱這樣的函數為機率分布》，這是公設定義的慣用手法。」

「……滿足這個制約，意思就是機率分布的條件嗎？」

「對，這是第一個公設的條件 P1。」米爾迦點頭。

「對了，既然 Ω 是 Ω 本身的子集合，Ω 要用怎樣的概念來表達呢？」米爾迦放低聲音問。

「呃⋯⋯發生的事的全部集合，是嗎？啊，我懂了！是《一定發生的事》對吧。」

「對，Ω 稱為**全事件**。定義全事件的的機率是公設 P2。」

米爾迦大開雙臂，像要把我們全部抱在一起似的。

4.5.6　機率的公設 P2

我們在圖書室中，繼續數學對話。

機率的公設 P2

公設 P2　$\Pr(\Omega) = 1$

「這個公設 P2 也成為對機率分布的制約，不滿足這個條件的函數，就不是機率分布。」

「原來如此！原來如此！這個公式決定了《一定發生的事》的機率是 1 對吧！」蒂蒂興奮地拉高音量。

「也不算說錯，但是這裡最好要分開思考。公設 P2 決定的就只有《全事件的機率等於 1》這件事，然後，表達全事件一定發生的，則是公設的解釋。」

「這是數學應用的話題吧。」我說，「將《一定發生的事》這個現實的概念，對應到《全事件》的數學概念上，是這個意思吧。」

$$\Pr(\{\overset{1}{\boxdot},\overset{2}{\boxdot},\overset{3}{\boxdot},\overset{4}{\boxdot},\overset{5}{\boxdot},\overset{6}{\boxdot}\}) = 1$$

「那麼，我來出小測驗，可以求機率 $\Pr(\{\})$ 的值嗎？」

「啊，這我知道，$\Pr(\{\}) = 0$。」

「蒂德菈用了哪個公設？」

「呃⋯⋯《絕對不發生》的機率是 0，所以⋯⋯」

「這樣不行，要將機率做公設性的定義，必需要根據公設來思考。」

「這樣嗎？但是用公設 P2 主張 $\Pr(\{\boxed{1},\boxed{2},\boxed{3},\boxed{4},\boxed{5},\boxed{6}\}) = 1$，公設 P1 則是不管哪種事件的機率都是 0 以上 1 以下，所以 $\Pr(\{\}) = 0$ 是不可以的——是嗎？」

「不行，只用公設 P1 與 P2 無法計算。」

「那麼……要怎樣 $\Pr(\{\}) = 0$ 才能成立呢？」

「關於加法的制定，要使用公設 P3。」

4.5.7　機率的公設 P3

機率的公設 P3

公設 P3　若 $A \cap B = \{\}$，則 $\Pr(A \cup B) = \Pr(A) + \Pr(B)$

「來複習集合的計算吧，$A \cap B$ 是什麼？」

「$A \cap B$ 是聚集所有共同屬於 A 與 B 雙方元素的集合。」

「對，稱為**交集**，舉例來說：

$$\{\boxed{1},\boxed{2},\boxed{3},\boxed{4}\} \cap \{\boxed{2},\boxed{4},\boxed{6}\} = \{\boxed{2},\boxed{4}\}$$

交集是空集合的例子是這樣：

$$\{\boxed{1},\boxed{3},\boxed{5}\} \cap \{\boxed{2},\boxed{4},\boxed{6}\} = \{\}$$

交集是空集合的兩個集合，稱為**互斥**。以事件來看，互斥的兩個集合稱為**互斥事件**。」

「互……斥、互斥……事件。」蒂蒂寫在筆記本上。

「那麼，A∪B 是什麼？」米爾迦問道。

「A∪B 是聚集所有屬於 A 或 B 任一方的元素的集合。」

「剛才蒂德菈說的是——只有屬於任何單方的意思嗎？」

「啊！對喔……抱歉，我重說一次。A∪B 是聚集所有 A 或 B，至少屬於某方的元素的集合。屬於雙方的共同元素當然也屬於 A∪B。」

「這樣可以。A∪B 稱為 A 與 B 的**聯集**，舉例來說吧：

$$\{\boxed{1},\boxed{3},\boxed{5}\}\cup\{\boxed{1},\boxed{2},\boxed{3},\boxed{4}\}=\{\boxed{1},\boxed{2},\boxed{3},\boxed{4},\boxed{5}\}$$

——這樣就準備完成了。公設 P3 妳可以理解嗎？」

> **公設 P3** 若 $A\cap B=\{\}$，則 $\Pr(A\cup B)=\Pr(A)+\Pr(B)$

「好困難喔……我無法馬上明白。」

「要怎麼辦才好？」米爾迦問。

「要怎麼辦才好呢？」蒂蒂反問。

「舉、例、是……」米爾迦慢慢地說。

「啊！舉例是理解的試金石！以交集是{}為例……好的，譬如，令 $A=\{\boxed{1},\boxed{3},\boxed{5}\}$，$B=\{\boxed{2},\boxed{4},\boxed{6}\}$。這時候，根據公設 P3，呢——

$$\Pr(\{\boxed{1},\boxed{2},\boxed{3},\boxed{4},\boxed{5},\boxed{6}\})=\Pr(\{\boxed{1},\boxed{3},\boxed{5}\})+\Pr(\{\boxed{2},\boxed{4},\boxed{6}\})$$

就成立了！」

4.5.8 還是不懂

「這樣就明白了嗎？」米爾迦說。

「……不。」蒂蒂忽然失去幹勁，「我還是對這個公設 P3 沒有《了解的感覺》。數學的式子意義我明白，可是……該怎麼說呢，為了定義機率，這個公設 P3《為什麼》重要呢，我不懂。」

「蒂德菈的《不懂》真是極品呢。」米爾迦笑了。

「是、是這樣嗎？」

「那麼，試著改變觀點吧。公設 P3 暗示了想求某個事件機率時的指針，也就是《分類成互斥事件來思考》的指針。」

「分類成、互斥事件——來思考。」蒂蒂陷入沉思。

「讀讀公設 P3 吧。對於互斥事件 A 與 B，

$$\Pr(A \cup B) = \Pr(A) + \Pr(B)$$

成立。亦即 $A \cap B = \{\}$的時候，事件 $A \cup B$ 的機率 $\Pr(A \cup B)$，可以由機率的和 $\Pr(A) + \Pr(B)$ 求得。也就是說，關於互斥事件，《和的機率是機率的和》成立。」

「……」

「細細思量機率的公設，就會發現。」米爾迦一邊說，一邊從位子站起身。「很清楚機率是怎樣的東西，用一句話來說，機率就是

　　《被正規化的量》

。」

◎　◎　◎

機率就是《被正規化的量》。

來求某個事件的機率。這時只要直接分類互斥事件，再加總每個機率。

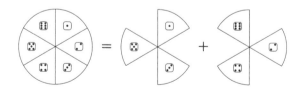

分類成互斥事件，再加總

所謂的機率，就是即使分類後再加總，也不會增減。

也就是《量》。

而且，機率全部加總等於 1。

也就是被《正規化》。

亦即所謂的機率就是《被正規化的量》。

在樣本空間的各元素，由機率分布分配了 1 的《量》。

4.5.9　出現偶數點數的機率

米爾迦回到蒂蒂旁邊的座位。

「那麼，蒂德菈，妳會解這個問題嗎？」

問題 4-1（出現偶數點數的機率）

令樣本空間為 Ω。

$$\Omega = \{\overset{1}{\boxdot}, \overset{2}{\boxdot}, \overset{3}{\boxdot}, \overset{4}{\boxdot}, \overset{5}{\boxdot}, \overset{6}{\boxdot}\}$$

令機率分布為 Pr。

$$\mathrm{Pr}(\{d\}) = \frac{1}{6} \qquad (d = \overset{1}{\boxdot}, \overset{2}{\boxdot}, \overset{3}{\boxdot}, \overset{4}{\boxdot}, \overset{5}{\boxdot}, \overset{6}{\boxdot})$$

此時求以下的值。

$$\mathrm{Pr}(\{\overset{2}{\boxdot}, \overset{4}{\boxdot}, \overset{6}{\boxdot}\})$$

「那個……是偶數點數出現的機率吧。」蒂蒂說。

「對。」米爾迦說。

「既然如此，值是 $\frac{1}{2}$ 吧。」

「是的。」

「呃……」

「問題是為什麼會導出這個值。」米爾迦說道。「這裡必須從機率的公設來導出這個值，意思是以公設的定義為基礎。」

「可、可是……」蒂蒂好像在猶豫什麼。

「替換選手，你來導。」米爾迦指我。

「這樣啊……」我想起機率的公設，找搜前往答案的路線。「總之要使用公設對吧，我認為使用公設 P3 就馬上可以得到答案了——啊，我知道了，米爾迦，是這樣吧。」

◎　◎　◎

米爾迦，是這樣吧。

因為使用公設 P3，互斥事件……也就是分類成互斥的集合就可以了。

$$
\begin{aligned}
&\Pr(\{\overset{2}{\boxdot}, \overset{4}{\boxdot}, \overset{6}{\boxdot}\}) \\
={}& \Pr(\{\overset{2}{\boxdot}\}) + \Pr(\{\overset{4}{\boxdot}, \overset{6}{\boxdot}\}) && \text{（公設 P3）分類成互斥事件 } \{\overset{2}{\boxdot}\} \text{ 與 } \{\overset{4}{\boxdot}, \overset{6}{\boxdot}\} \\
={}& \frac{1}{6} + \Pr(\{\overset{4}{\boxdot}, \overset{6}{\boxdot}\}) && \text{（機率分布）使用 } \Pr(\{\overset{2}{\boxdot}\}) = \frac{1}{6} \\
={}& \frac{1}{6} + \Pr(\{\overset{4}{\boxdot}\}) + \Pr(\{\overset{6}{\boxdot}\}) && \text{（公設 P3）分類成互斥事件 } \{\overset{4}{\boxdot}\} \text{ 與 } \{\overset{6}{\boxdot}\} \\
={}& \frac{1}{6} + \frac{1}{6} + \Pr(\{\overset{6}{\boxdot}\}) && \text{（機率分布）使用 } \Pr(\{\overset{4}{\boxdot}\}) = \frac{1}{6} \\
={}& \frac{1}{6} + \frac{1}{6} + \frac{1}{6} && \text{（機率分布）使用 } \Pr(\{\overset{6}{\boxdot}\}) = \frac{1}{6} \\
={}& \frac{3}{6} && \text{加總} \\
={}& \frac{1}{2} && \text{約分}
\end{aligned}
$$

於是：

$$
\Pr(\{\overset{2}{\boxdot}, \overset{4}{\boxdot}, \overset{6}{\boxdot}\}) = \frac{1}{2}
$$

就能求出答案。

◎　◎　◎

「這樣可以。」米爾迦說。

解答 4-1（出現偶數點數的機率）

$$\Pr(\{\overset{2}{\boxdot}, \overset{4}{\boxdot}, \overset{6}{\boxdot}\}) = \frac{1}{2}$$

「$\Pr(\{\}) = 0$ 也一樣可以求得出來。」我說。

$$\Pr(\{\overset{1}{\boxdot}, \overset{2}{\boxdot}, \overset{3}{\boxdot}, \overset{4}{\boxdot}, \overset{5}{\boxdot}, \overset{6}{\boxdot}\}) = 1 \qquad （公設 P2）全事件的機率等於 1$$

$$\Pr(\{\} \cup \{\overset{1}{\boxdot}, \overset{2}{\boxdot}, \overset{3}{\boxdot}, \overset{4}{\boxdot}, \overset{5}{\boxdot}, \overset{6}{\boxdot}\}) = 1 \qquad 空集合與全集合的聯集等於全集合$$

$$\Pr(\{\}) + \Pr(\{\overset{1}{\boxdot}, \overset{2}{\boxdot}, \overset{3}{\boxdot}, \overset{4}{\boxdot}, \overset{5}{\boxdot}, \overset{6}{\boxdot}\}) = 1 \qquad （公設 P3）分類為 {} 與 \{\overset{1}{\boxdot}, \overset{2}{\boxdot}, \overset{3}{\boxdot}, \overset{4}{\boxdot}, \overset{5}{\boxdot}, \overset{6}{\boxdot}\}$$

的互斥事件

$$\Pr(\{\}) + 1 = 1 \qquad （公設 P2）全事件的機率等於 1$$

$$\Pr(\{\}) = 0 \qquad 兩邊減去 1$$

「嗯嗯……可以這樣思考呢。」蒂蒂說，「雖然我有點習慣機率的公設了，但產生了新的疑問。使用公設來定義機率，有什麼值得高興的呢？」

「論述機率的時候，甚至只要做出 Ω 或 $\Pr$ 就可以明白了。Ω 或 $\Pr$——也就是樣本空間與機率分布。」

「樣本空間與機率分布……是嗎？」蒂蒂說道。

「對，例如想要好好以數學來論述《歪斜的骰子》或《邊緣立起的硬幣》時，用樣本空間與機率分布來思考就可以。」

「邊緣立起的硬幣？」我拉高音量。

4.5.10　歪斜的骰子、邊緣立起的硬幣

「來想想《歪斜的骰子》，只要制定樣本空間與機率分布就可以，意思是把這個條件視為……表示歪斜的骰子。來試著做做看吧。」

樣本空間 Ω

$$\Omega = \{\overset{1}{\boxdot}, \overset{2}{\boxdot}, \overset{3}{\boxdot}, \overset{4}{\boxdot}, \overset{5}{\boxdot}, \overset{6}{\boxdot}\}$$

機率分布 Pr

s	$\{\overset{1}{\boxdot}\}$	$\{\overset{2}{\boxdot}\}$	$\{\overset{3}{\boxdot}\}$	$\{\overset{4}{\boxdot}\}$	$\{\overset{5}{\boxdot}\}$	$\{\overset{6}{\boxdot}\}$
Pr(s)	0.1651	0.1611	0.1645	0.171	0.1709	0.1674

「這個⋯⋯合計必須是 1 吧。」

$$0.1651 + 0.1611 + 0.1645 + 0.171 + 0.1709 + 0.1674 = 1$$

「對,然後《邊緣立起的硬幣》,譬如是這樣。」

樣本空間 Ω

$$\Omega = \{\text{正},\text{反},\text{邊}\}$$

機率分布 Pr

s	$\{\text{正}\}$	$\{\text{反}\}$	$\{\text{邊}\}$
Pr(s)	0.49	0.49	0.02

「這表示邊緣立起的機率為 0.02。」我說,「我覺得這樣邊緣立起的機率太大了吧,擲 100 次就有 2 次會邊緣立起。」

「這是這個機率分布有著在現實上不可能的主張,並不是要否定機率分布這個概念。在這裡使用機率分布,將機率的現象以數學來表示才是重點。如果想討論現實是怎麼樣的話,只要配合現實改變機率分布就可以了。」

「啊⋯⋯原來如此,說的也是。只要像這樣提示機率分布,就能進入定量的討論了!」

4.5.11　約定

「現代的機率論，是從機率的公設開始的。」米爾迦說，「《發生的事件》或是《機率》這種現實世界的概念，以稱為《樣本空間》的集合，以及稱為《機率分布》的函數，用這兩個一組來表示。」

「樣本空間與機率分布……這兩個詞已經成為我相當要好的朋友了！」蒂蒂滿足地說道。

「不過，真抱歉，雖然妳好不容易才跟他們成為朋友……」米爾迦開口說，「另外還有很多情況會無視樣本空間。」

「啊？是這樣嗎？」

「忘記樣本空間，只用隨機變數與機率分布。」

米爾迦這麼一說，蒂蒂就迅速拿來筆記，並舉起手。

「隨機變數是什麼？」

「放學時間到了。」瑞谷老師從圖書管理員室現身，一如往常地宣布。

「時間到了。」米爾迦說，「隨機變數明天再說。」

我突然感到胸口難受。

「米爾迦……可以不要有這種約定嗎？」

「嗯……這樣啊？那我就不約定了，不久後改天再說吧。」

「那麼，大家回去吧！」蒂蒂說。

「不，我有話要跟蒂德菈說。」米爾迦說。

「咦？我……嗎？」蒂蒂很驚訝。

4.5.12　咳嗽

在圖書室的人，有我、米爾迦、蒂蒂，以及麗莎，然後，米爾迦有事找蒂蒂。這個必然的結果就是……我與麗莎兩人單獨走到車站。

和一個面無表情又沉默寡言的女孩子並肩走路……真是非常尷尬。

「那個，小麗莎，妳平常都會隨身攜帶電腦嗎？」我盡量以開朗的

聲音向她說。

「不要加《小》。」她報以平時的回應。

「麗莎，妳平常都會隨身攜帶電腦嗎？」

麗莎無言地點頭。

「妳很喜歡電腦吧。」我說。

「我喜歡鍵盤。」她輕輕咳著回答，換手拿包包。

「咦，原來妳喜歡鍵盤。」

「Dvorak。」

「德夫瑞克？」

「Dvorak Simplified Keyboard.」她說著，又再輕咳了一次。

我不知道那是什麼，所以換了話題。

「令堂是雙倉博士吧。」

麗莎無言地點頭。

「妳住在雙倉圖書館的附近嗎？」

麗莎無言地點頭。

……嗯，這下子根本就像是對麗莎進行身家調查。

「米爾迦常去雙倉圖書館嗎？」

「米爾迦小姐……」

此時她忽然開始不停咳嗽。一開始是輕咳了幾次，然後就發出像是把堵在喉嚨深處的什麼給吐出來的聲音，我聽了也感到呼吸困難。麗莎用雙手搗著嘴，蹲在人行道旁。

「沒事吧？」

我也蹲在麗莎旁邊。

她閉著眼睛點頭，但看起來完全不像沒事。

我猶豫了一下後，輕輕將手放在她的背上。

她的背冷得驚人。

一兩分鐘後，咳嗽平息了。

「舒服多了？」

麗莎點頭站起身。

「我討厭發出聲音。」

「喂，麗莎。雖然這也許是多管閒事……但妳還是少喝冷飲比較好，身體變冷對喉嚨不好。」我無意中說出的這番話，是母親的口頭禪。

麗莎露出吃驚的表情看著我。

「你說得沒錯。」

然後她似乎第一次露出了笑容。

──雖然只是一點點。

所謂相同程度上可能發生的情況如何，
對於這個問題，數學不提供答案。
──《柯爾莫哥洛夫的機率論入門》[9]

第 5 章
期望值

對於危險的不安，
比危險本身還要可怕萬倍。
——《魯賓遜漂流記》

5.1 隨機變數

5.1.1 媽媽

「念書念得怎麼樣？」

母親進入我的房間，但她的意思並非關心我念書，而是有什麼事想拜託我幫忙。

「我現在很忙。」

「哎喲。」母親嘟起嘴來，「我本來想要你幫忙我做菜的。」

「我在念書啊。」

「你明明以前總是會喊著媽媽、媽媽，拉著我的圍裙。」母親忽然眼神飄遠，「小學參觀教學的時候，你甚至對老師叫《媽媽》呢。」

「媽，妳老是提那時候的事……」我嘆了口氣，「口誤這種事，誰都會有不是嗎。Asparagus、Asparagus。」

「男生真是無聊呢……」母親環視書架，「最近沒有活動嗎？都沒有女生來玩了吧，你被討厭了嗎？」

「又沒有活動，就算有也不是媽該管的事吧。」

「米爾迦是獨生女嗎？」

「她有一個哥哥。」我說，「但是在米爾迦小學的時候過世了。」

「因為生病嗎？」母親問。

「我不知道啦！好了，妳出去吧。」

　　我把母親趕出房間——我想起米爾迦的眼淚，那是絕對不會讓自己擦掉的眼淚。用淺色調手帕幫米爾迦擦眼淚的人——是蒂蒂。

5.1.2　蒂蒂

　　次日。

　　這裡是圖書室，現在是放學後，偶爾春風會一下子吹進來。

　　蒂蒂一個人坐著。

　　因為她背對入口，所以沒發現我進來。

　　我悄悄靠近蒂蒂的背後。

　　避免被她發現……躡手躡腳……偷偷地……

　　「蒂蒂？」

　　「哇啊啊啊！」

　　圖書室的每個人都轉頭看。

　　啊啊——我是笨蛋，我明明非常清楚她會有這種反應，為什麼還要忽然叫她呢。

　　「抱歉抱歉。」

　　「學長！討厭……」她雙手拿著筆記本，作勢要打我。

　　「念書？」我坐在隔壁。

　　「對！我在念數學——那個，前幾天米爾迦學姊說過《隨機變數》對吧……我本來打算跟米爾迦學姊學習的，忽然想起學長的話。」

　　「我的話？」

　　「對……」

　　張嘴等著學校老師來教

　　太過被動了

　　……所以，有興趣的事，我想自己看書學。」

　　「原來如此。」

　　「因此，我就想讀數學書來挑戰——可是，一個人學新的東西真的好難。譬如這本書有關隨機變數，是這樣寫的。」

蒂蒂將打開的書給我看。

隨機變數是從樣本空間 Ω 對應到實數 $\mathbb{R}$ 的函數。

「原來如此。」

「可是……即使集中精神看這個，還是沒辦法記住。特別是《隨機變數是……函數》的地方讓我的頭腦大混亂。」

「是啊，的確很難理解。」我也點頭。「可是，我覺得完全沒有讀下文不好吧。」

「雖然我讀了一點……書上寫了期望值的定義，但是我愈來愈不懂了。就是這個。」

期望值的定義

隨機變數 X 的期望值 $E[X]$ 以下列式子定義。

$$E[X] = \sum_{k=0}^{\infty} c_k \cdot \Pr(X = c_k)$$

在這裡——

- $c_0, c_1, c_2, c_3, \cdots, c_k$ 表示隨機變數 X 的取值，
- $\Pr(X = c_k)$ 表示隨機變數 X 等於值 c_k 的機率。

「期望值這個詞的意思好像似懂非懂。這個式子 $E[X] = \cdots$ 的意思我也不懂。我在這個階段就筋疲力盡了……」

她在桌上伸展手臂，擺出精疲力竭倒下的姿勢。

「蒂蒂一定是想一次全部理解吧，書又不會跑掉，妳不用慌、不用

著急，和新的詞彙一個個成為朋友就可以了。」

「啊……」蒂蒂維持倒下姿勢吐氣。

「而且，這本數學書或許有點難……那麼，我們一起想想看吧，蒂蒂。」我說。

「好！」她猛然坐起，「啊……但是如果有時間的話。」

5.1.3　隨機變數的例子

「一開始先和**隨機變數**這個名詞成為朋友吧。現在我們想處理的是擲骰子、擲硬幣、抽籤……這些涉及機率的問題，對吧。」

「對，沒錯。」蒂蒂大幅度點頭。

「試著舉幾個例子……」

- 擲各點數出現機率相同的骰子
- 擲出現正面機率是 0.49；背面機率是 0.51 的硬幣
- 抽 100 張裡只有 1 張是《中獎》的籤

「好，我明白。」

「這種問題應該要定量地思考。所謂的隨機變數，就是這種時候的基本武器。」

「武器……是嗎？」

「嗯。妳看，解數學的問題時，要考慮**變數**吧。

《假設○○為變數 x》

像這樣導入變數，制定方程式，再解題。」

「啊！對，是這樣。讀文章後，巧妙應用在變數 x 或 y 的式子裡解答問題。」

「隨機變數的作用和這個類似。」

《假設○○為隨機變數 X》

像這樣導入隨機變數。」

「可是……那個，我想要具體的例子！」

「我知道了。那麼，我試著舉幾個隨機變數的例子吧。」

- 擲 1 次骰子時，假設<u>出現點數</u>為隨機變數 X。
- 擲 10 次硬幣時，假設<u>出現正面的次數</u>為隨機變數 Y。
- 直到抽中中獎籤為止，假設<u>抽籤次數</u>為隨機變數 Z。

「咦，這種算是隨機變數嗎？這麼簡單嗎？」

「對啊。擲骰子的時候，骰子的點數就是最基本的隨機變數。擲骰子這種動作雖然稱為**試驗**，但試驗決定的實數，不管是什麼都可以稱為隨機變數。注意什麼東西被當作隨機變數，自己來決定也無所謂。不只骰子出現的點數是隨機變數，也可以想個複雜許多的隨機變數。」

「咦，可是擲骰子的時候——」蒂蒂雙手大力拉扯短髮的髮絲說。「骰子的點數以外，有什麼樣的隨機變數，我想不到。」

「是嗎？要想多少有多少，比方說……」

- 以出現點數的 100 倍為隨機變數
- 若出現點數為偶數是 0；奇數則是 1 的隨機變數
- 出現點數若為 4 以上就＋100；3 以下則 −100 的隨機變數

「啊！計算或分類情況也可以是隨機變數嗎！」

「嗯，只要可以稱為《假設○○為隨機變數 X》就行了。」

蒂蒂一邊吟誦我的話，一邊陷入沉思。

她總是很認真。雖然也有因為許多的詞彙而混亂，或是無意中忘記條件的時候，但她全力埋頭研究數學。

「學長！」精力充沛的少女舉起手，「我漸漸明白隨機變數的形象了，但為什麼隨機變數要用 X 這種大寫字呢？」

「妳這麼一說也對。因為這不過是名稱而已，所以用小寫字或希臘字母也可以。可是，機率論的書大部分都是用大寫字來寫隨機變數，我想大概是取隨機變數個別的值，想要用小寫字的緣故。」

「這樣啊……還有一個問題，我在讀的數學書裡，將隨機變數表達為《從樣本空間 Ω 對應到實數 $\mathbb{R}$ 的函數》，我還不懂為什麼隨機變數

是函數呢。」

就是這個。

蒂蒂《不懂》的感覺，這是她的巨大力量。她不會裝懂，擁有保持不懂狀態的內心強度。

「是啊……想想看要如何決定隨機變數的值吧。比方說，出現 ⊡ 這個點數，這件事就相當於指定樣本空間的 ⊡ 這一點。然後，對應出現點數決定一個隨機變數的值。也就是換個角度來說，也算是隨機變數是按照《出現點數》附加一個對應的《實數值》。隨機變數擁有的這種性質，以數學來表達就是《隨機變數是從樣本空間 Ω 對應到實數 $\mathbb{R}$ 的函數》。」

「那、那個……」

「太抽象了嗎？那我用擲骰子獲得獎金來說吧。」

---

100 倍遊戲（隨機變數的例子）

來玩擲骰子，就可以獲得**出現點數** 100 倍獎金的遊戲吧。使用隨機變數，假設獎金為 $X(\omega)$。ω 是出現點數。

隨機變數 $X(\omega)$ 表示從樣本空間 $\Omega = \{\,\substack{1\\ \boxdot}, \substack{2\\ \boxdot}, \substack{3\\ \boxdot}, \substack{4\\ \boxdot}, \substack{5\\ \boxdot}, \substack{6\\ \boxdot}\,\}$ 到實數 $\mathbb{R}$ 的函數。

出現點數：樣本空間 Ω 的元素 ω	⊡ 1	⊡ 2	⊡ 3	⊡ 4	⊡ 5	⊡ 6
獎金：隨機變數的值 $X(\omega)$	100	200	300	400	500	600

「啊，有這個《100 倍遊戲》，就比較容易具體理解了。」

「對啊，《從樣本空間對應到實數的函數》也可以用表格來描述了。」

「對。」

「這張表格的意思妳懂吧。假設骰子的點數是 ω，獎金以 $X(\omega)$ 來表

示。比方說，$\omega = \overset{3}{\boxed{\cdot}}$ 的時候，$X(\omega) = 300$。也就是 $X(\overset{3}{\boxed{\cdot}}) = 300$ 的意思，完全不難吧。」

「對，只要決定好骰子的點數，也會決定可以獲得的獎金。」

「嗯，就只是這樣。在這個《100 倍遊戲》，隨機變數 $X(\omega)$……

- 在表示獎金的意義上是《變數》
- 對應骰子的點數，決定獎金的意義上則是《函數》

……就是這樣。」

「那個——我想得太難了。總之：

$$X(\overset{1}{\boxed{\cdot}}) = 100, \quad X(\overset{2}{\boxed{\cdot}}) = 200, \quad X(\overset{3}{\boxed{\cdot}}) = 300, \quad \ldots, \quad X(\overset{6}{\boxed{\vdots}}) = 600$$

像這樣，讓獎金對應出現點數……是這個意思吧。」

「嗯，這樣對了，蒂蒂。」

「一直提問真不好意思……那個，在剛才的說明，隨機變數 X 好像是寫成 $X(\omega)$……這個是？」

「隨機變數的值是按照樣本空間的元素 ω 來決定，因此可以寫成 $X(\omega)$。雖然函數通常寫成 $f(x)$，但這和那個是相同的寫法。這樣一來，出現 $\overset{1}{\boxed{\cdot}}$ 的時候的隨機變數值，就能方便地表示為 $X(\overset{1}{\boxed{\cdot}})$。可是這只有寫法不同，不管假設 $X(\omega)$ 或 X 為隨機變數都是一樣的意思。」

5.1.4　機率分布的例子

蒂蒂啪啦啪啦地翻閱著數學書。

「聽了學長的說明，關於隨機變數我相當了解了，可是，《期望值》的定義我還不能了解。」

「這樣啊。思考期望值以前，先和機率分布成為朋友吧。現在開始要考慮的，是隨機變數的機率分布。一言以蔽之，所謂隨機變數的機率分布，就是表示《隨機變數取具體值時的機率》。用剛才的 100 倍遊戲《隨機變數 X 的機率分布》來做例子吧。」

《隨機變數 X 的機率分布》的例子

隨機變數 X 能取得的值 c	100	200	300	400	500	600
形成 X = c 的機率 Pr(X = c)	$\frac{1}{6}$	$\frac{1}{6}$	$\frac{1}{6}$	$\frac{1}{6}$	$\frac{1}{6}$	$\frac{1}{6}$

「Pr(X = c)是什麼？括弧裡有等式，感覺很奇怪。」

「Pr(X = c)是表示規則《X = c 的機率》。」

「呃，骰子的點數……奇怪，在哪裡？」

「考慮隨機變數 X 的機率分布時，已經不用考慮骰子的點數。當然背後勢必存在樣本空間[1]，不過這裡暫時忘了樣本空間。」

「忘記了嗎！」

「也就是說，以 100 倍遊戲的例子來說，只要知道獎金與機率，就已經不用考慮骰子了。只要《可以得到那筆獎金的機率是多少？》很明確，骰子就無所謂了。即使忘記骰子，在機率上也可以進行一樣的討論，就是這個意思。」

「呃……」

「也就是說——

樣本空間與機率分布

代替的是

隨機變數的值與機率分布

這麼思考也可以。」

我一這麼說，蒂蒂就慢慢點頭，開始說：

---

[1] Pr(X = c)可以視為 Pr({$\omega \in \Omega \mid X(\omega) = c$})。

「只要知道隨機變數以怎樣的機率、取怎樣的值就可以了——就是這個意思吧。好，到這裡我懂了。但為什麼要用這種想法，我還是不懂……」

「妳會逐漸明白的。《隨機變數以怎樣的機率、取怎樣的值》……這稱為《隨機變數的機率分布》。」

5.1.5　許多詞彙

蒂蒂一邊在筆記本做筆記，一邊說。

「學長……那個啊，我發現一件事，我好像搞混三個名詞了。」

「三個名詞？」

「也就是機率、隨機變數、機率分布這三個詞。雖然全部都有《機率》（註：隨機變數的日語為「機率變數」），但這三個名詞的意思不同！譬如……

- 假設這個骰子出現 $\boxed{\cdot}$ 的機率是 $\frac{1}{6}$。
- 在 100 倍遊戲裡，獎金以隨機變數 X 來表示。
- 只要看隨機變數 X 的機率分布，就會知道 X 是以怎樣的機率取怎樣的值。

……在這種數學性內容的文章中，準確運用機率、隨機變數、機率分布這些用語，我覺得很重要。」

「嗯，這是很好的想法。」我說道。「嗯，蒂蒂不只是對不懂的地方說《不懂》，還會仔細思考——為什麼、哪裡不懂，這樣很了不起喔。」

「呃……啊……是這樣嗎？」她不好意思地搔搔頭。

5.1.6　期望值

「到這裡，我說明了隨機變數與機率分布。」

「對，已經成為很好的朋友了。」蒂蒂滿足地點頭。

「這次終於到**期望值**了。」

「說到底⋯⋯期望值是什麼？」

「所謂的期望值，一言以蔽之——

《平均》

這麼想就可以了。隨機變數 X 的期望值是隨機變數 X 的平均。」

「咦！可是⋯⋯平均是全部加總除以個數吧。這本數學書裡寫的定義，和這個一樣嗎？」

「嗯，全部加總除以個數或人數，就是計算求平均吧。這個期望值的定義，就和這裡很有關係。」

期望值的定義

隨機變數 X 的期望值 E [X] 以下列式子定義。

$$E[X] = \sum_{k=0}^{\infty} c_k \cdot \Pr(X = c_k)$$

在這裡——

● $c_0, c_1, c_2, c_3, \cdots, c_k, \cdots$ 表示隨機變數 X 的取值，

● $\Pr(X = c_k)$ 表示隨機變數 X 等於值 c_k 的機率。

「學長⋯⋯我還是覺得怪怪的。」蒂蒂不安地說。

「沒問題，那麼我用《100 倍遊戲的獎金期望值》為例，試著看看和計算平均的關係吧。現在假設獎金的金額為隨機變數 X，定義就是這樣。」

$$隨機變數 X 的期望值 = E[X] = \sum_{k=0}^{\infty} c_k \cdot \Pr(X = c_k)$$

「那麼，用具體的和來寫期望值定義式中的 Σ 吧。假設具體的值，考慮 $c_0 = 100, c_1 = 200, c_2 = 300, \cdots, c_5 = 600$。」

$$E[X] = \sum_{k=0}^{\infty} c_k \cdot Pr(X = c_k)$$

$$= \sum_{k=0}^{5} c_k \cdot Pr(X = c_k) \qquad \text{考慮 } c_0, c_1, c_2, \cdots, c_5 \text{就可以了}$$

$$= 100 \cdot Pr(X = 100)$$
$$+ 200 \cdot Pr(X = 200)$$
$$+ 300 \cdot Pr(X = 300)$$
$$+ 400 \cdot Pr(X = 400)$$
$$+ 500 \cdot Pr(X = 500)$$
$$+ 600 \cdot Pr(X = 600)$$

「因為 $Pr(X = 獎金)$全部等於 $\dfrac{1}{6}$ ……」

$$= 100 \cdot \frac{1}{6}$$
$$+ 200 \cdot \frac{1}{6}$$
$$+ 300 \cdot \frac{1}{6}$$
$$+ 400 \cdot \frac{1}{6}$$
$$+ 500 \cdot \frac{1}{6}$$
$$+ 600 \cdot \frac{1}{6}$$

「剩下的是單純的計算。」

$$= \frac{100 + 200 + 300 + 400 + 500 + 600}{6}$$

$$= \frac{2100}{6}$$

$$= 350$$

「所以就可以算出獎金的期望值是 350 圓。」

「啊！這個式子！

$$\frac{100 + 200 + 300 + 400 + 500 + 600}{6}$$

全部加起來除以 6 對吧。這麼一寫就有《平均》的感覺了！雖然我看期望值的定義時還不太懂。」

「嗯，說到平均一般就會想到《全部加總除以個數》，這並沒錯。可是，其實《個別的值乘以該值的機率，然後加總》也是一樣的意思。對比下列式子的兩邊就明白了。」

$$\frac{100 + 200 + 300 + 400 + 500 + 600}{6} = 100 \cdot \frac{1}{6} + 200 \cdot \frac{1}{6} + 300 \cdot \frac{1}{6} + 400 \cdot \frac{1}{6} + 500 \cdot \frac{1}{6} + 600 \cdot \frac{1}{6}$$

加總全部值除以個數的《平均》＝個別的值乘以取其值的機率加總的《期望值》

「對。」

「這個式子的右邊，是取隨機變數個別的值，再附加機率這個重要性之後求和。隨機變數的平均，可以透過《附加機率重要性的值的和》來求得。這用畫圖來看就會很清楚。」

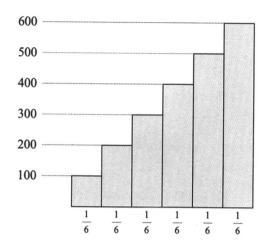

　　「考慮這種長條圖：直向的長度是隨機變數的值；橫向的長度則是機率。在這個圖形，將長條部分的長寬相乘，取其總和會是什麼呢──對，就是這個圖形的面積。而隨機變數的值與機率相乘，取總和就是期望值。也就是說，這個圖形的面積與期望值一致。」

　　「嗯……是這樣沒錯。」

　　「那麼，試著取這個長條的高度平均吧，就會變成這樣的圖形。」

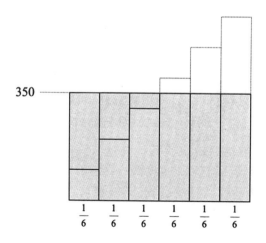

「求平均是吧。」

「嗯，對了，這個長方形的橫向長度是 1。意思是這個圖形的面積剛好表示平均。」

「啊……」

「所以，所謂的求期望值，就和求平均一樣。現在雖然考慮的是全部機率相等的情況，不過即使是機率不相等的時候，也能使用相同的式子求平均。雖然有 Σ 也不用害怕，請紮實地掌握式子的形式，期望值就是《附加機率重要性的值的和》。」

$$c_k \quad \longleftarrow\text{-----} \quad \text{取隨機變數，具體的值}$$

$$\mathrm{Pr}(X = c_k) \quad \longleftarrow\text{-----} \quad \text{隨機變數 X 是等於具體值 } c_k \text{ 的機率}$$

$$c_k \cdot \mathrm{Pr}(X = c_k) \quad \longleftarrow\text{-----} \quad \text{上述兩者的積}$$

$$\sum_{k=0}^{\infty} c_k \cdot \mathrm{Pr}(X = c_k) \quad \longleftarrow\text{-----} \quad \text{有關 } k = 0, 1, 2, 3, \cdots \text{，加總全部}$$

「的確……會變成這種形式。以 100 倍遊戲的獎金來說，所謂的 $c_0, c_1, c_2, \cdots c_5$，就是 $100, 200, 300, \cdots, 600$ 的意思。然後$\mathrm{Pr}(X = c_k)$的意思，就是可以得到獎金 c_k 的機率。在 c_k 上，乘以隨機變數會是 c_k 的機率 $c_k \cdot \mathrm{Pr}(X = c_k)$……就是《附加機率重要性的值》。然後，全部加總……的確就是《附加機率重要性的值的和》了。」蒂蒂以慢慢確認自己想法的方式說。

5.1.7　公平的遊戲

「剛才是求 100 倍遊戲能得到的獎金期望值。」

「對，是 350 圓！」

「嗯。那麼假設參加這個 100 倍遊戲需要《參加費》。也就是說，假設要擲骰子得獎金，就必須先支付參加費。這時候，《獎金期望值》就剛好當作《參加費》的金額。」

「剛好……是什麼意思？」

「獎金的期望值是 350 圓的意思，就是重複參加這個遊戲好多好多次時，參加者平均可得 350 圓。所以比較《支付 350 圓參加費的參加者》與《支付獎金的遊戲主辦人》，不管哪一邊都不會佔便宜，可以說是公平的遊戲。在這層意義上就是《剛好》。」

蒂蒂聽著我的話並大幅度點頭。

「學長……只看算式不懂的地方，用了 100 倍遊戲的具體事證來思考就很明白了，思考具體事證真的是很重要呢。呼……！」

蒂蒂長嘆一口氣的同時，窗戶吹進強風，把筆記本吹跑了。

「呀！」

「妳鼻子的氣息可真猛烈。」我邊撿蒂蒂的筆記本邊笑。

「才、才不是！是風！」

我忽然想起米爾迦，「對了，前幾天米爾迦說了什麼？」

「什麼說了什麼？」

「妳想想，就是前幾天回家時，米爾迦跟妳說了《有話要說》對吧。」

因此我就和沉默的紅髮麗莎兩人先回去了。

「啊啊……呃，那個啊，呃……不，可是我還沒決定。」蒂蒂說。

「我下定決心是蒂德菈了。」

背後傳來聲音，不用說，就是能說善道的黑髮才女，米爾迦。

5.2 線性

5.2.1 米爾迦

「離散機率的期望值嗎？」米爾迦看了筆記本。

「嗯，我們剛才討論的是——」我話才說到一半，蒂蒂就開始雙手上下揮動。

「我來說！我來歸納，這個嘛……我聽學長這麼說的，首先是隨機變數……」

◎　◎　◎

首先我學了**隨機變數**。隨機變數是從樣本空間到實數的函數……雖然這麼描述，但總之是在試驗時為規定的量命名。

再來我學了**機率分布**。機率分布表示隨機變數取特定值的機率。隨機變數 X 取特定值 c 的機率，使用機率分布 Pr 寫成 $Pr(X = c)$。

然後，我學了**期望值**。期望值表示隨機變數的平均值。隨機變數 X 的期望值寫為 $E[X]$，定義是《附加機率重要性的值的和》，寫成式子就是下面這樣！

$$E[X] = \sum_{k=0}^{\infty} c_k \cdot Pr(X = c_k)$$

◎　◎　◎

蒂蒂的歸納很不錯，她在頭腦裡將概念井然有序地整理好，才會說《懂了》。

米爾迦聽了蒂蒂的歸納，向我說。

「你為什麼沒說期望值的線性？」

「線性？」我反問。

「期望值的線性──就是《和的期望值是期望值的和》。」

5.2.2　和的期望值、期望值的和

米爾迦在我的筆記本上寫著算式，蒂蒂與我從她的兩側窺探。柑橘類的香氣與甘甜的香氣混合在一起，這小三角形是一個多麼幸福的空間，我如此想著。

母親問我最近沒有活動，可是，對我們來說，每天都是活動。我們的活動只要有數學，永遠都會繼續。

米爾迦以響亮的聲音開始說：

「假設兩個隨機變數 X 與 Y，定義在相同的樣本空間上。」

◎　◎　◎

假設兩個隨機變數 X 與 Y，定義在相同的樣本空間上。

於是 X 與 Y 的和 X＋Y 也成為隨機變數。

這時候，關於隨機變數 X＋Y 的期望值 E[X＋Y]，成立下列式子。

$$E[X+Y] = E[X] + E[Y] \qquad 《和的期望值是期望值的和》$$

亦即隨機變數 X 與 Y 的和的<u>期望值</u>，等於 X 與 Y 各自<u>期望值</u>的和。

另外，關於任意的常數 K，成立下列式子。

$$E[K \cdot X] = K \cdot E[X] \qquad 《常數倍的期望值是期望值的常數倍》$$

剛才寫的期望值的性質——

《和的期望值是期望值的和》

《常數倍的期望值是期望值的常數倍》

——這兩個合稱為**期望值的線性**。英語是"linearity of expectation"，蒂德菈。

《和的期望值是期望值的和》可以一般化，隨機變數像

$$X = X_1 + X_2 + X_3 + \cdots + X_n$$

用 n 個的隨機變數 $X_1, X_2, X_3, \cdots, X_n$ 的和來表示時，下列式子成立。

$$E[X] = E[X_1] + E[X_2] + E[X_3] + \cdots + E[X_n]$$

◎　◎　◎

「我有問題！」蒂蒂精力充沛地舉手，一如往常的提問。

「蒂德菈，問題是？」米爾迦問。

「不，我要舉、剛才說的——期望值的線性——的例子！」蒂蒂回答。

我很驚訝。

我以為蒂蒂肯定是要提什麼問題……或是要說《請舉例》。可是我錯了，她想要自己舉例。

《舉例是理解的試金石》……這是我們很珍惜的口號，蒂蒂現在正打算自己舉例、展現自己的理解。

「呃呃呃──總之先試著做隨機變數。」

蒂蒂想了想，開始舉例。我與米爾迦安靜地等待。

◎　◎　◎

總之先試著做隨機變數。

要考慮和對吧……那麼，呃，比方說，擲骰子 2 次吧。然後第 1 次出現的點數，加上第 2 次出現點數的隨機變數設定為 X……呼。

第 1 次出現點數設為隨機變數 X_1。

第 2 次出現點數設為隨機變數 X_2。

好的，這樣一來──

$$X = X_1 + X_2$$

就成立了。現在作為例子要確認的是──

$$E[X] = E[X_1] + E[X_2]$$

對吧。然後就來檢查左邊的 $E[X]$ 的值與右邊的 $E[X_1] + E[X_2]$ 的值是否相等！

求左邊 $E[X]$

隨機變數 X 是擲骰子 2 次時的點數和。意思是取得 X 的值，是從 ⚀⚀ 情況的合計 2，到 ⚅⚅ 情況的合計 12。

計算 X 的期望值 $E[X]$，為此必須檢查 $X = 2$ 的機率、$X = 3$ 的機率……接著一直到 $X = 12$ 的機率。

那麼！為了不要出錯，來製作表格！

	第2次 1 ⊡	2 ⊡	3 ⊡	4 ⊡	5 ⊡	6 ⊞
第1次 1 ⊡	2	3	④	5	6	7
2 ⊡	3	④	5	6	7	8
3 ⊡	④	5	6	7	8	9
4 ⊡	5	6	7	8	9	10
5 ⊡	6	7	8	9	10	11
6 ⊞	7	8	9	10	11	12

擲骰子 2 次時的合計點數

這張表格出現的 $6 \times 6 = 36$ 個的每個數，發生機率全是 $\frac{1}{36}$。

意思是只要用這張表算個數，就能得到機率。比方說，這張表的 4 有三個，（加上〇記號，是 3 個沒錯吧）那麼 $X = 4$ 的機率就是：

$$\Pr(X = 4) = \frac{3}{36}$$

由於準備完成，就從期望值的定義來求 $E[X]$ 吧。來計算《附加機率重要性的值的和》。

$$E[X] = 2 \cdot \Pr(X = 2) + 3 \cdot \Pr(X = 3) + 4 \cdot \Pr(X = 4) + 5 \cdot \Pr(X = 5)$$
$$+ 6 \cdot \Pr(X = 6) + 7 \cdot \Pr(X = 7) + 8 \cdot \Pr(X = 8)$$
$$+ 9 \cdot \Pr(X = 9) + 10 \cdot \Pr(X = 10) + 11 \cdot \Pr(X = 11) + 12 \cdot \Pr(X = 12)$$

$$= 2 \cdot \frac{1}{36} + 3 \cdot \frac{2}{36} + 4 \cdot \frac{3}{36} + 5 \cdot \frac{4}{36}$$
$$+ 6 \cdot \frac{5}{36} + 7 \cdot \frac{6}{36} + 8 \cdot \frac{5}{36}$$
$$+ 9 \cdot \frac{4}{36} + 10 \cdot \frac{3}{36} + 11 \cdot \frac{2}{36} + 12 \cdot \frac{1}{36}$$

$$= \frac{2 + 6 + 12 + 20 + 30 + 42 + 40 + 36 + 30 + 22 + 12}{36}$$

$$= \frac{252}{36}$$

$$= 7$$

因此，$E[X] = 7$。也就是說，由此可知擲 2 次時<u>和的期望值</u>等於 7。

求右邊　$E[X_1] + E[X_2]$

那麼這次來求──《期望值的和》。

擲第 1 次時出現點數的期望值 $E[X_1]$……從定義而言就是以下的樣子。

$$E[X_1] = \sum_{k=1}^{6} k \cdot \text{《出現 k 的點數的機率》}$$

$$= 1 \cdot \frac{1}{6} + 2 \cdot \frac{1}{6} + 3 \cdot \frac{1}{6} + 4 \cdot \frac{1}{6} + 5 \cdot \frac{1}{6} + 6 \cdot \frac{1}{6}$$

$$= \frac{1 + 2 + 3 + 4 + 5 + 6}{6}$$

$$= 3.5$$

因此，$E[X_1] = 3.5$。也就是說，骰子點數的期望值是 3.5。

第 2 次出現點數的期望值是 $E[X_2]$，計算方式也完全相同，$E[X_2] =$ 3.5。因此 $E[X_1] + E[X_2] = 7$，也就是說，由此可知擲 2 次時個別的期望值的和等於 7。

——好的好的！這樣就完成了！

$$E[X] = E[X_1] + E[X_2]$$

的確結果是《和的期望值是期望值的和》！

◎　◎　◎

「的確結果是《和的期望值是期望值的和》！」蒂蒂漲紅臉頰地說，「這樣就算是舉了《和的期望值是期望值的和》的例子吧？」

「可以。」米爾迦簡潔地回答，並在我的筆記本上寫了一行字。

$$E\left[\sum(\quad)\right] = \sum\left(E[\quad]\right)$$

「《和的期望值是期望值的和》這個標語可以象徵性地這麼寫。從期望值的線性——和的 $\sum(\ )$ 與期望值的 $E[\ ]$ 可以交換。值得高興的是，期望值的線性不管在何種機率分布都無條件成立。」

5.3　二項式分布

5.3.1　硬幣的故事

米爾迦從位子站起身，指頭轉圈並繞著我們的周圍走。她在思考什麼，好像非常高興。每次頭一動，長髮就會安靜地掀起波浪，有時從窗邊來的風會吹鼓著這股波浪。

米爾迦。

米爾迦雖然也有心血來潮，蠻橫發怒的地方，但對數學是誠實而真摯，也非常有耐心對待學習數學的人。這是複雜的性格呢，還是單純的

性格呢，我不太清楚。

「來談硬幣吧。」

米爾迦這麼說著回到座位，輕輕將金框眼鏡向上推，在我的筆記本寫下問題。

問題 5-1（二項式分布）

擲 n 次出現正面的機率是 p，出現背面機率是 q 的硬幣。求出現 k 次正面機率的 $P_n(k)$。但假設 $p + q = 1, 0 \leqq k \leqq n$。

「這很簡單吧。」我說道。「首先如果擲 n 次當中，出現 k 次正面的話，背面就出現了 $n - k$ 次。」

「對，沒錯。」蒂蒂點頭。

「一開始連續出現 k 次正面，然後接著出現 $n - k$ 次背面的機率就是下面這樣——」

$$\overbrace{\underbrace{p \times p \times p \times \cdots \times p}_{k \text{ 個 } p} \times \underbrace{q \times q \times q \times \cdots \times q}_{n-k \text{ 個 } q}}^{n \text{ 個 } p \text{ 或 } q} = p^k q^{n-k}$$

「對。」

「可是，這並非表示一開始必須連續出現 k 次正面。擲 n 次當中，只要剛好幾處出現 k 次正面就可以了。意思就是必須只有加總《n 個當中，出現 k 個的組合數》。也就是只要 $\binom{n}{k}$ 倍就行了。」

「對啊！」蒂蒂說。

米爾迦沉默地聽著我的話。

「所以，求 $P_n(k)$ 就是以下所示。」我說。

$$P_n(k) = \binom{n}{k} p^k q^{n-k}$$

解答 5-1（二項式分布）

$$P_n(k) = \binom{n}{k}p^k q^{n-k}$$

「這樣沒問題。」米爾迦說，「$P_n(k)$就成為使用二項式定理 $(p+q)^n$ 展開時的第 k 項。」

$$(p+q)^n = \binom{n}{0}p^0q^{n-0}+\binom{n}{1}p^1q^{n-1}+\binom{n}{2}p^2q^{n-2}+\cdots+\underbrace{\binom{n}{k}p^kq^{n-k}}_{P_n(k)}+\cdots+\binom{n}{n}p^{n-0}q^0$$

「沒錯！」蒂蒂拉高音量。

「將 $(p+q)^n$ 用 $P_n(k)$ 來寫吧。」米爾迦繼續說。

$$(p+q)^n = P_n(0) + P_n(1) + P_n(2) + \cdots + P_n(k) + \cdots + P_n(n)$$

「原來如此……」我說，「這個值就等於 1 了吧。因為$p+q=1$，所以$(p+q)^n=1$。」

「真不可思議……」蒂蒂說，「我一直以為所謂的二項式定理是為了將（x + y）^{n}這個《n 乘的式子展開》的定理……不，這並沒錯，但二項式定理與《擲n次硬幣時，出現正面次數的機率分布》有關係對吧——啊，$P_n(k)$可以說是機率分布吧？」

「可以。是將 k 當作變數的機率分布，將 k 當作常數的機率。」米爾迦回答。「然後，將$P_n(k)$當作機率分布時，稱之為**二項式分布**。將 1 分配給 $P_n(0)$, $P_n(1)$, $P_n(2)$, …, $P_n(n)$。擲 n 次硬幣時，假設出現正面的次數是隨機變數 X，隨機變數 X 的表現就會跟隨二項式分布。」

米爾迦豎起食指。

「那麼，來求跟隨二項式分布的隨機變數 X 的期望值吧。」

5.3.2 二項式分布的期望值

> **問題 5-2（二項式分布的期望值）**
> 擲 n 次出現正面機率是 p；出現反面機率是 q 的硬幣。這時候，求出現正面次數的期望值，但假設 $p + q = 1$。

米爾迦像個指揮似地指著蒂蒂。

「蒂德菈來回答 $n = 3$ 的情況。」

「好的，求 $E[X]$！」蒂蒂慢慢地拿起自動鉛筆朝向筆記本。

「等等。」米爾迦制止她。「妳要先宣告假設什麼為 X。」

「啊……好的。是的，準確地導入隨機變數。現在假設出現正面的次數為隨機變數 X。然後，在 $n = 3$ 的情況，求 X 的期望值 $E[X]$。」

「可以。」

「好的，從隨機變數的期望值定義，下列式子成立。」

◎　◎　◎

從隨機變數的期望值定義，下列式子成立。

$$E[X] = \sum_{k=0}^{\infty} k \cdot \Pr(X = k)$$

使用二項式分布的定義 $\Pr(X = k)$ 改寫。

$$= \sum_{k=0}^{\infty} k \cdot \binom{n}{k} p^k (1-p)^{n-k}$$

因為 $k > n$ 的時候 $\binom{n}{k} = 0$，只要考慮到 n 為止的和就行了吧。

$$= \sum_{k=0}^{n} k \cdot \binom{n}{k} p^k (1-p)^{n-k}$$

好，這裡用 $n = 3$ 來考慮。

$$= \sum_{k=0}^{3} k \cdot \binom{3}{k} p^k (1-p)^{3-k}$$

反正 $k = 0$ 的項會是 0，所以只要考慮 $k = 1,2,3$。

$$= \sum_{k=1}^{3} k \cdot \binom{3}{k} p^k (1-p)^{3-k}$$

展開 Σ。

$$= 1 \cdot \binom{3}{1} p^1 (1-p)^2 + 2 \cdot \binom{3}{2} p^2 (1-p)^1 + 3 \cdot \binom{3}{3} p^3 (1-p)^0$$

呃，這裡使用 $\binom{3}{1} = 3, \binom{3}{2} = 3, \binom{3}{3} = 1$。

$$= 1 \cdot 3p^1 (1-p)^2 + 2 \cdot 3p^2 (1-p)^1 + 3 \cdot 1p^3 (1-p)^0$$

整理式子……

$$= 3p(1-p)^2 + 6p^2(1-p) + 3p^3$$

展開 $(1-p)^2$ 與 $p^2(1-p)$。

$$= 3p(1 - 2p + p^2) + 6(p^2 - p^3) + 3p^3$$

再次展開。

$$= 3p - 6p^2 + 3p^3 + 6p^2 - 6p^3 + 3p^3$$

彙整同類項……

$$= 3p + (6 - 6)p^2 + (3 - 6 + 3)p^3$$

咦咦咦咦！

$$= 3p$$

◎　◎　◎

「咦咦咦咦！」蒂蒂大叫，「p^2 或 p^3 的項全都消掉了！剩下的只有 $3p$。」

$E[X] = 3p$　　跟隨二項式分布 $P_3(k)$ 的隨機變數 X 的期望值

「原來如此。」我說道。「$n = 3$ 的時候 $E[X] = 3p$ 的話……」

「對對對！一般來說，就是 $E[X] = np$ 對吧。一定是這樣，那麼，來證明這個預測吧。關於 n，就用數學歸納法！」

今天的蒂蒂節奏好快呢，她迅速拿起自動鉛筆，呼氣急促面向筆記本。

「等等。」米爾迦制止她。「使用期望值的線性吧。」

5.3.3　區分成和

「使用期望值的線性……是什麼意思？」蒂蒂說。

「期望值的線性暗示了《將隨機變數區分成和》。」米爾迦說。

「區分成和……」

「現在我們要求的是擲 n 次硬幣時，出現正面次數的期望值，應該要注意的隨機變數是什麼？」米爾迦問。

「是的，是出現正面的次數。將出現正面的次數設為隨機變數 X。」

「那麼，考慮新的隨機變數 X_k。」米爾迦說。

擲第 k 次的硬幣……

- 如果正面就是 1
- 如果背面就是 0

……假設這樣的隨機變數為 X_k。

「如果正面就是 1，背面就是 0 的隨機變數？」蒂蒂規矩地重複說。

「這是《指示》！」我大叫，「妳看，我們討論線性搜尋演算法的時候，尋找的數……

- 如果找到就是 1
- 如果找不到就是 0

……將這樣的變數設為 S 對吧，這和那個很類似。」

「對。」米爾迦微笑，「像這個 X_k，以某個事件是否發生來訂為 1

或 0 的隨機變數，就稱為指示隨機變數[2]。」

「原來如此！」我說。

「不好意思，X_k 的 k 是——」蒂蒂問。

「k = 1, 2, 3…, n。」米爾迦回答。「取指示隨機變數 X_k 的值就等於隨機變數 X。蒂德菈可以理解這個嗎？」

$$X = X_1 + X_2 + X_3 + \cdots + X_k + \cdots + X_n$$

「不……不行，不能理解。」蒂蒂用力搖頭。

「請發揮毅力追尋表示隨機變數的東西。」米爾迦說，「X 是表示硬幣是正面次數的隨機變數；X_k 則是硬幣擲第 k 次若是正面就是 1，背面則為 0 的隨機變數。」

「對……是這樣。」

「那麼，請用 n = 3 來思考硬幣正面→背面→正面的情況。」

「啊！又用實例——好的我想想，擲第 1 次……

- 擲第 1 次是正面（$X_1 = 1$）
- 擲第 2 次是背面（$X_2 = 0$）
- 擲第 3 次是正面（$X_3 = 1$）

然後，出現正面的次數 X = 2。啊啊……的確 $X = X_1 + X_2 + X_3$ 成立了。米爾迦學姊，我懂了！X_k 是檢查擲第 k 次是正面（1）或背面（0），將結果全部加起來就是 X……那當然就知道一共出現幾次正面了！」

「對。」米爾迦點頭，「指示隨機變數，在計算數量時很方便。」

5.3.4 指示隨機變數

指示隨機變數，在計算數量時很方便。

---

2 指示隨機變數（indicator random variable）也稱為指標變數、指示變數、伯努利機率變數、0－1 值隨機變數。

比方說，考慮擲 1 枚硬幣時，出現正面是 1，出現背面是 0 的指示隨機變數 C。

隨機變數 C 的期望值 E [C] 是怎樣的呢？

注意隨機變數 C 可取的值只有兩種來計算。

$$E[C] = 1 \cdot \Pr(C = 1) + 0 \cdot \Pr(C = 0)$$
$$= \Pr(C = 1)$$

也就是——

$$E[C] = \Pr(C = 1)$$

成立。這個式子主張指示隨機變數的期望值等於指示隨機變數是 1 的機率。

這裡回到我們的問題，回到求擲 n 次硬幣時，出現正面次數的期望值 E [X]。將 X 區分成 $X_1 + X_2 + X_3 + \cdots + X_n$ 的和，從這裡開始吧。

$$E[X] = E[X_1 + X_2 + X_3 + \cdots + X_n]$$

使用期望值的線性，

$$= E[X_1] + E[X_2] + E[X_3] + \cdots + E[X_n]$$

因為 X_k 是指示隨機變數，所以期望值等於機率，

$$= \Pr(X_1 = 1) + \Pr(X_2 = 1) + \Pr(X_3 = 1) + \cdots + \Pr(X_n = 1)$$

擲第 k 次出現正面的機率，就等於問題敘述的 p，

$$= \underbrace{p + p + p + \cdots + p}_{n \text{ 個}}$$
$$= np$$

解答 5-2（二項式定理的期望值）
擲 n 次出現正面機率是 p；出現反面機率是 q 的硬幣。這時候，出現正面次數的期望值是

$$np$$

「咦——總覺得太簡單就求出來了！」
「出現正面的次數，就讓指示隨機變數去算了。

- 期望值的線性暗示了將隨機變數區分成和。
- 指示隨機變數喃喃細語：期望值可以用機率求得。

只要能夠組合這兩者，就能輕鬆求出期望值。」

5.3.5 愉快的作業

「放學時間到了。」圖書管理員瑞谷老師宣布。已經到這時刻了嗎。

「那個……米爾迦學姊，為什麼要考慮平均或期望值這種東西呢？」蒂蒂一邊收拾一邊問道。

「我們想定量地研究事件。比起試驗隨機變數的值，可以取得各種的值。很多值登場的時候，想要歸納他們是很自然的。平均的值——也就是期望值，是歸納隨機變數能夠取得的許多值的其中之一。」

「歸納值……」

「那麼，愉快的作業時間到了。」米爾迦出示卡片給我們看。

問題 5-3（直到所有點數都出現的期望值）
重複擲骰子直到所有點數都出現。
求這時擲骰子次數的期望值。

「這是村木老師的卡片嗎？」我問。

「對，我已經解開了，擲硬幣很開心。」

硬幣？……是骰子的口誤嗎？

5.4　到全部發生為止

5.4.1　總有一天

在自己家，現在是半夜，爸媽已經睡了。

我獨自在自己的房間。

結束學校的課業，是開始自己研讀數學的時間了。

我想著蒂蒂的事。蒂蒂不僅會說《不懂》，還會自己思考《哪裡不懂》；不僅會提問，還會自己舉例子；不僅是聽別人說，還會自己歸納要點。她的成長好驚人……不，現在不是擺出學長架子的時候，我自己也必須好好成長才行。

我想著米爾迦的事。來到期望值的話題時，她馬上提及期望值的線性。這一定是因為米爾迦的心中，有秩序地連結了各式各樣的概念吧。她掌握了數學的概念，組成美麗的小宇宙。期望值的線性在她解說以後就會覺得《理所當然》。可是，在她解說之前，我無法提出期望值的線性。

蒂蒂再加上米爾迦。

跟她們比起來，我──

──哎呀，我這是陷入無限消極迴圈中了。

不對，和人比較是錯的。

念書時我碰到的問題，幾乎已經都被別人解開了。所以，即使我重新解題，也不可能成就豐功偉業──客觀而言。可是，主觀上就不同了。

我想要解開的事物，對我而言有意義。

即使解不開，對於現在的我，面對的事物是有意義的。

而且總有一天。

為了面對沒有人知道答案的問題之際。

也為了我能夠成為訊息的提供者之際——

5.4.2 能夠出盡一切嗎

> **問題 5-3（直到所有點數都出現的期望值）**
> 重複擲骰子直到所有點數都出現。
> 求這時擲骰子次數的期望值。

這個問題感覺乍見之下似乎不是很難。

可是不能大意。

首先根據理論來舉例試試看吧。必須想個具體事證才能開始。

擲骰子，假設所有點數出現的機率都相等。出現的點數當然是從 ⚀ 到 ⚅ 6 種，擲骰子直到 6 種都出現為止……嗯，我懂了。假設極端的情況，從 ⚀ 到 ⚅ 依序出現，這時候，擲骰子次數是 6 次。

$$\overset{1}{⚀} \to \overset{2}{⚁} \to \overset{3}{⚂} \to \overset{4}{⚃} \to \overset{5}{⚄} \to \overset{6}{⚅} \qquad \text{擲 6 次出現所有種類}$$

擲 6 次出現所有種類，順序無所謂。

$$\overset{3}{⚂} \to \overset{1}{⚀} \to \overset{4}{⚃} \to \overset{5}{⚄} \to \overset{2}{⚁} \to \overset{6}{⚅} \qquad \text{擲 6 次出現所有種類}$$

可是，擲骰子 6 次出現所有的 6 種，精確來說是幸運的案例。

如果中途重複出現一次 ⚀，就成為要 7 次才能擲出所有種類。

$$\overset{3}{⚂} \to \overset{1}{⚀} \to \overset{4}{⚃} \to \overset{1}{\underline{⚀}} \to \overset{5}{⚄} \to \overset{2}{⚁} \to \overset{6}{⚅} \qquad \text{擲 7 次出現所有種類}$$

這時候，擲骰子次數是 7 次。

那麼……這個問題最重要的概念是《直到所有點數出現為止，擲骰

子的次數》，所以就將這一點以隨機變數來命名。

假設《直到所有點數出現為止，擲骰子的次數》是隨機變數 X。

隨機變數 X 的值，如果運氣好是 6，運氣不好就會大很多。比方說，試著考慮一開始很順利出現點數，最後一種卻總是不出現的例子吧。

$$\overset{3}{\boxdot} \to \overset{1}{\boxdot} \to \overset{4}{\boxdot} \to \overset{1}{\boxdot} \to \overset{5}{\boxdot} \to \overset{6}{\boxdot} \to \overset{5}{\boxdot} \to \overset{3}{\boxdot} \to \overset{5}{\boxdot} \to \overset{3}{\boxdot} \to \overset{3}{\boxdot} \to \overset{6}{\boxdot} \to \overset{2}{\boxdot}$$

擲 13 次時，終於出現所有種類 (X = 13)

在這個例子，直到出現最後的 $\overset{2}{\boxdot}$ 為止，一共擲了多達 13 次。

嗯，到這裡問題的意思很清楚了。假設直到所有點數出現為止，擲骰子的次數是隨機變數 X，那麼這個問題要求的，就是隨機變數 X 的期望值 E[X]。

因為期望值的定義是 $E[X] = \sum_{k=0}^{\infty} c_k \cdot Pr(X = c_k)$，所以只要計算 $Pr(X = c_k)$ 的值。

譬如，可以說 $Pr(X = 1) = 0$。原因是只擲 1 次不可能出現 6 種點數，因此，X = 1 的機率等於 0。同樣的，擲骰子次數 X 未滿 6 的機率也等於 0。也就是說，$Pr(X = 2), Pr(X = 3), Pr(X = 4), Pr(X = 5)$ 全都等於 0。

那麼，$Pr(X = 6)$ 怎麼樣呢？6 次就出現所有點數的機率，因為是一次也沒重複的機率，所以馬上就能求出來。首先……

擲第 1 次出現哪個點數都可以（6 種）。
然後分別對應此點數，
擲第 2 次出現第 1 次以外的哪個點數都可以（5 種）。
然後分別對應此點數，
擲第 3 次出現除了第 2 次以前的哪個點數都可以（4 種）。
然後分別對應此點數，
擲第 4 次出現除了第 3 次以前的哪個點數都可以（3 種）。

然後分別對應此點數，

擲第 5 次出現除了第 4 次以前的哪個點數都可以（2 種）。

然後分別對應此點數，

擲第 6 次出現除了第 5 次以前的哪個點數都可以（1 種）。

所以……就變成這樣：

$$\Pr(X = 6) = \frac{6 \times 5 \times 4 \times 3 \times 2 \times 1}{6 \times 6 \times 6 \times 6 \times 6 \times 6}$$

$$= \frac{6!}{6^6}$$

接著考慮 $\Pr(X = 7)$。這次只有 1 次重複，重複的點數有從 1 到 6 的 6 種。啊對，然後也必須考慮擲 7 次之中有哪個地方重複。比方說，⚀→⚁→⚂→⚃→⚄→⚅ 之中，考慮重複 ⚅ 的情況吧。

⚀ → <u>⚅</u> → ⚁ → ⚂ → ⚃ → ⚄ → ⚅

⚀ → ⚁ → <u>⚅</u> → ⚂ → ⚃ → ⚄ → ⚅

⚀ → ⚁ → ⚂ → <u>⚅</u> → ⚃ → ⚄ → ⚅

⚀ → ⚁ → ⚂ → ⚃ → <u>⚅</u> → ⚄ → ⚅

⚀ → ⚁ → ⚂ → ⚃ → ⚄ → <u>⚅</u> → ⚅ ……奇怪？

等一下。

這樣完全不行！

從一開始的例子就錯了！

⚀ → <u>⚅</u> → ⚁ → ⚂ → ⚃ → ⚄ → ⚅　在擲第幾次骰子時出現所有種類？

這個情況出現所有種類不是第 7 次擲骰子，而是第 6 次。出現 ⚄ 的時候就出現所有種類。也就是說，這個情況不是 X = 7，必須算為 X =

6。

　　嗯……這個問題還真是麻煩呢？

　　而且到了 $\Pr(X = 8)$ ……重複的文字又增加了！

　　嗯——真是傷腦筋。說到底，即使可以用這個狀態進展，關於任意的 k，可以求得 $\Pr(X = c_k)$ 嗎？不然的話，就不能計算期望值 $E[X]$。

　　我不斷摸索到深夜，可是找不到明確的突破口。正打算重新開始大量的計算時，睡魔襲來。

　　我在夢中——擲了好幾次骰子。

　　不可思議的是，那個骰子是硬幣的形狀。

　　「不是硬幣，是骰子。」我說。

　　「這個骰子是硬幣。」米爾迦說。

5.4.3　使用學到的事

　　「學長！早安！」精力充沛的少女蒂蒂說。

　　「早。」我說。

　　一早上學，我們並肩朝學校走去。她走得有點快。

　　「學長，米爾迦學姊的問題你解開了嗎？」

　　「還沒，我陷入計算的迷宮了。」我說。

　　「我在開始計算以前就不行了。」蒂蒂搖著頭說，「因為我還不知道要區分成怎樣的和才對。」

　　「咦……？」我停下腳步。

　　「咦？」蒂蒂也停下來。「怎麼了嗎？」

　　「妳剛才說——要區分成怎樣的和才對？」

　　「對，對——要使用《和的期望值是期望值的和》吧？」

　　……我說不定是在耍笨。

　　期望值的線性。

　　米爾迦都說明過了，甚至告訴我們《和的期望值是期望值的和》這個標語，蒂蒂還舉了實例呢。

我只想到從期望值的定義直接求解而已。

我甚至沒試過將《直到所有點數都出現為止，擲骰子的次數》這個隨機變數 X 用在《區分成和》這個方法上。

我──真的是很蠢吧。

「……學長？」蒂蒂不安地抬頭看我。

「抱歉，蒂蒂。妳沒什麼不對，我只是對自己的愚蠢程度有點驚訝而已。」我這時大口深呼吸，「我完全忘了期望值的線性。蒂蒂思考到哪裡了？」

她露出鬆了一口氣的表情，我們再次邁出步伐。

「那個啊，我也不太清楚。我認為要使用期望值的線性，應該要把擲骰子的次數區分成和吧。雖然我在這裡做了很多例子，但還是不知道要怎麼做才對。可是，我畫出了《幸福的階梯》。」

「幸福的階梯？」

「對，就是這個。」

我們再次停下腳步，她從書包裡拿出報告紙。

關於擲骰子的《幸福的階梯》

「這張圖要怎麼看？」我一邊問，一邊忽然感到心跳加快，因為覺得這張圖好像畫了什麼重要的東西。

「那個啊，要從左邊依序來看。」蒂蒂指著圖說，「從階梯的第一層開始，出現 ⚁，接著往上一層。第 2 層來到 ⚁ → ⚂，再往上一層。第 3 層來到 ⚅，階梯又往上一層。也就是說，曾經出現過的骰子點數，階梯不會往上。如果出現新的點數，下次階梯就會變高。」

「……啊，原來如此。」

「所以說，階梯平的地方就會繼續之前出現的點數，而最右邊則是新的點數。」

「蒂蒂，為什麼這叫《幸福的階梯》？」

「呃……要是出現新點數，就會接近頂端很幸福。」

「……」

「不過真是令人驚訝，這個骰子的行列是由

$$\sqrt{5} = 2.\underline{2360679774997896964091736687}31276235 \cdots$$

組成的……但一開始出現 5 的，竟然是小數點以下第 36 位呢！學長，你知道嗎？」

雖然對蒂蒂很抱歉，但我沒有認真在聽。

「喂，蒂蒂……蒂蒂已經找到了吧。」

「啊？」她眨了眨迷人的大眼睛。

「將擲骰子的次數區分成和的方法啊。」

「……？」

「蒂蒂認真地畫出《幸福的階梯》。這個階梯整體的長度，直接就是《直到所有點數出現為止，擲骰子的次數》了。而且，階梯整體的長度就是《相同高度層級的長度》總和！」

「……！」

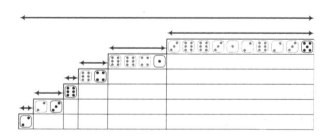

將《直到所有點數出現為止，擲骰子的次數》區分成和

5.4.4 出盡一切

這裡是教室，現在是放學後。

我站在講臺上。

蒂蒂與米爾迦坐在最前排。

以《幸福的階梯》為開端，我與蒂蒂對這次的問題——求直到所有點數出現為止的期望值問題——就能解開。

現在是我對著米爾迦說明的時候。

◎　◎　◎

假設《直到所有點數出現為止，擲骰子的次數》是隨機變數 X。

X 相當於蒂蒂的《幸福的階梯》整體的長度。

然後，假設隨機變數 X_j，雖然有點複雜，考慮《從已經出現 j 種點數，到出現未曾出現的點數為止，擲骰子的次數》。

也就是說，X_j 是《幸福的階梯》的第 $j+1$ 層的長度。

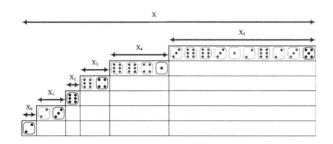

X 以 X_j 的和表示。j 的值範圍，只要考慮 0 到 5 就行了。

$$X = X_0 + X_1 + X_2 + X_3 + X_4 + X_5$$

因為想要求期望值 $E[X]$，所以就用《和的期望值是期望值的和》吧。

$$\begin{aligned}
E[X] &= E[X_0 + X_1 + X_2 + X_3 + X_4 + X_5] \\
&= E[X_0] + E[X_1] + E[X_2] + E[X_3] + E[X_4] + E[X_5]
\end{aligned}$$

從這裡開始可以進行有關隨機變數 X_j 的討論。

最初……在骰子連一次都還沒擲過的狀態，可以稱為出現 0 種類點數的狀態。這個狀態下擲 1 次骰子，就一定會出現之前未曾出現的點數，因此：

$$X_0 = 1$$

成立。

擲骰子的時候，可以考慮以下兩種情況。

- 出現未曾出現過的點數
- 出現已經出現的點數

j 種類的點數已經出現時，《出現未曾出現過點數的機率》是多少呢？

如果 j 種類的點數已經出現，那麼就是還未出現 6 − j 種。所以假設《出現還未出現過的點數機率》是 p_j……

$$p_j = \frac{6 - j}{6} = 1 - \frac{j}{6}$$

那麼，j 種類的點數已經出現時，《出現已出現點數的機率》是？假設這個機率是 q_j。總計有 6 種的骰子點數中，已經出現 j 種，所以：

$$q_j = \frac{j}{6}$$

在《幸福的階梯》，第 j + 1 層之間，用這個機率 p_j 與 q_j 進展話題。出現還未出現的點數就往上一層，這次就用機率 p_{j+1} 與 q_{j+1} 進展話題。

當然，不管對哪種 j，$p_j + q_j = 1$ 恆成立。

◎　◎　◎

我說到這裡時，米爾迦的手指響起敲桌子的聲音。

「我們擲的是機率有變化的硬幣喔。」

我倒吸一口氣。

「……對喔！妳之前說的不是擲骰子，而是擲硬幣，就是這個意思嗎！」

「什麼意思？」蒂蒂一邊記筆記一邊問。

「意思是這個問題可以忘記是骰子。」我說，「**想成擲硬幣，p_j表示出現正面的機率，q_j表示出現背面的機率**，這麼想就行了……然後，每次硬幣出現正面時，就可以登上一層階梯。」

◎　◎　◎

每次硬幣出現正面時，就可以登上一層階梯。

每次出現正面就登上一層階梯，然後每次登上時，出現正面的機率就下降。這個硬幣——

- 出現正面的機率是 $p_j = 1 - \frac{j}{6}$
- 出現背面的機率是 $q_j = \frac{j}{6}$

——就會變成這樣。

明白幸福的階梯的性質後，就來考慮關於隨機變數 X_j 吧。隨機變數 X_j 是第 $j + 1$ 層的長度。這個長度是 k 的機率 $\Pr(X_j = k)$ 有多少呢？

機率 $\Pr(X_j = k)$，等於擲硬幣《連續出現 <u>k − 1 次背面</u>後，出現 <u>1 次正面</u>的機率》。

米爾迦提出的硬幣模型很容易說明……

所以：

$$\begin{aligned} \Pr(X_j = k) &= q_j^{k-1} \cdot p_j && \text{連續出現}k-1\text{次背面，再出現 1 次正面的機率} \\ &= q_j^{k-1} \cdot (1 - q_j) && \text{使用 } p_j = 1 - q_j \\ &= q_j^{k-1} - q_j^{k} && \text{展開} \end{aligned}$$

這樣一來，關於 j = 0,1,2,3,4,5 以及 k = 1,2,3… 的 $\Pr(X_j = k)$ 就定下來了，也能計算隨機變數 X_j 的期望值 $E[X_j]$。關於任意的 n，只要求

有關 $k = 1,2,3\cdots,n$ 的部分和 $\sum_{k=1}^{n} k \cdot \Pr(X_j = k)$，取在 $n \to \infty$ 的極限即可。

$$
\begin{aligned}
\sum_{k=1}^{n} k \cdot \Pr(X_j = k) &= 1 \cdot \Pr(X_j = 1) \\
&\quad + 2 \cdot \Pr(X_j = 2) \\
&\quad + 3 \cdot \Pr(X_j = 3) \\
&\quad + \cdots \\
&\quad + n \cdot \Pr(X_j = n) \\
&= 1 \cdot (q_j^0 - q_j^1) \\
&\quad + 2 \cdot (q_j^1 - q_j^2) \\
&\quad + 3 \cdot (q_j^2 - q_j^3) \\
&\quad + \cdots \\
&\quad + n \cdot (q_j^{n-1} - q_j^n) \\
&= 1 \cdot q_j^0 - 1 \cdot q_j^1 \\
&\quad + 2 \cdot q_j^1 - 2 \cdot q_j^2 \\
&\quad + 3 \cdot q_j^2 - 3 \cdot q_j^3 \\
&\quad + \cdots \\
&\quad + n \cdot q_j^{n-1} - n \cdot q_j^n \\
&= q_j^0 + q_j^1 + q_j^2 + q_j^3 + \cdots + q_j^{n-1} - n \cdot q_j^n
\end{aligned}
$$

這可以用等比數列的和來計算。

$$
= \frac{1 - q_j^n}{1 - q_j} - n \cdot q_j^n
$$

接著只要取極限即可。因為 $q_j = \frac{j}{6}$，$0 \leqq q_j < 1$ 成立，所以極限收斂。

$$E[X_j] = 1 \cdot \Pr(X_j = 1)$$
$$+ 2 \cdot \Pr(X_j = 2)$$
$$+ 3 \cdot \Pr(X_j = 3)$$
$$+ \cdots$$
$$+ k \cdot \Pr(X_j = k)$$
$$+ \cdots$$
$$= \lim_{n \to \infty} \sum_{k=1}^{n} k \cdot \Pr(X_j = k)$$
$$= \lim_{n \to \infty} \left(\frac{1 - q_j^n}{1 - q_j} - n \cdot q_j^n \right)$$
$$= \frac{1}{1 - q_j}$$
$$= \frac{1}{1 - \frac{j}{6}} \quad 將 q_j 還原為 \frac{j}{6}$$
$$= \frac{6}{6 - j}$$

也就是說，第 $j + 1$ 層的長度期望值是：

$$E[X_j] = \frac{6}{6 - j}$$

這樣一來，終於可以求階梯整體長度的期望值了。

$$\begin{aligned} E[X] &= E[X_0 + X_1 + X_2 + X_3 + X_4 + X_5] \\ &= E[X_0] + E[X_1] + E[X_2] + E[X_3] + E[X_4] + E[X_5] \\ &= \frac{6}{6-0} + \frac{6}{6-1} + \frac{6}{6-2} + \frac{6}{6-3} + \frac{6}{6-4} + \frac{6}{6-5} \\ &= \frac{6}{6} + \frac{6}{5} + \frac{6}{4} + \frac{6}{3} + \frac{6}{2} + \frac{6}{1} \\ &= 6 \cdot \left(\frac{1}{6} + \frac{1}{5} + \frac{1}{4} + \frac{1}{3} + \frac{1}{2} + \frac{1}{1} \right) \\ &= 6 \cdot \left(\frac{1}{1} + \frac{1}{2} + \frac{1}{3} + \frac{1}{4} + \frac{1}{5} + \frac{1}{6} \right) \end{aligned}$$

所以，必須擲骰子直到全部的點數至少出現 1 次為止的次數期望值 $E[X]$ 是：

$$E[X] = 6 \cdot \left(\frac{1}{1} + \frac{1}{2} + \frac{1}{3} + \frac{1}{4} + \frac{1}{5} + \frac{1}{6} \right)$$

可以求出此答案，式子很漂亮呢。

◎　◎　◎

「式子很漂亮呢。」我說。

「不錯。」米爾迦表情滿足。

「一計算 $E[X]$ 就變成 14.7 了。」蒂蒂說，「意思是平均擲骰子沒有 14.7 次就不會出現所有點數嗎，真是好多次呢！」

解答 5-3（直到所有點數都出現的期望值）
所求的期望值是：

$$6 \cdot \left(\frac{1}{1} + \frac{1}{2} + \frac{1}{3} + \frac{1}{4} + \frac{1}{5} + \frac{1}{6} \right) = 14.7$$

「順利解出來了呢。」我說[3]。

「調和數——寫成 harmonic number。」米爾迦說。

「harmonic number 是什麼？」蒂蒂說。

米爾迦在我的筆記本上寫式子給蒂蒂看，我也從講臺來到桌前窺視。

$$H_n = \frac{1}{1} + \frac{1}{2} + \frac{1}{3} + \cdots + \frac{1}{n}$$

「一使用 H_n，X 的期望值就可以寫成：

$$E[X] = 6 \cdot H_6$$

米爾迦說，「這次的問題很容易就能一般化，若不用 6 面的骰子，而是假設有 n 面的骰子來做思考，重複同樣的計算——

$$E[X] = n \cdot H_n$$

就會得到這個答案。」

<hr/>

3 問題 5-3 是期望值的古典問題「贈券收集問題」（the coupon collector problem）。嚴謹來說，需要機率空間為無限集合情況的公式化。

求擲骰子直到所有點數出現為止的次數期望值《旅行地圖》

設擲骰子次數為隨機變數 X

↓

用《幸福的階梯》區分成和
$$X = X_0 + X_1 + \cdots + X_5$$

↓

《和的期望值是期望值的和》
$$E[X] = E[X_0] + E[X_1] + \cdots + E[X_5]$$

$\xrightarrow{\quad E[X_j] \text{ 是?} \quad}$

期望值的定義
$$E[X_j] = \sum_{k=0}^{\infty} k \cdot Pr(X_j = k)$$

↓

假設擲正面機率 p_j 與
背面機率 q_j 的硬幣來思考
$$Pr(X_j = k) = q_j^{k-1} \cdot p_j$$

↓

$$E[X_j] = q_j^0 + q_j^1 + \cdots$$

↓

等比級數
$$E[X_j] = \frac{1}{1 - q_j}$$

↓

$$E[X] = 6 \cdot \left(\frac{1}{1} + \frac{1}{2} + \frac{1}{3} + \frac{1}{4} + \frac{1}{5} + \frac{1}{6} \right)$$

$\longleftarrow$

$$E[X_j] = \frac{6}{6-j}$$

↓

$$E[X] = 6 \cdot H_6$$

5.4.5　意想不到的事

「大家一起解問題，我好開心！」蒂蒂說。

「我能夠解開，都多虧蒂蒂的《幸福的階梯》。」

「我雖然發現了，但是解不開……」

在和睦的氣氛中，我們互相微笑相迎。

「好的，這樣就完成一項工作了。」

米爾迦高興地豎起指頭，說了這句平常的口頭禪。

可是。

可是，今天的米爾迦——

又說了一句話。

「你看，好好完成了吧，哥哥。」

一瞬間時間冷到結凍。

無言的我。

無言的蒂蒂。

無言的、米爾迦。

哥哥。

米爾迦如此說。

不管是誰——在精神鬆懈的時候，都會說出意外的一句話。

就算是被看做零失誤又完美的米爾迦也一樣。

哥哥。

米爾迦如此說道。

不管是誰——都曾經叫錯人。

即使那個對象，是小時候就過世的哥哥。

不久，結凍的時間溶解了。

米爾迦把筆記本狠狠扔到我臉上，離開了教室。

想要理解被給予的隨機變數的基本行為，
大多是去尋找隨機變數的「平均」值。
——《電腦的數學》[8]

No.

Date　　　・　　・

我的筆記本（二項式分布與樣本空間）

　　問題 5-2（二項式分布的期望值），求擲硬幣 n 次時，出現正面次數的期望值。這時要考慮隨機變數的和（p.154），在背後的樣本空間要如何思考才對呢？

　　將擲 n 次想成 1 次的試驗，樣本空間 Ω 就能進行以下的思考。

$$\Omega = \Big\{ \langle u_1, u_2, \ldots, u_n \rangle \mid u_k \in \{正面, 背面\}, \ 1 \leqq k \leqq n \Big\}$$

考慮 $n = 3$ 的情況，樣本空間 Ω 就如以下所示。

$$\Omega = \Big\{ \langle u_1, u_2, u_3 \rangle \mid u_k \in \{正面, 背面\} \ (1 \leqq k \leqq 3) \Big\}$$

$$= \Big\{ \langle 正面, 正面, 正面 \rangle, \langle 正面, 正面, 背面 \rangle, \langle 正面, 背面, 正面 \rangle,$$

$$\langle 正面, 背面, 背面 \rangle, \langle 背面, 正面, 正面 \rangle, \langle 背面, 正面, 背面 \rangle,$$

$$\langle 背面, 背面, 正面 \rangle, \langle 背面, 背面, 背面 \rangle \Big\}$$

　　假設出現正面次數的隨機變數為 X，並假設擲第 k 次骰子是正面為 1，是背面為 0 的指示隨機變數為 X_k。於是，可以製成以下的表格。

ω	$X(\omega)$	$X_1(\omega)$	$X_2(\omega)$	$X_3(\omega)$
〈正面,正面,正面〉	3	1	1	1
〈正面,正面,背面〉	2	1	1	0
〈正面,背面,正面〉	2	1	0	1
〈正面,背面,背面〉	1	1	0	0
〈背面,正面,正面〉	2	0	1	1
〈背面,正面,背面〉	1	0	1	0
〈背面,背面,正面〉	1	0	0	1
〈背面,背面,背面〉	0	0	0	0

看這張表就可以明確知道，無論對任何的 $\omega \in \Omega$，

$$X(\omega) = X_1(\omega) + X_2(\omega) + X_3(\omega)$$

都成立。

第 6 章
難以捉摸的未來

> 到處找了很久，終於找到了木工工具箱。
> 這實在是非常有用的珍品，
> 比起船上一堆黃金還更有價值。
> ——《魯賓遜漂流記》

6.1　約定的記憶

6.1.1　河邊

「他對我說明天再做吧。」她說。

這裡是河邊。

我們並坐著仰望天空。

飛過兩隻烏鴉。

天空拓展著平緩的晚霞。

從遠方聽得見微弱的電車聲。

四周一個人也沒有。

雖然有點風，但不冷。

「他對我說明天再做吧。」她重複說。

誰？⋯⋯我不自覺想問，可是當然還是什麼都沒說。

「剩下的明天再做吧，今天妳先回家，他在醫院對我說的。」

她的聲音和平常不同。

「我們明天再一起做數學吧，他跟我約好了。」

她的聲音一直很柔和——而且稚氣。

「明明就想待在你身邊。」

然後她——身體稍微往我這裡靠近。我伸出手臂摟住她，她將頭靠

在我肩上，傳來橘子的香味。

（好溫暖）

無言的時刻。

我追上從教室跑出來的她，來到這裡。雖然被筆記本命中的鼻子還傳來一陣陣痛楚，但沒什麼大礙。

我偷偷打探她的樣子，發現她靜靜地閉著眼睛。

她——不是在想我，而是在想哥哥，一遍又一遍。

我不知道什麼是對的，到底什麼是正解？可是，答案應該在這裡，就在她的身邊——現在。

天空已完全染上晚霞，再不久夜色就要降臨了。

不久後，她大口吐氣，站起身，拍拍制服。

我也站起身看著她。

我們面對面。

她——什麼都沒說。

我也——什麼都沒說。

我伸出手，慢慢描摹在她臉頰留下的淚痕。

她抓住我的手……用力一咬。

「米爾迦明明想要一直待在你身邊！」

6.2　量階

6.2.1　快速演算法

過了幾天。

到了世人興高采烈的黃金周假期。

不過，考生沒有那種東西。

今天一整個上午都是針對考生的特別授課，下午在學校的圖書室解練習題。解完幾題以後鬆口氣，我看見蒂蒂與麗莎在遠處坐著。一、二年級也是特別授課嗎？她們很熱烈地正在談話……正確來說，熱烈的只

有蒂蒂一人。麗莎只是點頭搖頭，並持續在鮮紅色的電腦上無聲地打字。

「學長！」蒂蒂對我揮手。

「又在學演算法嗎？」我走到兩人身邊。

「呃，該說是學習嗎——我在思考有關演算法的《速度》。」蒂蒂看著筆記本說，「前幾天解析了線性搜尋，以及將它修改為《有衛兵》的修正版這兩個演算法。不過，不管是哪個演算法，最花時間的都是在〈找不到〉的時候——最大執行步驟數像下面這樣。」

演算法	最大執行步驟數
LINEAR-SEARCH	$T_L(n) = 4n + 5$
SENTINEL-LINEAR-SEARCH	$T_S(n) = 3n + 7$

最大執行步驟數（ n 為數列的大小）

「是啊。」我說，蒂蒂將這些紀錄得很整齊呢。「這個 $T_L(n)$ 是什麼？」

「啊，因為亂七八糟的，所以我就幫最大執行步驟數命名。LINEAR-SEARCH 命名為 $T_L(n)$；SENTINEL-LINEAR-SEARCH 則是 $T_S(n)$。」

「 n 是數列的大小吧。」

「對，沒錯。然後……比較演算法的速度。」

「比較兩個式子時，用**減法**就可以了。」我說，「取兩個式子的差，檢查它的正負是慣例。也就是說，像這種情況，假設 n 為自然數……

$$T_L(n) - T_S(n) = (4n + 5) - (3n + 7)$$
$$= 4n - 3n + 5 - 7$$
$$= n - 2$$

……因此就知道 $T_L(n) - T_S(n) > 0$ 成立，是在 $n > 2$ 的時候。然後將 $T_S(n)$ 移項到右邊，就得到以下的不等式。」

$$T_L(n) > T_S(n) \qquad (n > 2\text{的時候})$$

「啊，對。這我很清楚。也就是說，若是有衛兵的線性搜尋，在 $n > 2$ 的時候，最大執行步驟數會變小——意思是變快。可是，呃，那時候米爾迦學姊——」蒂蒂將食指貼在嘴上，好像正在回憶什麼。「她說要好好做，這裡就是漸近的解析。明明不等式已經很明確地成立了，還有比這個更精密的做法嗎？學長知道嗎？」

「不，我不知道啊。」我回答，「我覺得蒂蒂的主張是對的，畫圖就可以明白。」

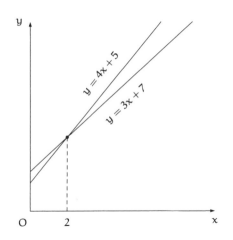

「對吧？比起 $y = 4x + 5$ 的圖表，$y = 3x + 7$ 的圖表在 $n > 2$ 的時候總是在下方。所以，可以說有衛兵的線性搜尋比線性搜尋的執行步驟數小。」

「對啊！用圖表很容易明白。」蒂蒂說。

「呀！」麗莎說。

如風現身的米爾迦，很開心地玩弄麗莎的紅髮。麗莎很厭惡地推開米爾迦的手。

6.2.2　至多 n 階

「那個，米爾迦學姊——」蒂蒂說。「比 $T_L(n) = 4n + 5$ 和 $T_S(n) = 3n + 7$ 更精密的解析，要怎麼做呢？」

「解析不一定要朝精密的方向發展。」

米爾迦環視著我們，很俐落地推進話題……這和前幾天她在河邊時的樣子判若兩人。

「如果對演算法的解析（analysis of algorithms）有興趣的話，就來學 O 符號吧。」

◎　◎　◎

來學 O 符號吧。為了表示函數 $T(n)$ 為：

$$T(n) = O(n)$$

這種書寫方法，稱為大 O 記號或 Big O 記號。

O 記號表示 n 的值在增加時，函數 $T(n)$ 值的增加趨勢。

$T(n)$ 是演算法的執行步驟數——也可以想成執行時間。代表輸入大小的 n 變大時，速度會變得多慢，可以用 O 符號來做定量表示。

$T(n) = O(n)$ 這個式子，意思是主張在某個自然數 N 與正數 C 存在下，N 以上的所有整數 n：

$$|T(n)| \leqq Cn$$

成立。如果喜歡用邏輯式嚴謹地定義，也可以寫成：

$$\exists N \in \mathbb{N} \; \exists C > 0 \; \forall n \geqq N \left[|T(n)| \leqq Cn \right]$$

然後這時候：

《函數 $T(n)$ 為至多 n 階》（階，order）

◎　◎　◎

　　「不好意思……」蒂蒂舉手打斷米爾迦說話。「雖然我覺得很習慣邏輯式了，可是心裡還是覺得不安，又出現了 N 或 C 這些文字……請先讓我冷靜思考一下。」

　　「這並不困難，妳試著用 $\mathsf{T}(n) \geqq 0$ 想看看。所謂的 $\mathsf{T}(n) = O(n)$，就是 N 以上的 n，就像函數 $y = \mathsf{T}(n)$ 的圖表，變成在函數 $y = Cn$ 的圖表，決定常數 N 與 C　一就是這個意思。」

　　米爾迦說著，畫了個簡單的圖表。

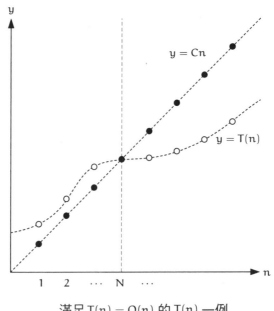

滿足 $\mathsf{T}(n) = O(n)$ 的 $\mathsf{T}(n)$ 一例

　　「$\mathsf{T}(n)$ 的大小被 n 的常數倍控制著。這就是 $\mathsf{T}(n) = O(n)$ 這個式子的意思。」

　　「……這個意思是，$\mathsf{T}(n)$《不會變得太大》的意思嗎？」蒂蒂筆記並詢問。

　　「對。可是《不會變得太大》這個表達方式有兩點不正確。第一

點：說到《不會變得太大》，聽起來就會像是不會超過某個常數。可是，$n \to \infty$ 的時候，也可以讓 $T(n) \to \infty$。第二點：若是《不會變得太大》的話，好不容易想定量表達就沒意義了。如果用勉強的話語來表達⋯⋯就是《$T(n)$ 的增加程度，至多和 n 的常數倍相同》。一般的 $T(n)$ 是《至多 n 階》或僅稱為《$T(n)$ 是 $O(n)$》。」

「至多⋯⋯就是 "at most" 嗎？」

「對，《最多，頂多》的意思。」

「"order" 是什麼？」蒂蒂繼續問道。

「"order of growth"——增加的量階。」米爾迦立即回答。

O 符號（至多 n 階）

$$T(n) = O(n)$$

$$\iff \quad \exists N \in \mathbb{N} \; \exists C > 0 \; \forall n \geq N \; \left[|T(n)| \leq Cn \right]$$

$$\iff \quad 函數 \; T(n) \; 為至多 \; n \; 階$$

6.2.3 小測驗

「來做個小測驗吧。」米爾迦說，「題目是線性搜尋的最大執行步驟數 $T_L(n) = 4n + 5$。$4n + 5$ 用 O 符號寫成：

$$4n + 5 = O(n)$$

為什麼？」米爾迦指蒂蒂。

「呃、呃——因為被控制⋯⋯那個，我不知道。」

「嗯，那換你。」米爾迦指指我。

「回到定義來思考就可以。」我說，「比方說，用 $N = 5$、$C = 5$

來代入 ，也就是說，5 以上的所有 n，

$$|4n + 5| \leqq 5n$$

成立。所以，由定義就可成立 $4n + 5 = O(n)$。」

「啊啊！對喔，定義、定義、定義！我沒能《回到定義》……」

「下個小測驗，以下式子是否成立？」

$$n + 1000 = O(n)$$

「……好，這次我也懂了。」蒂蒂說，「只要 $n = 1000$、$C = 2$ 就可以了。因為關於 1000 以上的所有 n，都是：

$$|n + 1000| \leqq 2n$$

所以式子 $n + 1000 = O(n)$ 成立。」

「不錯。$N = 2$ 與 $C = 1000$ 也可以。」米爾迦點頭。

「啊！那樣，以 $1000n$ 的那種大函數來控制也可以吧。」

「下個小測驗。以下式子是否成立？」

$$n^2 = O(n)$$

「呃，左邊的 n^2 會等於 $1,4,9,16,25$……對吧——咦咦咦，這樣不就不可能以 Cn 控制了嗎？」

「沒錯。」米爾迦說，「$n^2 = O(n)$ 不成立。像 n^2 這種二次函數，不能用 n 的常數倍控制。因為即使想用再大的 C 來控制，若 n 太大，就會變成 $n^2 > Cn$。也就是說，二次函數不能稱為《至多 n 階》。三次函數、四次函數……也一樣。另一方面——」

這時米爾迦看著我的臉，說話的速度忽然下降。

「n、$n + 1000$，或 $4n + 5$ 可以稱為《至多 n 階》。」

「啊！函數的分類！」我大叫，「用是否為《至多 n 階》，可以將

函數分類成兩種！」

「沒錯。」米爾迦的指頭發出敲擊聲，「n、$n+1000$，或$4n+5$，在《至多 n 階》的基礎下，可以無視 n 係數或常數項差異，同等看待。解析並不一定總是往精密化進行。」

「無視差異、同等看待……」蒂蒂嘟囔。

「既然熟悉了 O 符號這個工具，讓我們來看線性搜尋，以及有衛兵線性搜尋的最大執行步驟數吧。發現什麼了嗎？」

$$T_L(n) = 4n + 5$$
$$T_S(n) = 3n + 7$$

「啊啊……兩邊都是《至多 n 階》。」

$$T_L(n) = 4n + 5 = O(n)$$
$$T_S(n) = 3n + 7 = O(n)$$

「呃，可是這個……是怎麼回事呢？」

「將線性搜尋使用有衛兵的修正，的確可以將最大執行步驟數縮小。可是，不管哪個都是 $O(n)$。也就是說，這並非造成量階的本質性修正……只會根據《本質性》的定義而有變化。」

「奇怪？量階除了 n 以外，還有其他的嗎？」

「有。O 符號可以使用的不只 n。$O(\ )$ 裡面可以放入任意的函數。」米爾迦說。

6.2.4　至多 *f(n)* 階

米爾迦繼續說。

「$O(\ )$ 的裡面可以放入任意的函數。也就是可以寫成 $T(n) = O(f(n))$。」

O 符號（至多 $f(n)$ 階）

$$T(n) = O(f(n))$$

$$\Longleftrightarrow \quad \exists N \in \mathbb{N} \; \exists C > 0 \; \forall n \geq N \; \Big[\, |T(n)| \leq Cf(n) \,\Big]$$

$$\Longleftrightarrow \quad \text{函數 } T(n) \text{ 為至多 } f(n) \text{ 階}$$

「試著舉幾個例子吧。」

$$n = O(n) \qquad n \text{ 為至多 } n \text{ 階}$$
$$2n = O(n) \qquad 2n \text{ 為至多 } n \text{ 階}$$
$$4n + 5 = O(n) \qquad 4n + 5 \text{ 為至多 } n \text{ 階}$$
$$1000n = O(n) \qquad 1000n \text{ 為至多 } n \text{ 階}$$
$$n^2 = O(n^2) \qquad n^2 \text{ 為至多 } n^2 \text{ 階}$$
$$2n^3 + 3n^2 + 4n + 5 = O(n^3) \qquad 2n^3 + 3n^2 + 4n + 5 \text{ 為至多 } n^3 \text{ 階}$$
$$0.00001n^{1000} = O(n^{1000}) \qquad 0.00001n^{1000} \text{ 為至多 } n^{1000} \text{ 階}$$

「啊，無視係數只要使用 n 的最大次方項就可以了。」

「關於剛才的例子是這樣沒錯。可是，在 O 符號的定義，要注意使用像 $|T(n)| \leq Cf(n)$ 這種不等式。也就是說，根據 $f(n)$ 而來的計算，無論多大都無所謂。」

「意思是？」

「例如，O 符號的以下式子為正確。」

$$n = O(n^2)$$

「咦！n 是 n^2 的量階嗎？」

「就像剛才所說的，n 是至多 n^2 階。」

「啊！再大也沒關係……那麼，這樣也算正確嗎？」

$$n = O(n^{1000})$$

「正確。」米爾迦說。

「因為剛才說過 $T_L(n) = 4n + 5 = O(n)$——

$$T_L(n) = 4n + 5 = O(n^{1000})$$

也可以這麼說吧？」

「在定義上完全正確。」米爾迦回答。

「……！」之前一直沈默打字的麗莎，抬起驚訝的臉。

米爾迦快速看了一下麗莎，沒有停頓繼續說：

「當然，明明都知道 $O(n)$，卻主張 $O(n^{1000})$，就是把好不容易得知的情報給浪費了……可是，$4n + 5 = O(n^{1000})$ 是完全正確的。」

「我、我從剛才就一直說著《至多》，可是心裡卻把 $O(f(n))$ 當作《剛好》$f(n)$ 階……」

「如果想表達《剛好 $f(n)$ 階》，用 Θ 代替 O 就可以了。」米爾迦說。她將 Θ 讀做英語的 "theta"。

「原來也有《剛好》的符號呢。」

「還有《至少》，用 Ω 來表示。$T(n) = O(f(n))$ 與 $T(n) = \Omega(f(n))$ 兩者都成立，就是 $T(n) = \Theta(f(n))$ 的充分必要條件，在常數倍的圖表被上下夾在中間。」

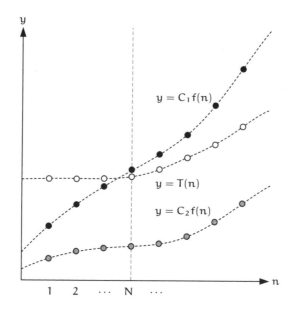

因為 $T(n) = O(f(n))$ 與 $T(n) = \Omega(f(n))$，所以 $T(n) = \Theta(f(n))$

Θ符號（剛好 $f(n)$ 階）

$\quad T(n) = \Theta(f(n))$

$\Longleftrightarrow \quad T(n) = O(f(n)) \wedge T(n) = \Omega(f(n))$

$\Longleftrightarrow \quad \exists N \in \mathbb{N}\ \exists C_1 > 0\ \exists C_2 > 0\ \forall n \geqq N\ \Big[C_2 f(n) \leqq T(n) \leqq C_1 f(n) \Big]$

$\Longleftrightarrow \quad$ 函數 $T(n)$ 是剛好 $f(n)$ 階

Ω 符號（至少 f(n) 階）

$$T(n) = \Omega(f(n))$$

$$\iff \exists N \in \mathbb{N} \;\; \exists C > 0 \;\; \forall n \geq N \left[T(n) \geq C f(n) \right]$$

$$\iff 函數 T(n) \text{ 是至少 } f(n) \text{ 階}$$

O 符號的同伴

$T(n) = O(f(n))$	函數 $T(n)$ 是至多 $f(n)$ 階
$T(n) = \Theta(f(n))$	函數 $T(n)$ 是剛好 $f(n)$ 階
$T(n) = \Omega(f(n))$	函數 $T(n)$ 是至少 $f(n)$ 階

「那麼，來出小測驗吧。」米爾迦說著，指向蒂蒂。

$$T(n) = O(n^2) \text{ 與 } T(n) = O(3n^2) \text{ 等價，真或假？}$$

「係數的 3 不對……不不不，是真。兩個式子等值。」

「不錯。若 $T(n) = O(n^2)$，$T(n) = O(3n^2)$ 成立，反過來也成立。同樣的，$T(n) = O(n^2)$ 與 $T(n) = O(3n^2 + 2n + 1)$ 也等價。」

「好，我懂了。」

「下個小測驗。」米爾迦很開心地繼續下去。

$$T(n) = O(1) \text{ 成立時，} T(n) \text{ 是怎樣的函數？}$$

「奇怪，沒有 n……啊！對了，回到 O 符號的定義——

$$T(n) = O(1) \quad \Longleftrightarrow \quad \exists N \in \mathbb{N} \; \exists C > 0 \; \forall n \geqq N \; \Big[\big| T(n) \big| \leqq C \cdot 1 \Big]$$

——因此，對！ $T(n)$ 就變成了常數函數！」

「錯。」米爾迦冷淡否定，「如果 $T(n)$ 是常數函數，就能說是 $T(n)$ ＝ $O(1)$。可是，沒必要一定是常數函數。」

「上界。」麗莎說。我們不由得看她。

「對。」米爾迦說，「 $T(n)$ ＝ $O(1)$ 的時候，函數 $T(n)$ 不管 n 再大，也不會超過某個一定的數。也就是說有上界，只要不超過上界，如何變化都沒關係。」

「所謂不超過某個一定的數函數，就是指 $T(n)$ 在 $n \to \infty$ 收斂的意思吧？」

「錯。」米爾迦立刻回答，「說不定 $T(n)$ 是在不超過某個一定數的狀態下，會增加或減少的函數。比方說，像 $T(n) = (-1)^n$ 這樣。所以，雖然 $T(n) = O(1)$，也不一定 $T(n)$ 會在 $n \to \infty$ 收斂。」

我……聽著她們的交談，感到無可形容的喜悅。以 O 符號為素材，我們反覆進行以算式和邏輯為線索的數學討論。我對這種交談感到深深的喜悅——雖然從專家的立場來看，或許是微不足道的內容。

6.2.5　$\log n$

「 $T(n) = O(n)$ 與 $T(n) = O(3n)$ 等值的意思，呢，結果 O 符號是下列的哪個呢？」蒂蒂說。

$$O(1), \quad O(n), \quad O(n^2), \quad O(n^3), \quad O(n^4), \quad \ldots$$

「不只是這樣。」米爾迦說，「比方說，1 與 n 之間也有無數的等級。代表性的是 $\log n$ 的量階，也就是說——

$$O(\log n)$$

$\log n$ 的量階比 n 的量階小。最大執行步驟數是 $\log n$ 量階的演算法，以此當作漸近也可以。」

米爾迦手指轉圈繼續說：

「同樣的，在 n 與 n^2 之間，有 $n \log n$ 的量階。」

$$O(n \log n)$$

「$n \log n$ 不是 $n \times \log \times n$，而是 $n \times \log(n)$ 的意思。」我說。

「啊，這我懂，log 是對數……對吧？」

「$\log n$ 是對數函數。」米爾迦說，「給 n 就得到 n 對數的函數。說到對數時，通常必須意識到 $\log_2 n$、$\log_{10} n$，或是 $\log_e n$──等底數。可是，對數函數用 O 符號的時候，可以不用在意底數。原因是即使全部的對數函數換底數，差異只不過是常數倍。」

「說到換底數……是這樣吧。」我說。

$$\log_A x = \log_A B^{\log_B x} \qquad \text{因 } x = B^{\log_B x}$$
$$= (\log_B x) \cdot (\log_A B) \qquad \text{因 } \log_A B^\alpha = \alpha \cdot \log_A B$$
$$\log_A x = \underbrace{(\log_A B)}_{\text{常數}} \cdot (\log_B x) \qquad \log_A x \text{ 與 } \log_B x \text{ 的差異是常數倍}$$

「對──」米爾迦點頭。

$$T(n) = O(\log_2 n)$$
$$\Longleftrightarrow T(n) = O(\log_{10} n)$$
$$\Longleftrightarrow T(n) = O(\log_e n)$$

「所以──在 O 符號寫為 $T(n) = O(\log n)$ 不用注意底數。」

「原來如此。」我說。

「那麼，對數函數是指數函數的逆函數。指數函數會極端地急遽上升；相反的對數函數是極端地緩慢上升。比方說底數是 2 的時候，即使 n 如 $2^1 = 2$ 倍、$2^2 = 4$ 倍、$2^3 = 8$ 倍的增加，$\log_2 n$ 也只會如 $+1, +2, +$

3 一點一點地增加。如 $\log_2 n$ 只會一點一點增加的函數——也就是 "order of growth" 很小的函數——用來被控制的意思，就是即使輸入的大小很巨大，最大執行步驟數也只會增加一點點。也就是說，是一種漸近的快速演算法。」

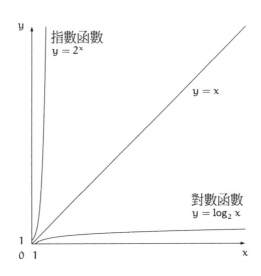

「有最大執行步驟數是 $O(\log n)$ 的演算法嗎？」蒂蒂問。

「當然有。例如二元搜尋這個演算法，剛好就是用 $\log n$ 的量階來找出目的的元素。」

「咦！等一下。」我說，「搜尋變成 $\log n$ 的量階……不是很怪嗎？因為，為了確認某個數在數列中《找不到》，就應該要檢查全部 n 個，量階絕對不會比 n 小，不是嗎？」

「加上條件的話，等級就可以降低。蒂德菈，妳拿著的卡片沒有二元搜尋嗎？」米爾迦問。

「啊！有，一定有。」

蒂蒂翻了村木老師所給的卡片，取出寫著《二元搜尋》的卡片。

6.3 搜尋

6.3.1 二元搜尋

二元搜尋演算法（輸入與輸出）

輸入
- 數列 $A = \langle A[1], A[2], A[3], \ldots, A[n] \rangle$
- 但是，假設 $A[1] \leqq A[2] \leqq A[3] \leqq \cdots \leqq A[n]$。
- 數列的大小 n
- 尋找的數字 v

輸出
 A 的裡面有等於 v 的數字的情況，
  輸出＜找到＞。
 A 的裡面有等於 v 的數字的情況，
  輸出＜找不到＞。

「這是二元搜尋的輸入與輸出。」蒂蒂說，「因為是從數列 A 尋找數字 v，所以和線性搜尋的時候一樣。」

「不對，蒂蒂。」我指著卡片，「妳忽略條件了，必須注意寫著《但是》的地方。」

「啊！真的耶，不好意思……對了，這個條件的意思是？」

$$A[1] \leqq A[2] \leqq A[3] \leqq \cdots \leqq A[n]$$

「這個條件就是納入數列中的數字，**按遞增排列**。」我說，「也就

是由小到大排列順序。」

「啊……這個條件對等級下降來說很重要吧。啊，這裡的卡片是二元搜尋的程序。」

二元搜尋演算法（程序）

```
C1:    procedure BINARY-SEARCH(A, n, v)
C2:        a ← 1
C3:        b ← n
C4:        while a ≤ b do
C5:            k ← ⌊a+b/2⌋
C6:            if A[k] = v then
C7:                return 〈找到〉
C8:            else-if A[k] < v then
C9:                a ← k + 1
C10:           else
C11:               b ← k − 1
C12:           end-if
C13:       end-while
C14:       return 〈找不到〉
C15:   end-procedure
```

我與蒂蒂讀著二元搜尋的程序，麗莎瞥了卡片一眼又看向電腦，米爾迦則是遠眺窗外指頭轉來轉去。

「好、好困難喔……」蒂蒂說，「果然不好好走一遍就完全不知道在做什麼。」

「$C5$ 妳懂嗎？」米爾迦看著窗外說。

「呃……啊，好的，$k \leftarrow \frac{a+b}{2}$，是將 a 與 b 的平均代入 k。」

「妳看漏了小數以下捨去的 $\lfloor\ \rfloor$（floor）。$\frac{a+b}{2}$ 是結合 a 與 b 線段的中點。沒有 $\lfloor\ \rfloor$ 的話，$a + b$ 在奇數的時候 k 就不是整數了。」米爾迦指出這點。

「啊……$\lfloor\ \rfloor$ 符號是捨去對吧。"floor"——是地板嗎？」

「對。$\lfloor x \rfloor$ 是表示不超過 x 的最大整數。x 如果是整數，$\lfloor x \rfloor$ 就是 x 本身了。$\lfloor 3 \rfloor = 3$，$\lfloor 2.5 \rfloor = 2$，$\lfloor -2.5 \rfloor = -3$，$\lfloor \pi \rfloor = 3$。」

「好的，那麼找個測試案例來看看。」蒂蒂迅速將筆記本翻開新的一頁。

6.3.2 實例

過了一會兒，蒂蒂開口說：「透過二元搜尋的走查，情況我相當明白了。」

◎　◎　◎

情況我相當明白了。假設測試案例：

$$A = \langle 26, 31, 41, 53, 77, 89, 93, 97 \rangle, \quad n = 8, \quad v = 77$$

考慮這個案例。從數列 A 找數字 77。

```
C1:    procedure BINARY-SEARCH(A, n, v)     ①
C2:        a ← 1                            ②
C3:        b ← n                            ③
C4:        while a ≤ b do                   ④  ⑪  ⑱
C5:            k ← ⌊(a+b)/2⌋                ⑤  ⑫  ⑲
C6:            if A[k] = v then             ⑥  ⑬  ⑳
C7:                return ⟨找到⟩                    ㉑
C8:            else-if A[k] < v then        ⑦  ⑭
C9:                a ← k + 1                ⑧
C10:           else
C11:               b ← k - 1                        ⑮
C12:           end-if                       ⑨  ⑯
C13:       end-while                        ⑩  ⑰
C14:       return ⟨找不到⟩
C15:   end-procedure                                ㉒
```

二元搜尋的走查

(輸入值是 $A = \langle 26, 31, 41, 53, 77, 89, 93, 97 \rangle, n = 8, v = 77$)

　　一開始在⑤，是 $a = 1, b = 8, k = \lfloor \frac{1+8}{2} \rfloor = \lfloor 4.5 \rfloor$。然後在⑥與⑦，比較 $A[k] = A[4] = 53$ 與 $v = 77$。

　　從⑦開始很有趣呢。因為 $53 < 77$，所以 $A[k] < v$ 成立。由於⑦的條件滿足了，在⑧進行代入 $a \leftarrow k + 1$。這個是在做什麼呢，就是增加 a，將非得檢查不可的範圍一口氣縮小！

　　$A[k] < v$ 如果有 v 的話，絕對會比 $A[k]$ 還右邊。意思就是在 $A[k]$ 左邊的部分已經不需要檢查了。

　　接著在⑫，$a = 5, b = 8, k = \lfloor \frac{5+8}{2} \rfloor = \lfloor 6.5 \rfloor = 6$。然後在⑬與⑭，比較 $A[k] = A[6] = 89$ 與 $v = 77$。

　　因為 $77 < 89$，所以 $v < A[k]$ 成立。⑬或⑭的條件不滿足。因此，來到⑮進行代入 $b \leftarrow k-1$。這次也縮小非得檢查不可的範圍，不過與剛才相反，是減小 b。

　　最後在⑲，$a = 5, b = 5, k = \lfloor \frac{5+5}{2} \rfloor = \lfloor 5 \rfloor = 5$。然後在⑳，比較 $A[k] = A[5] = 77$ 與 $v = 77$，找到目標數字 v。可喜可賀、可喜可賀。

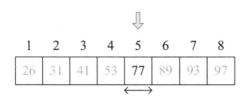

◎　○　◎

「可喜可賀、可喜可賀。」蒂蒂說。

「總覺得好麻煩。」我說，「真的變快了嗎？」

「如同蒂德菈說明的，a 以上 b 以下的搜尋範圍是重點。」米爾迦說，「速度變快這件事，從 $A[k]$ 與 v 的比較次數來看馬上就明白了。每比較 1 次，搜尋範圍就大概變成 $\frac{1}{2}$。也就是說，比較次數只要增加 1，可能檢查的數列大小就變成 2 倍。反過來說，數列的大小是 n 的時候，比較次數會被 $\log_2 n$ 控制。二元搜尋是絕佳的演算法。」

「原來如此，可是——真的會是 $O(\log n)$ 嗎？」

6.3.3　分析

問題 6-1（二元搜尋的執行步驟數）
二元搜尋演算法的程序 BINARY-SEARCH 的執行步驟數會是 $O(\log n)$ 嗎？

「沒有算式就不能理解嗎？」米爾迦看著我微笑，「那麼，來分析二元搜尋吧。」

「完成了。」麗莎給我們看螢幕。

	執行次數	二元搜尋
$C1:$	1	procedure BINARY-SEARCH(A, n, v)
$C2:$	1	$a \leftarrow 1$
$C3:$	1	$b \leftarrow n$
$C4:$	$M + 1$	while $a \leqq b$ do
$C5:$	$M + S$	$k \leftarrow \lfloor \frac{a+b}{2} \rfloor$
$C6:$	$M + S$	if $A[k] = v$ then
$C7:$	S	return 〈找到〉
$C8:$	M	else-if $A[k] < v$ then
$C9:$	X	$a \leftarrow k + 1$
$C10:$	0	else
$C11:$	Y	$b \leftarrow k - 1$
$C12:$	M	end-if
$C13:$	M	end-while
$C14:$	$1 - S$	return 〈找不到〉
$C15:$	1	end-procedure

程序　BINARY-SEARCH 的分析

《二元搜尋的執行步驟數》

$$= C1 + C2 + C3 + C4 + C5 + C6 + C7 + C8 + C9 + C10$$
$$+ C11 + C12 + C13 + C14 + C15$$
$$= 1 + 1 + 1 + (M + 1) + (M + S) + (M + S) + S + M + X + 0$$
$$+ Y + M + M + (1 - S) + 1$$
$$= 6M + X + Y + 2S + 6$$

「不錯喔，麗莎。」米爾迦說，「可是，因為 $X + Y = M$ 成立，還可以再整理一步。」

$$《二元搜尋的執行步驟數》 = 7M + 2S + 6$$

「如以上所示，二元搜尋的執行步驟數是 $7M + 2S + 6$。S 是找到時變成 1 的指示，所以會變成 0 或 1。支配執行步驟數大小的是 M 值，

相當於 $C8$ 的比較次數。因此，可以說在 $C8$ 的最大比較次數 M 就是 $O(\log n)$。」

「M 就是 $O(\log n)$ ……嗎？」我說，「等等，米爾迦，M 會由於輸入大小 n 而改變，所以用 $M(n)$ 這種函數寫法比較好吧。」

「的確。」米爾迦點頭，「假設在 $C8$ 的最大比較次數是 $M(n)$，欲證明的式子就是這樣──」

$$M(n) = O(\log n)$$

「各位學長姊……欲證明的式子是 $M(n) = O(\log n)$ 沒問題，可是 $M(n)$ 是怎樣的函數呢？」蒂蒂問。

「這裡正是蒂德菈上場的時候。」米爾迦微笑。

「咦？……啊！我懂了，妳要我想具體例子吧！那我就馬上想想 $M(1), M(2), M(3),\cdots$ 的具體值吧！」

「蒂蒂，等一下。」我說，「為了可以適當地走查，必須考慮在 $C8$ 的最大比較次數來找個好的測試案例。若漫無目標地找測試案例，說不定會碰巧用小的比較次數找到。」

「啊，這沒問題。」蒂蒂回答，「只要找數列中沒有的數就可以了。這樣一來，就會是最大比較次數了吧。」

「不不不，不行不行。妳看，想想 $C5$。因為在 $k \leftarrow \lfloor \frac{a+b}{2} \rfloor$ 做了捨去，所以就必須在數列中找尋比任何數都大的數。因此，一定會往數列剩下的右半部去找，那樣一來就一定是最大比較次數了。」

「哇……說的也是，的確就像學長說的，因為右半部比左半部還大。那我就試著找一定在數列中比任何數都大的數吧。」

「嗯，我也來做看看。」

過了一會兒，蒂蒂大叫。

「學長！有個很有趣的規則！像 $n = 16$，去找比數列的任何數都大的數 v，二元搜尋就會以這種順序來檢查數列的元素！」

　　我與蒂蒂完成了有關小 *n* 的 M(n) 表格，比預期的還快就找到規則，並沒花太多時間。

n	比較對象的元素位置（■）	M(n)（■的個數）
1	■	1
2	■■	2
3	□■■	2
4	□■■■	3
5	□□■■■	3
6	□□■□■■	3
7	□□□■□■■	3
8	□□□■■□■■	4
9	□□□□■■□■■	4
10	□□□□■□■■■	4
11	□□□□□■■□■■	4
12	□□□□□■□■■■	4
13	□□□□□□■■□■■	4
14	□□□□□□■□■■□■	4
15	□□□□□□□■□□■■	4
16	□□□□□□□■□■□■■	5
⋮	⋮	⋮

輸入大小 *n* 與在 *C8* 的最大比較次數 M(n) 的關係

　　「從這張表來看就明白規則了。」米爾迦說。
　　「嗯，是啊。」我也說，「*n* 與 M(n) 之間似乎有這種關係。」

$$2^{M(n)-1} \leq n$$

　　「咦！」蒂蒂將表格與式子對照看了好幾次。「⋯⋯啊，嗯──的確是這樣呢，我也想要很快就能寫出這種式子⋯⋯」
　　「以這個不等式取底數為 2 的對數，就會接近目標式子。」我說。

$$2^{M(n)-1} \leqq n \qquad \text{預測}$$

$$\log_2 2^{M(n)-1} \leqq \log_2 n \qquad \text{取底數為 2 的對數}$$

$$M(n) - 1 \leqq \log_2 n \qquad \text{因為對數的意義}$$

$$M(n) \leqq 1 + \log_2 n \qquad \text{將 1 移項到右邊}$$

$$M(n) = O(\log_2 n) \qquad \text{無視常數項}$$

$$M(n) = O(\log n) \qquad \text{無視對數的底數}$$

「咦，這樣就證明完畢了嗎？」蒂蒂說。

「剩下的，是 $2^{M(n)-1} \leqq n$ 的預測部分，也就是 $M(n) \leqq 1 + \log_2 n$。雖然已經是不言而喻了，但還是可以用數學歸納法來證明。」我說。

證明 $M(n) \leqq 1 + \log_2 n$ 在 $n = 1,2,3\cdots\cdots$ 成立。

首先，$n = 1$ 時成立。原因是左邊＝$M(n) = 1$，右邊＝$1 + \log_2 1 = 1$。

其次，假設 $n = 1,2,3,\cdots,j$ 時成立，也證明 $n = j + 1$ 時成立。

為了容易理解，用 $n = j + 1$ 的奇偶來分類吧。

$n = j + 1$ 是偶數的情況：

在 ■ 比較 1 次，然後往右半部的 $\frac{j+1}{2}$ 去找，就得到以下的不等式。

$$M(j+1) \leqq 1 + M\left(\frac{j+1}{2}\right) \qquad \text{比較 1 次＋搜尋右半部}$$

$$\leqq 1 + \left(1 + \log_2 \frac{j+1}{2}\right) \qquad \text{因為數學歸納法的假設}$$

$$= 2 + \log_2 (j+1) - \log_2 2 \qquad \text{因為對數的性質}$$

$$= 1 + \log_2 (j+1)$$

由於以上，

$$M (j + 1) \leqq 1 + \log_2 (j + 1)$$

成立。

n = j + 1 是奇數的情況：

在■比較 1 次，然後往右半部的 $\frac{j}{2}$ 去找，就得到以下的不等式。

$$M (j + 1) \leqq 1 + M \left(\frac{j}{2}\right) \qquad 比較 1 次＋搜尋右半部$$

$$\leqq 1 + \left(1 + \log_2 \frac{j}{2}\right) \qquad 因為數學歸納法的假設$$

$$= 2 + \log_2 j - \log_2 2 \qquad 因為對數的性質$$

$$= 1 + \log_2 j$$

$$\leqq 1 + \log_2 (j + 1)$$

由於以上，

$$M (j + 1) \leqq 1 + \log_2 (j + 1)$$

成立。不管奇偶：

$$M (j + 1) \leqq 1 + \log_2 (j + 1)$$

都成立，所以根據數學歸納法，關於所有的自然數 n：

$$M (n) \leqq 1 + \log_2 n$$

可成立。

　　證明結束。

解答 6-1（二元搜尋的執行步驟數）

二元搜尋演算法的程序 BINARY-SEARCH 的執行步驟數會是 $O(\log n)$。

「這表示二元搜尋的執行步驟數，至多是 $\log n$ 量階。」蒂蒂說。

6.3.4　前往排序

「彩虹。」

麗莎忽然看著窗戶說。

「咦！真的嗎！」蒂蒂跑近窗戶。雖然是眼看就要消失的淡淡顏色，但天空的確掛著彩虹。

「因為剛才下了稀稀落落的太陽雨吧。」米爾迦說。

「彩虹是《約定的象徵》喔。」蒂蒂說。

「約定？」我問道。

「就是諾亞的方舟啊，諾亞與家人還有許多動物搭上方舟後，下起了覆蓋地面的滂沱大雨。過了四十天四十夜，水退了，大家從方舟下船。雨水升上天空懸掛的彩虹，就是神明的祝福與約定的象徵。」

「咦……」我重新看彩虹，約定的象徵——嗎？

訂下約定、遵守約定、違反約定……為什麼要訂下約定呢？

《我們明天再一起做數學吧，他跟我約好了。》

「啊！大發現大發現！」蒂蒂突然說。「二元搜尋是被 $O(\log n)$ 約定的絕佳演算法。可是，這是以被排序的東西為前提。意思就是被給予的數列做排序後再搜尋，就能形成快速的搜尋演算法！」

「排序會花時間，所以不能算是快速的搜尋演算法。」米爾迦說。

「啊……這樣啊，說的也是。」

「可是，如果反覆搜尋，事先排序就很有效。排序也有各式各樣的演算法，卡片呢？」

蒂蒂將帶來的卡片像撲克牌般翻著。

「……有，譬如一種叫做泡沫排序的演算法。」

6.4 排序

6.4.1 泡沫排序

「說到底，所謂的排序，就是依照大小的順序來排序對吧？」蒂蒂問。

「對。來看蒂德菈卡片的輸入與輸出吧。」

泡沫排序演算法（輸入與輸出）

輸入
- 數列 $A = \langle A[1], A[2], A[3], \ldots, A[n] \rangle$
- 數列的大小 n

輸出
將輸入的數列，按遞增排序
$A[1] \leqq A[2] \leqq A[3] \leqq \cdots \leqq A[n]$

「這裡用算式寫著按遞增排序的條件。」米爾迦說。

$$A[1] \leqq A[2] \leqq A[3] \leqq \cdots \leqq A[n]$$

「為了滿足這個條件，改變數列元素的順序，這就是排序。」

「好……那麼來讀程序。」

泡沫排序演算法（程序）

```
B1:    procedure BUBBLE-SORT(A, n)
B2:        m ← n
B3:        while m > 1 do
B4:            k ← 1
B5:            while k < m do
B6:                if A[k] > A[k + 1] then
B7:                    A[k] ↔ A[k + 1]
B8:                end-if
B9:                k ← k + 1
B10:           end-while
B11:           m ← m − 1
B12:       end-while
B13:       return A
B14:   end-procedure
```

「呃，$B7$ 行的 $A[k] \leftrightarrow A[k+1]$ 是什麼……？」蒂蒂反覆看筆記本，「啊，我懂了。是兩個變數的值——也就是交換 $A[k]$ 的值與 $A[k+1]$ 的值。」

無言的時間流逝。

進行泡沫排序的走查，思考這個演算法到底在做什麼。

《變成電腦，執行演算法》

愚直地進行時，才能深度理解……應該是這樣。

6.4.2 實例

「我懂了喔。」蒂蒂說，「就是找出相鄰且大小倒反的一組數字來交換，重複 $n-1$ 次。以 $A = \langle 53,89,41,31,26 \rangle$，$n = 5$ 為測試案例來執行 BUBBLE-SORT，就是以下這樣。」蒂蒂這麼說著，打開筆記本，給我們看走查的狀況。

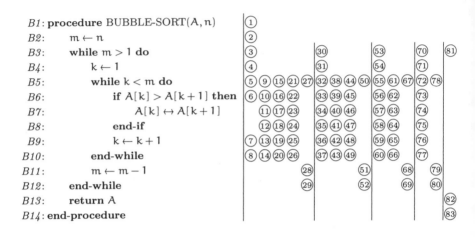

```
B1: procedure BUBBLE-SORT(A, n)
B2:      m ← n
B3:      while m > 1 do
B4:          k ← 1
B5:          while k < m do
B6:              if A[k] > A[k + 1] then
B7:                  A[k] ↔ A[k + 1]
B8:              end-if
B9:              k ← k + 1
B10:         end-while
B11:         m ← m − 1
B12:     end-while
B13:     return A
B14: end-procedure
```

泡沫排序的走查

(輸入值是 $A = \langle 53, 89, 41, 31, 26 \rangle$, $n = 5$)

「為什麼是"bubble"——泡沫這個名字呢？」

「因為大的數字會像泡沫一樣浮在上面。」米爾迦說。

	m=5				m=4			m=3		m=2
	k=1	k=2	k=3	k=4	k=1	k=2	k=3	k=1	k=2	k=1
A[5]	26	26	26	<u>26</u>	89	89	89	89	89	89	89
A[4]	31	31	<u>31</u>	<u>89</u>	26	26	<u>26</u>	53	53	53	53
A[3]	41	<u>41</u>	<u>89</u>	31	31	<u>31</u>	<u>53</u>	26	<u>26</u>	41	41
A[2]	<u>89</u> → <u>89</u>	41	41	<u>41</u>	<u>53</u>	31	<u>31</u>	<u>41</u>	<u>26</u>	31
A[1]	<u>53</u> → 53	53	53	<u>53</u>	41	41	<u>41</u>	31	<u>31</u>	26

6.4.3　分析

「喂，泡沫排序也可以分析嗎？」我說。

「其實我做到一半了……」蒂蒂的音調下降，「這裡是我《開始不

懂的最前線》。」

	執行次數	泡沫排序
B1:	1	procedure BUBBLE-SORT(A, n)
B2:	1	m ← n
B3:	n	while m > 1 do
B4:	n − 1	k ← 1
B5:		while k < m do
B6:		if A[k] > A[k + 1] then
B7:		A[k] ↔ A[k + 1]
B8:		end-if
B9:		k ← k + 1
B10:		end-while
B11:	n − 1	m ← m − 1
B12:	n − 1	end-while
B13:	1	return A
B14:	1	end-procedure

程序　BUBBLE-SORT 的分析（做到一半）

「奇怪？B3 行的執行次數是 n 對嗎？」我問。

「呃，我認為……是對的。」蒂蒂說著，一邊指卡片說明。「即將要執行 B3 之前，電腦正在執行 B2 或 B12 的其中一行，因此，B2 與 B12 的合計執行次數就會等於 B3 的執行次數。從 B2 往下到 B3 的情況是 1 次，從 B12 回到 B3 的情況是 n−1 次，所以合計就是 n 次。這個是檢查輸入到 B3 的數。」

「喔？」我發出聲音。

「然後，反過來剛執行 B3 後不久，電腦會往 B4 或 B13 的其中一行進行。從 B3 往下到 B4 的情況是 n−1 次，從 B3 跳到 B13 的則是 1 次，合計就是 n 次。這個是檢查從 B3 輸出的數。因為應該《輸入的數與輸出的數會一致》，所以 B3 的執行次數是 n 次沒錯。」

「咦……」蒂蒂的明確說明，令我很佩服，「原來如此啊。

《輸入的數與輸出的數會一致》

雖然這是理所當然的，但真是有趣的性質呢。」

「克希荷夫定律。」麗莎嘟囔一聲。

「咦，有名字嗎？」我對麗莎說，可是沒有得到回應。

「對了，$B5$ 行不是 $n-1$ 次嗎？」我對蒂蒂說。

「不對、不對。從 $B5$ 到 $B10$ 行，因為內側的 **while** 句，所以會重複相當多次。」

「啊，原來是這樣啊。」我說道，「相當——可以定量表示嗎？」

問題 6-2（分析泡沫排序的最大執行步驟數）

數列的大小是 n 時，請將程序 BUBBLE-SORT 的最大執行步驟數以 O 符號表示。

我看著蒂蒂的筆記本說，「喂，橫看 $B5$ 行，就會發現重複次數是 5 次→4 次→3 次→2 次，逐漸減少呢。」

「是啊……這是因為 m 的值從 n 開始每次減 1 吧。」

「嗯，所以 $B5$ 的執行次數應該是 $n+(n-1)+(n-2)+\cdots+3+2$ 的和。」

「對啊！從 2 到 n 的和……」蒂蒂說。

「對，那就是 $\frac{n(n+1)}{2-1}$。」我說。

《$B5$ 的執行次數》

$$= n + (n-1) + (n-2) + \cdots + 2$$
$$= \frac{n(n+1)}{2} - 1$$
$$= \frac{1}{2}n^2 + \frac{1}{2}n - 1$$

「啊，如果知道了 $B5$ 的執行次數，似乎也知道 $B6$ 到 $B10$ 了。」

「對啊。以蒂蒂的測試案例來說，只有一開始的一次沒有進行 $B7$ 的交換，不過若考慮最大執行步驟數，應該也包含這裡……那麼，假設將 $B5$ 的執行次數放上 B。」

$$B = \frac{1}{2}n^2 + \frac{1}{2}n - 1$$

這樣一來，執行步驟數就好寫了。從 $B6$ 到 $B10$ 的全部，就可假設為 $B - (n-1) = B - n + 1$。」

	執行次數	泡沫排序
$B1$:	1	**procedure** BUBBLE-SORT(A, n)
$B2$:	1	$m \leftarrow n$
$B3$:	n	**while** $m > 1$ **do**
$B4$:	$n-1$	$k \leftarrow 1$
$B5$:	B	**while** $k < m$ **do**
$B6$:	$B - n + 1$	**if** $A[k] > A[k+1]$ **then**
$B7$:	$B - n + 1$	$A[k] \leftrightarrow A[k+1]$
$B8$:	$B - n + 1$	**end-if**
$B9$:	$B - n + 1$	$k \leftarrow k+1$
$B10$:	$B - n + 1$	**end-while**
$B11$:	$n-1$	$m \leftarrow m - 1$
$B12$:	$n-1$	**end-while**
$B13$:	1	**return** A
$B14$:	1	**end-procedure**

程序 BUBBLE-SORT 的分析（最大執行步驟數）

《泡沫排序的最大執行步驟數》

$$= B1 + B2 + B3 + B4 + B5 + B6 + B7$$
$$\quad + B8 + B9 + B10 + B11 + B12 + B13 + B14$$
$$= 1 + 1 + n + (n-1) + B + (B-n+1) + (B-n+1)$$
$$\quad + (B-n+1) + (B-n+1) + (B-n+1) + (n-1) + (n-1) + 1 + 1$$
$$= 6B - n + 6$$
$$= 6\left(\frac{1}{2}n^2 + \frac{1}{2}n - 1\right) - n + 6 \qquad (B = \tfrac{1}{2}n^2 + \tfrac{1}{2}n - 1 \quad)$$
$$= 3n^2 + 2n$$

「因為 $3n^2 + 2n$，所以是至多 n^2 階。」我說。

$$《泡沫排序的最大執行步驟數》 = O(n^2)$$

「求出來了呢……」蒂蒂說。

解答 6-2（分析泡沫排序的最大執行步驟數）

數列的大小是 n 時，程序 BUBBLE-SORT 的最大執行步驟數是

$$O(n^2)$$

6.4.4　級數的階層

「對了，使用 O 符號的時候，不能交換等號兩邊。」米爾迦說。「比方說，$4n + 5 = O(n)$，雖然 $3n + 7 = O(n)$，但不能說 $4n + 5 = 3n + 7$。」

「妳說的沒錯。」我同意。

「因此，使用 O 符號時的等號，與平常的意思不同，對吧。」蒂蒂說。

「對，因為 $O(f(n))$ 這個寫法是表示《函數的集合》。」

「函數的集合——是嗎？」蒂蒂說。

「$O(f(n))$ 是表示滿足 $|T(n)| \leqq C f(n)$ 這個條件的函數集合。以形式來寫的話，$O(f(n))$ 等於以下的集合。」

$$\{g(n) \mid \exists N \in \mathbb{N} \ \exists C > 0 \ \forall n \geqq N \ |g(n)| \leqq C f(n)\}$$

「所謂的集合……那是指 $T(n) = O(f(n))$ 是 $T(n) \in O(f(n))$ 的意思嗎？」我問。

「說的沒錯。只要想到 $\in$，應該就會非常清楚 O 符號的等號（＝）不能左右交換了。」

「原來如此……是這樣沒錯。」蒂蒂說。

「只要想到 O 符號是集合，就會很清楚，集合的包含關係，直接形成了量階。」米爾迦繼續說。

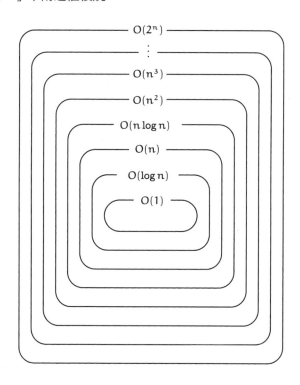

「透過 O 符號，我們得到了表示演算法《速度》的詞彙。這實際上或許和電腦運作程式時的《速度》不同，因為無視了係數或常數項。可是，透過使用 O 符號來統整，就能夠在輸入大小非常大的時候，記述演算法的動作，亦即演算法的**漸近行為**。用某個虛擬程式碼書寫時，演算法寫為 $4n + 5$ 次執行步驟數，用別的虛擬程式碼來寫也可能是 $3n + 1$ 次執行步驟數。可是，量階是不變的，不管哪個量階都是 n。透過《為 $O(n)$》的表達，我們就能將演算法的漸近行為傳遞給別人。」

6.5 動的觀點、靜的觀點

6.5.1 需要幾次比較

「雖然我說得不好⋯⋯但是在做演算法的走查，與用算式來表達最大執行步驟數時，感覺好像用了頭腦的不同部分。」蒂蒂說。

「啊，對啊，我也有同感。」我也說。

「一般來說，靜的比動的容易分析。」米爾迦說。

「動的⋯⋯意思是？」

「所謂動的，就是必須像走查這樣，按照時間或順序。相反的，靜的就是指不用按照時間或順序，也能夠一窺整體結構──這是簡單來說。」

「導得出算式就令人安心，是因為能夠一窺整體嗎？」我嘟囔著。

「也可以將動的轉換成靜的進行分析。拋棄時間或順序，轉換成容易處理的結構。如果進行順利就會很強大。」米爾迦說得很快。

「將動的轉換成靜的⋯⋯嗎？」蒂蒂說。

「嗯⋯⋯那麼，我出個有名的問題吧。」米爾迦說。

> 問題 6-3（在比較排序時最大比較次數的估算）
>
> 將長度為 n 的數列做比較排序時，最大比較次數至少會是 $n \log n$ 嗎？亦即若假設最大比較次數為 $T_{max}(n)$，不管對哪種比較排序的演算法：
>
> $$T_{max}(n) = \Omega(n \log n)$$
>
> 都會成立嗎？假設數列的元素全都相異。

「比較排序是什麼？」

「就是只用任意兩個元素的大小比較排序，例如泡沫排序就是比較排序的一種。」

「原來如此！我懂了。那麼馬上來算比較次數吧！現在請給蒂德菈一點時間，我馬上——」

「喂喂喂喂，蒂蒂！」我慌張地說。

「《喂》了 4 次，不是……質數，怎麼了，學長？」

「妳打算怎麼數？」

「呃……用泡沫排序來想就可以了吧？」

「不對，因為題目說不管哪種比較排序，最大比較次數都是 $\Omega(n \log n)$，所以只用泡沫排序來測試，是沒有意義的。」

「啊……」

「所以，蒂蒂，這個問題就是要證明，即使是天才程式設計師設計出怎麼絕佳的比較排序演算法，也不可能讓最大比較次數比 $n \log n$ 量階還低。」

「這、這樣啊！不管怎樣的天才來想都不會讓量階下降……」

「限定在比較排序的意思是——」米爾迦開始說明，「《比較兩個元素再判斷哪個比較小》，這是基本操作。每次判斷時處理就會改變，所以很難按照全部的情況區別——因為這是動態掌握。所以，為了動態掌握，要導入比較樹。」

6.5.2 比較樹

「要導入比較樹。」米爾迦說。

「比較樹……是什麼？」

「例如將三個元素 A[1],A[2],A[3] 以某個比較排序的演算法排序時，因應 A[1],A[2],A[3] 的大小關係，可以形成以下的比較樹。」

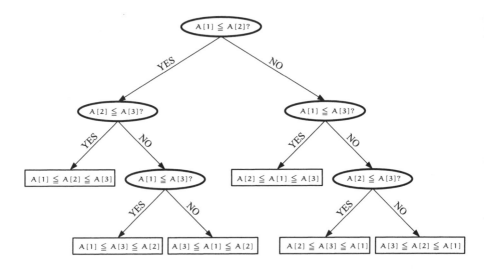

比較樹的例子

「在比較樹半路上的內部節點（橢圓形），表示第幾號的元素與第幾號的元素做比較。在比較樹上端的內部節點稱為**根**。從根依序沿著樹枝往下走，是對應用比較排序比較哪兩個元素。在比較樹上，只要注意比較哪兩個元素來決定元素間的順序，而元素在數列內怎麼移動則不管。將元素間的比較以樹狀結構表示，這就是比較樹。」

「……」

「在比較樹下端的外部節點（長方形）——稱為**葉**——表示全部元素的順序。元素的順序，根據比較樹的《根》到《葉》的比較來決定。因為無論被給予怎樣的數列，都必須排序，所以**比較樹的《葉》就必須擁有數列的所有排列**，否則就會存在不能排序的數列。」

米爾迦環視我們繼續說：

「比較樹的《根》到《葉》的內部節點數，就相當於比較次數。思考比較樹的《根》到《葉》的所有路線時，要注意內部節點數的最大值。這個就相當於此演算法的最大比較次數，這個值稱為比較樹的《高》。所謂比較樹的《高》，就是內部節點數的最大值，在這個比較排序的演算法等於最大比較次數。剛才的比較樹的《高》是3。這麼一來，比較排序的動態動作，就能移轉為比較樹的靜態特性了。」

「這樣啊，可以忘記比較排序中出現的情況區別。」我很佩服，「卻要檢查比較樹的結構……」

「關於比較樹如果到這裡都懂了，剩下的就簡單了。在比較樹中，對於內部的1個節點，只會有2個分支。這意思是，若比較樹的高是h，這種比較樹的外部節點數會如何？因為2個分支至多進行h次，所以外部節點的數量至多是2^h個。另一方面，大小是n的數列所有排列是，其$n!$種。而因為比較樹的《葉》必須擁有數列的所有排列，故以下的不等式必須成立。

$$2^h \geq n!$$

對兩邊取底數為2的對數。對數函數 $y = \log_2 x$ 是單調增加函數，所以不等號的方向不變，以下式子成立。

$$\log_2 2^h \geq \log_2 n!$$

亦即：

$$h \geq \log_2 n!$$

可成立。此外，比較樹的高 h，因為等於最大比較次數，所以為了證明 $h = \Omega(n \log n)$，只要能證明 $\log_2 n! = \Omega(n \log n)$ 就夠了。」

「原來如此……」我說。

6.5.3　log n!的估算

「估算 $\log_2 n!$ 的意思，就是只要估算 $n!$ 就可以了對吧。那叫什麼，使用斯特靈的近似就可以了？啊，可是我不記得了……」

「我們的目的就是——」

$$\log_2 n! = \Omega(n \log n)$$

為了證明，不需要斯特靈的近似，因為即是粗略估算，也能夠證明 $\log_2 n! = \Omega(n \log n)$。」米爾迦說。

「不、不好意思，《估算》是什麼？」蒂蒂問。

「這裡是指估計大小。」我回答。

「為了蒂德菈，我稍微說得具體點吧。」米爾迦說，「例如假設要估計 $\log 6!$。$6!$ 的形式如以下所示——」

$$6! = 6 \cdot 5 \cdot 4 \cdot 3 \cdot 2 \cdot 1$$

「對，是這樣。」

「若想要以較小的數組成此數列，就是將 $6!$ 往下估算。例如，在 6,5,4,3,2,1 中央的數大約是 3，因此可以用 3 乘以 3 次的數來估算。」

$$6! = 6 \cdot 5 \cdot 4 \cdot 3 \cdot 2 \cdot 1 \geqq 6 \cdot 5 \cdot 4 \geqq 3 \cdot 3 \cdot 3 = 3^3$$

「好、好的……這個是舉例吧。」

「對，於是以下式子成立。」

$$6! \geqq 3^3$$

「是啊。」

「這裡取兩邊的對數，就變成這樣。」

$$6! \geqq 3^3$$

$$\log 6! \geqq \log 3^3 \qquad 取對數$$

$$\log 6! \geqq 3 \log 3 \qquad 因為 \log 3^3 = 3 \log 3$$

「將之一般化，可將 3 表示為 $\frac{6}{2}$，就得到以下式子。」

$$\log 6! \geqq \frac{6}{2} \log \frac{6}{2}$$

「到這裡的討論，假設底數為 2，若 $n \geqq 4$ 就能一般化。」

$$\log_2 n! \geqq \frac{n}{2} \log_2 \frac{n}{2}$$

「若 $n \geqq 4$ 時，由於 $\log_2 \frac{n}{2} \geqq \frac{1}{2} \log_2 n$ ，可得下列式子。」

$$\begin{aligned}
\log_2 n! &\geqq \frac{n}{2} \log_2 \frac{n}{2} \\
&\geqq \frac{n}{2} \frac{1}{2} \log_2 n \qquad 由 \log_2 \frac{n}{2} \geqq \frac{1}{2} \log_2 n\ 而來 \\
&= \frac{1}{4} n \log_2 n
\end{aligned}$$

由以上式子可知下式成立。

$$\log_2 n! \geqq \frac{1}{4} n \log_2 n \qquad (n \geqq 4)$$

換句話說，下式成立。

$$\log_2 n! = \Omega(n \log_2 n)$$

也就是說：

$$\log n! = \Omega(n \log n)$$

成立。這正是我們想證明的。

好的，這樣就完成一項工作了。

解答 6-3（在比較排序時，最大比較次數的估算）
在估算比較樹的高時，比較排序長度為 n 的數列，最大比較次數可以說是——

$$T_{max}(n) = \Omega(n \log n)$$

「嗯……」蒂蒂一邊拚命地寫筆記，一邊哼聲，「$n \geq 4$ 的時候，$\log_2 \frac{n}{2} \geq \frac{1}{2} \log_2 n$ 的地方。」

「取差看正負就可以了。」我說，「按照規則。」

$$\log_2 \frac{n}{2} - \frac{1}{2} \log_2 n = (\log_2 n - \log_2 2) - \frac{1}{2} \log_2 n \quad \text{從對數的性質}$$
$$= \frac{1}{2} \log_2 n - \log_2 2 \quad\quad\quad \text{計算 } \log_2 n \text{ 的項}$$
$$= \frac{1}{2} \log_2 n - 1 \quad\quad\quad\quad \log_2 2 = 1$$

「$n \geq 4 = 2^2$ 的時候，因為 $\log_2 n \geq 2$，所以下式成立。」

$$\frac{1}{2} \log_2 n - 1 \geq \frac{1}{2} \cdot 2 - 1 = 0$$

「因此，導出 $\log_2 \frac{n}{2} - \frac{1}{2} \log_2 n \geq 0$，結果下式成立。」

$$\log_2 \frac{n}{2} \geq \frac{1}{2} \log_2 n$$

「謝謝，我要去複習對數……」蒂蒂說。

「結果，在比較排序的情況下，至少只需要 $n \log n$ 量階的比較次數。」我說。

「對。」米爾迦點頭，「這個話題有趣的地方就在於，不需將演算法具體化就可以進行證明。注意《比較》的操作，估算比較樹這個結構。」

米爾迦說到這停了一下，隨即接下去說。

「在比較排序的最大比較次數，至少是 $n \log n$ 量階，可以用比較樹來證明。同樣的，也可以證明比較搜尋——也就是只用比較，從數列檢索元素的演算法——的最大比較次數是 $\Omega(\log n)$。二元搜尋的最大比較次數則是 $O(\log n)$，也就是二元搜尋是 $\Theta(\log n)$，可以說是漸近式的最佳演算法。以漸近的角度來說，不存在比二元搜尋更快的比較排序。」

「原來如此。」我說。

「剛才米爾迦學姊使用的比較樹，或是在情況數的問題常出現的樹狀圖，不管哪一種都是《樹》，類似的概念在意想不到的地方突然出現，真是很有趣呢。」蒂蒂說。

「的確是這樣呢。」我說，「一定是因為樹對於整理有結構的東西很方便。」

6.6 傳達、學習

6.6.1 傳達

「那個……」蒂蒂一臉認真地開口說，「為了將工作傳達給電腦，需要做成程式的形式，不管是人還是電腦，好好傳達給對方……我覺得非常重要。」

「對啊。」我說。蒂蒂瞥了我一眼，嫣然一笑，又馬上回到認真的表情。

「我……我從學長那裡學到了《算式是訊息》，透過書、透過課本，我從寫算式的人身上接收訊息，可是，總有一天——

我自己會成為訊息的提供者。

——我覺得⋯⋯那種時刻有一天會到來。」

「蒂蒂,我最近也在想一樣的事,不只是解開被給予的問題,有一天,我自己也要成為訊息的提供者——」

「這樣啊!⋯⋯」蒂蒂邊想邊說,「我在想有關算式的時候,就會想像《遙遠的世界》,以時間的意義來說。」

「遙遠的世界?」

「對,我離開這個世界後——身為肉體的我消失了,我也想傳達什麼給未來的人。我想傳達什麼給他們,到《遙遠的世界》,到沒有我的未來!」

蒂蒂在胸前使勁握緊雙手。

我無話可說。

我完全——完全對蒂蒂臣服了。雖然身體嬌小,思想卻很偉大。可是,要怎麼做才能在未來——傳達訊息到超越生命的目的地呢?

「論文吧。」米爾迦說。

「論文?」我說,這真是意想不到的答案呢。

「寫論文⋯⋯來傳達嗎?」蒂蒂嘆了口氣,「這、這太難了吧,我,更加——」

「蒂德菈,困難不是論文的本質。」

將有傳達價值的事,正確傳達地書寫。
　　——這是論文的本質。
將過去的人類發現,再加上自己的新發現。
　　——這是研究的本質。
將現在重疊在過去之上,看見未來。
　　——這是學問的本質。

米爾迦斬釘截鐵地說,
「站在巨人的肩膀上吧。」

6.6.2　學習

「米爾迦學姊是從哪裡學到這些的？」蒂蒂問。

「當然是從書上或論文，還有老師。」

「老師？——學校沒教這種事吧。」我說。

「例如雙倉博士——麗莎的父親，我也從她那裡學到很多。」

「咦。」

「因為我會出席雙倉圖書館舉辦的研討會，雙倉博士每次從USA回來就會召開公開研討會。內容包含了很有意思的問題以及解說、學習的意義、讀書或讀論文的態度……我學到很多。」

「我沒學到。」麗莎說。我們同時看她。

她從電腦抬起頭，紅髮顫抖著，她說。

「我從那個人身上，什麼都沒學到。那個人什麼也沒教我。」麗莎一邊激烈地不停咳嗽，一邊瞪著米爾迦。

「我學到了。」米爾迦以直率的聲音說，「麗莎沒出席過研討會。麗莎家離雙倉圖書館非常近，近在咫尺又頻繁召開的研討會——不利用這個學習機會是麗莎的自由，但妳沒理由抱怨。」

「不對，我出席了。」麗莎說著，又不停輕咳。

「可是，妳不去了。」米爾迦繼續說，「為什麼？」

「那是因為……」

「研討會根本不重要。」米爾迦不容分說地接下去說，「妳和雙倉博士說話的機會應該很多吧。雙倉博士是麗莎的母親，妳什麼時候要問她都可以。麗莎妳問了嗎？博士也沒教妳嗎？」

「……」麗莎什麼都沒說。

「麗莎從父母那裡什麼都沒學到嗎？眼前的機會都不利用，只會抱怨，還真是輕鬆呢。」

「反正……」麗莎不停輕咳著說，「反正是我自己不聽話。」（咳）「也不好好發言。」（咳）「總是自己錯過機會，已經來不及了——所以我只能自己一個人做了。」

「要定義成錯過機會，這是麗莎的自由。」米爾迦說，「定義成已

經來不及是麗莎的自由，諷刺地說話也是麗莎的自由，隨妳高興。麗莎對《學習》的態度就此分明了。結果，比起解開謎題，麗莎覺得保護自己更重要吧。」

米爾迦的話很熱烈，但聲音很冰冷。

「那、那個！請、請不要吵架……！我、我們都是《歐拉老師的弟子》，對吧！」

蒂蒂來回看著麗莎與米爾迦，驚慌失措地揮手，比出斐波那契手勢。那是數學愛好家的手勢——可是，互瞪的兩人根本不理她。

「才不是在吵架。」米爾迦對蒂蒂說。可是，她卻沒從麗莎身上移開視線。

麗莎轉過頭去，掛上耳機、面向電腦，不再看這邊。

以語言來表達，
$O(f(n))$ 讀為「至多 $f(n)$ 階」；
$\Omega(f(n))$ 讀為「至少 $f(n)$ 階」；
$\Theta(f(n))$ 讀為「剛好 $f(n)$ 階」。
——高德納 [1]

---

1 "Selected Papers on Analysis of Algorithms", p.35, [Originally published in SIGACT News 8, 2(April-June 1976), 18-24.]

第 7 章
矩陣

船上沒有羅盤，
一旦看不見島，
就絕對不知道，
要如何往島的方向掌舵。
——《魯賓遜漂流記》

7.1 圖書室

7.1.1 瑞谷老師

「請幫我一個忙。」瑞谷女士說。

我與蒂蒂嚇了一跳。

這裡是圖書室，現在是放學後。

一襲緊身裙配上深色眼鏡——我們聽到圖書管理員瑞谷老師的要求，慌慌張張地看了時鐘。老師總是站在圖書室的中央，準確地像電腦一樣宣布放學時間。可是，時間已經到了嗎？

「請幫我一個忙。」

瑞谷女士重複相同的說詞。幫忙……要誰幫忙？我環顧四周，只有我和蒂蒂。看來，她叫的就是我們兩個了。「好的！」蒂蒂舉起手。

她說的幫忙，就是移動書庫的書。我們跟在瑞谷老師的後面進入書庫，這經驗還是第一次。頂到天花板的木製書架並排其中，有種宛如進入森林裡的獨特氣味。許多的書、許多的時間……我忽然想起雙倉圖書館，那裡書本的氣味混著海洋的氣味。

交代完工作內容，瑞谷老師就回到管理員室，而我們兩人開始把櫃子的書移到書架上。

7.1.2　四千烷

「學長，你知道四千烷嗎？」

蒂蒂一邊遞給我《有機化學》一邊問。

「是指蒂蒂的粉絲嗎？」

「不、不是啦。那個啊，是指碳的個數有 4000 個的飽和碳化氫 "tetraliane（註：音似日語的蒂德菈＋ fan）"。400 個的話就是 "tetractane"。」

「碳的個數……是化學？」我一邊在書架上排書一邊說。

「對。40 個碳就是 "tetracontane"。」

「咦……好像是陰謀呢。」

「為什麼？」

「蒂德菈陰謀。」

「討厭！」

「tetraliane、tetractane、tetracontane……那 4 個就是 tetrane？」

「不是，我……不想說了。」

「為什麼？methane、ethane、propane、buta……」

「對──就是 butane。至少也應該是 tetratane……」

我們笑著整理書。

「這本書就是最後一本了。」蒂蒂說，「呃，《線型代數（註：中文為線性代數）》……奇怪，線型代數的《型》，是型嗎，不是形才對？」

「我想原本應該是《線型》，不過《線形》也很常用吧。」

「咦……哎呀！」

她遞給我時失手，書掉到地板上。

「哎呀。」

我們為了撿書，同時蹲下──

「呀！」

「痛！」

——額頭狠狠互撞。

「呵呵呵……撞頭了。」

蒂蒂撫著額頭撿起《線型代數》，難為情地笑了。

「很痛吧。」我說。

「沒事吧？」

蒂蒂左手抱著書，踮起腳尖伸長右手——要撫摸我的額頭。

平常的甜美氣味增強了。

她的大眼看著我。

我也看著蒂蒂。

「……」「……」

流轉著沉默。

我不自覺地受到吸引，將雙手放在她肩上。

「咦……學長？」

蒂蒂雙手將書抱在胸口，側首不解。

「……」

我保持沉默——

將她緊緊——

碰！

蒂蒂用全力把我撞出去。

「不行！」

蒂蒂從書庫跑走了。

留在我手上的……是《線型代數》的書。

7.2　由梨

7.2.1　無解

「不行！」由梨朝著筆記本大叫，「……這樣就好了。作業完成。哥哥，你要不要來個有趣的小測驗？」

星期六，如同往常，由梨來我房間玩，今天她說要用功，所以埋頭寫作業。她把戴著的塑膠框眼鏡折起來，放進胸前的口袋。

我——從世界史的參考書抬起頭，嘆了口氣。

「我正在念書……妳要不要解個聯立方程式？」

我在手邊的紙上寫式子遞給由梨。

$$\begin{cases} 2x + 4y = 7 & \cdots\cdots ① \\ x + 2y = 4 & \cdots\cdots ② \end{cases}$$

「這種很快就解出來了。」由梨說，「首先呢——為了消除 x，不就是把②的兩邊變 2 倍嗎。再假設這是③……你看，就有 $2x$ 了。」

$$2x + 4y = 8 \qquad \cdots\cdots ③ （②的兩邊乘以 2）$$

「嗯，然後呢？」我催促由梨。

「然後用③減①，就可以消去 x——」

$$\begin{array}{r} 2x + 4y = 8 \qquad \cdots\cdots ③ \\ -)\quad 2x + 4y = 7 \qquad \cdots\cdots ① \\ \hline 0 + 0 = 1 \ (?) \end{array}$$

「然後呢？」我竊笑著說。

「哎呀，連 y 都不見了。怎麼會 $0 + 0 = 1$？好奇怪啊——」

「由梨，怎麼了？」

「嗯嗯嗯……啊！哥哥，你好奸詐。這種問題不可能有解嘛。因為① $2x + 4y$ 明明是 7，在③一樣的卻是 $2x + 4y = 8$。這樣不可能找到 x

與 y。」

「沒錯。所以這個聯立方程式，是不能解的──稱為**無解**。」

「無解？」

「對，滿足聯立方程式的解不存在，就叫做無解。」

「咦⋯⋯」

7.2.2　無限多解

我攤開新的紙，寫下另一個聯立方程式。

「我們試著把①的 7 改成 8，換成另一個問題。」我說。

「好好好。」

$$\begin{cases} 2x + 4y = 8 & \cdots\cdots \text{ⓐ} \\ x + 2y = 4 & \cdots\cdots \text{ⓑ} \end{cases}$$

「像剛才由梨做的那樣，將 ⓑ 的兩邊乘以 2，這樣一來⋯⋯」

$$2x + 4y = 8 \qquad \cdots\cdots \text{ⓑ 的兩邊乘以 2}$$

「哎呀，這次出現和 ⓐ 一樣的式子了。」

「嗯，所以 ⓐ 與 ⓑ 的聯立方程式，實質的式子只有一個。在這個聯立方程式 ⓐ ⓑ ，可以滿足 $2x + 4y = 8$ 的 x, y 組全都是解。$(x, y) = (0,2),(2,1),(1/2,7/4),\cdots\cdots$ 像這樣，解有無數個。」

「這樣啊⋯⋯」

「像這種狀況，聯立方程式的解不固定──稱為**無限多解**。」

「無限多解？」

「對，存在無數個滿足聯立方程式的解就叫做無限多解。」

「嗯──無解與無限多解⋯⋯」

由梨突然陷入沉默。她慢慢動著頭，搖曳栗色的馬尾，頭髮斷續地閃耀著金色。這是思考模式的由梨，像這種時候，最好不要跟她說話。

「⋯⋯」

「喂——哥哥！……哥哥剛才雖然設計了無解與無限多解的聯立方程式，但一般的聯立方程式，不是一定有一組解嗎？……那麼，到底什麼時候一定有一組解喵？」

「原來如此，這是個非常好的問題，由梨。」

「是嗎？」

她非常喜歡邏輯，喜歡追根究柢的感覺。

「一定有一組解的聯立方程式，就叫做正則。」

「正則？」

「沒錯。雖然正則這個詞在學校沒教，不過由梨剛才提出

《聯立方程式是正則的條件是什麼》

這個問題。」

「我懂了。那麼，這個條件，就是聯立方程式的 2 與 4……」

「妳要說的是 x 或 y 的係數吧，由梨。」

$$\underline{2}x + \underline{4}y = 7 \quad （係數）$$

「那個係數是幾倍的時候，與其他的相同就是正則了不是嗎？」

「……喂，由梨。哥哥知道《由梨懂了》，可是妳剛才的說明沒有其他任何人懂。如果不能讓不懂的對象也明白，就不算是真正懂了。」

「唔——就算你這麼說……」由梨用指尖咯咯地敲著虎牙。

「那麼我們試著一起來思考，由梨剛才說的《聯立方程式是正則的條件》這個問題吧。」

7.2.3 正則

> 問題 7-1（聯立方程式是正則的條件）
> 關於 x, y 的聯立方程式：
>
> $$\begin{cases} ax + by = s \\ cx + dy = t \end{cases}$$
>
> 求方程式有唯一解的條件。

「將聯立方程式的係數用 a,b,c,d 來一般化，試著用這個來說明清楚吧。不管何時，這個聯立方程式都有唯一解嗎？」

$$\begin{cases} ax + by = s \\ cx + dy = t \end{cases}$$

「嗯——讓我用聯立方程式①②與 ⓐ ⓑ 來說明吧——」

「嗯，好啊。」

$$（無解）\cdots\cdots \begin{cases} 2x + 4y = 7 & \cdots\cdots ① \\ x + 2y = 4 & \cdots\cdots ② \end{cases}$$

$$（無限多解）\cdots\cdots \begin{cases} 2x + 4y = 8 & \cdots\cdots ⓐ \\ x + 2y = 4 & \cdots\cdots ⓑ \end{cases}$$

「x + 2y 就是 1x + 2y，所以 x 的係數是 1，對吧，哥哥。將①和 ⓐ 的係數 2 與 4 變一半，②與 ⓑ 的係數就變成 1 與 2 了，這時聯立方程式就是無解與無限多解。」

「嗯……由梨，大致上正確，不過因為是用 a,b,c,d 來寫聯立方程式，妳直接解就可以了。」

「咦？你說直接解，怎麼解？」

「這樣。」

◎ ◎ ◎

現在開始解以下的聯立方程式。

$$\begin{cases} ax + by = s & \cdots\cdots \text{Ⓐ} \\ cx + dy = t & \cdots\cdots \text{Ⓑ} \end{cases}$$

為了消去 y，計算 Ⓐ×d − b×Ⓑ。

令 Ⓐ×d 為 Ⓒ。

$$adx + bdy = sd \qquad\qquad \cdots\cdots \text{Ⓒ}$$

令 b×Ⓑ 為 Ⓓ。

$$bcx + bdy = bt \qquad\qquad \cdots\cdots \text{Ⓓ}$$

所以計算 Ⓒ−Ⓓ 就能消去 y。

$$
\begin{array}{r}
adx + bdy = sd \qquad \cdots\cdots \text{Ⓐ} \times d \\
-)\quad bcx + bdy = \ bt \quad \cdots\cdots b \times \text{Ⓑ} \\
\hline
(ad - bc)x \qquad = sd - bt
\end{array}
$$

因此，如果 $ad - bc \neq 0$，就可以如以下所示求 x。

$$(ad - bc)x = sd - bt \qquad \text{因為上文的計算}$$

$$x = \frac{sd - bt}{ad - bc} \qquad \text{兩邊除以 } ad - bc$$

◎ ◎ ◎

「那麼接著……」

「我懂了，剛才求得了 x 以後，就代入 Ⓐ 求 y 對吧？」由梨說。

「嗯，這樣做也可以。不過，用心仔細看式子，就會發現對 x 做與消去 y 一樣的事也可以。」

「咦？什麼意思？」

◎　◎　◎

就是這樣。

$$\begin{cases} ax + by = s & \cdots\cdots \text{Ⓐ} \\ cx + dy = t & \cdots\cdots \text{Ⓑ} \end{cases}$$

這次為了消去 x，計算 $a \times \text{Ⓑ} - \text{Ⓐ} \times c$。

$$\begin{array}{rl} acx + ady = at & \cdots\cdots a \times \text{Ⓑ} \\ -)\quad acx + bcy = sc & \cdots\cdots \text{Ⓐ} \times c \\ \hline (ad - bc)y = at - sc & \end{array}$$

所以，如果 $ad - bc \neq 0$，就可以如以下所示求 y。

$$(ad - bc)y = at - sc \qquad \text{因為上文的計算}$$

$$y = \frac{at - sc}{ad - bc} \qquad \text{兩邊除以 } ad - bc$$

因為以上的結果，$ad - bc \neq 0$ 這個條件成立時，聯立方程式就只會有一組以下這種解。

$$x = \frac{sd - bt}{ad - bc}, \quad y = \frac{at - sc}{ad - bc}$$

所以，有唯一解的條件就是：

$$ad - bc \neq 0$$

◎　◎　◎

「那，這樣可以嗎？」我看著由梨。

「不行啦——」由梨說，「邏輯好像有遺漏……」

由梨擺弄著髮梢開始思考；我沉默以待。最近的她真是變得毅力堅強，雖然曾有一個時期會馬上拋出「我不懂」就放棄，但最近實在很認真思考，簡直像——對，簡直像受了蒂蒂的影響。

「那個啊，哥哥。我確實明白《如果 $ad - bc \neq 0$ 就有唯一解》，可是總覺得還沒證明《如果 $ad - bc = 0$ 就沒有唯一解》。沒思考 $ad - bc = 0$……就好像有漏洞。」

「妳發現了啊，由梨。那麼，《如果 $ad - bc = 0$ 就沒有唯一解》是否成立，讓我們從一開始的聯立方程式來重新思考吧。」

……雖是這麼說，從這裡開始只用式子變形來進行，由梨會很痛苦吧。我想起米爾迦的話。

《不畫圖是你的弱點》

「其實啊，」我說，「把 (x, y) 滿足式子 $ax + by = s$ 的所有點畫在座標平面上，就會是直線。」

「直線？」

「對。不管 $ax + by = s$ 還是 $cx + dy = t$ 都是直線。聯立方程式的解可以用圖形來思考。如果能使用圖形來整理，就能清楚看透方程式在做什麼。因此首先讓我們試著來畫 $ax + by = s$ 的直線吧。」

「嗯！我明白了。」

「那麼，讓式子變形成容易明白的直線特徵吧。」

$$
\begin{aligned}
ax + by &= s && \text{聯立方程式的一個式子}\\
by &= -ax + s && ax\ \text{移項到右邊}\\
y &= \underbrace{-\frac{a}{b}}_{\text{斜率}} x + \underbrace{\frac{s}{b}}_{y\,\text{截距}} && \text{假設 } b \neq 0\text{，兩邊除以 } b
\end{aligned}
$$

所以 $ax + by = s$ 是《斜率》$-\frac{a}{b}$，《y 截距》$\frac{s}{b}$ 的直線。所謂的 y

截距是直線與 y 軸交點的 y 座標。我想由梨只要看圖就會懂了。」

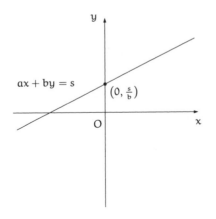

$$由 ax + by = s 畫出的直線$$

「嗯……」

「座標平面上的點 (x, y) 的集合就是圖形,這個意思妳懂嗎?這裡就是把《滿足式子 $ax + by = s$ 的點的集合》做成《直線這個圖形》。」

「這我懂啊,哥哥。由梨在意的是剛才刻意忽略,假設 $b \neq 0$ 的事情,那個才是我在意的。」

「這樣啊,所以由梨比較喜歡條件嚴謹,那我們就專心來分類情況,然後來看看 $ax + by = s$ 會做出怎樣的圖形。」

「嗯!」

◎　◎　◎

▶ $a = 0 \wedge b = 0 \wedge s = 0$ 的情況

式子 $ax + by = s$ 如以下所示。

$$0x + 0y = 0$$

這個式子無論在任何 (x, y) 都成立。也就是說,滿足式子 $ax + by$

$= s$ 的圖形是整個平面。

▶ $a = 0 \wedge b = 0 \wedge s \neq 0$ 的情況

式子 $ax + by = s$ 如以下所示。

$$0x + 0y = s \qquad (s \neq 0)$$

這個式子無論在任何 (x, y) 都不成立，因為左邊是 0，而右邊不是 0。也就是滿足式子 $ax + by = s$ 的圖形不存在。以點的集合來看則是空集合。

▶ $a = 0 \wedge b \neq 0$ 的情況

式子 $ax + by = s$ 如以下所示。

$$0x + by = s$$

因為 $b \neq 0$，所以可寫成以下形式。

$$y = \frac{s}{b}$$

這個式子不管 x 的值是什麼，只要 $y = \frac{s}{b}$ 就成立。也就是滿足式子 $ax + by = s$ 的圖形是平行 x 軸的直線，也就是水平線，與 y 軸的交點是 $\left(0, \frac{s}{b}\right)$。

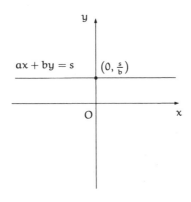

$a = 0 \wedge b \neq 0$ 時，$ax + by = s$ 是水平線

▶a $\neq$ 0 ∧ b = 0 的情況

式子 $ax + by = s$ 如以下所示。

$$ax + 0y = s$$

因為 $a \neq 0$，所以可寫成以下形式。

$$x = \frac{s}{a}$$

這個式子不管 y 的值是什麼，只要 $x = \frac{s}{a}$ 就成立。也就是滿足式子 $ax + by = s$ 的圖形是平行 y 軸的直線，也就是鉛直線，與 x 軸的交點是 $\left(\frac{s}{a}, 0\right)$；思考方式與剛才的水平線相同。

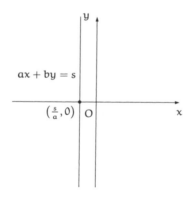

$a \neq 0 \wedge b = 0$ 時，$ax + by = s$ 是鉛直線

▶ $a \neq 0 \wedge b \neq 0$ 的情況

式子 $ax + by = s$ 的形式如以下所示。

$$y = -\frac{a}{b}x + \frac{s}{b}$$

意思就是滿足式子 $ax + by = s$ 的圖形是斜率 $-\frac{a}{b}$，y 截距 $\frac{s}{b}$ 的直線。這條直線既非水平也不是鉛直，也就是傾斜的直線。

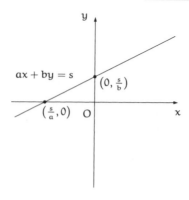

$a \neq 0 \wedge b \neq 0$ 時，$ax + by = s$ 是傾斜的直線

◎　◎　◎

「好麻煩！」由梨說。「可是分類與不同圖形的關連很有趣喵。」

「同樣的 $cx + dy = t$ 也可以以不同情況分類，不過因為只是重複一樣的事，就整理成表格吧。《不存在的圖形》沒有好名字，就寫成空集合。」

	$ax + by = s$	$cx + dy = t$
整個平面	$a = 0 \wedge b = 0 \wedge s = 0$	$c = 0 \wedge d = 0 \wedge t = 0$
空集合	$a = 0 \wedge b = 0 \wedge s \neq 0$	$c = 0 \wedge d = 0 \wedge t \neq 0$
水平線	$a = 0 \wedge b \neq 0$	$c = 0 \wedge d \neq 0$
鉛直線	$a \neq 0 \wedge b = 0$	$c \neq 0 \wedge d = 0$
傾斜的直線	$a \neq 0 \wedge b \neq 0$	$c \neq 0 \wedge d \neq 0$

「喔喔——感覺不錯！」

「剛才思考的聯立方程式的解，指的就是滿足兩個方程式雙方的 (x, y)。意思就是每個方程式各自做出的圖形的交集。注意要將圖形以點的集合來思考。」

「喔喔——原來如此——！」

「一邊看表格，一邊思考像是《整個平面與水平線》或《傾斜的直線與水平線》的全部配對。然後，只要檢查哪種情況的《交集是一點》，就會知道在哪種情況《一定有唯一解》。」

「嗚嗚——好麻煩！」

「學問只要試著做就不麻煩了，因為很多情況都可以統整在一起。譬如考慮《整個平面與水平線》的配對時，交集就是水平線本身。一般而言，《整個平面與＜某東西＞》的交集就是＜某東西＞本身。」

「這樣啊……」

「也有不一定的，譬如考慮《水平線與水平線》的配對時，交集有可能是空集合，也有可能是水平線本身。兩條水平線分離的話就是空集合，重疊相符的話就是水平線本身。」

「《垂直線與水平線》的配對交集是一點吧！」

「對對對，妳很清楚嘛。」

我與由梨兩人製作了配對的表格。

	整個平面	空集合	水平線	鉛直線	傾斜的直線
整個平面	整個平面	空集合	水平線	鉛直線	傾斜的直線
空集合	空集合	空集合	空集合	空集合	空集合
水平線	水平線	空集合	空集合／水平線	一點	一點
鉛直線	鉛直線	空集合	一點	空集合／鉛直線	一點
傾斜的直線	傾斜的直線	空集合	一點	一點	?

兩個圖形的交集

「然後呢然後呢？接下來要怎麼做？」

「這次將 $ad - bc$ 的值做成表格。譬如假設 $ax + by = s$ 是鉛直線（$a \neq 0 \land b = 0$），$cx + dy = t$ 是水平線（$c = 0 \land d \neq 0$）。這時 $ad - bc$ 的值是什麼呢，由梨？」

「咦？$ad - bc$ 是……嗯，因為 $a \neq 0$ 且 $d \neq 0$，所以 ad 不是 0。因為 $b = 0$ 且 $c = 0$，所以 bc 是 0。因此 $ad - bc$ 不是 0！」

「對對對，就這樣來檢查是不是 0。」

「我懂了！」

	整個平面	空集合	水平線	鉛直線	傾斜的直線
整個平面	0	0	0	0	0
空集合	0	0	0	0	0
水平線	0	0	0	不是 0	不是 0
鉛直線	0	0	不是 0	0	不是 0
傾斜的直線	0	0	不是 0	不是 0	?

式子 $ad - bc$ 的值

「和剛才做好的兩張表相比較，就會明白交集是**一點**的情況，與 ad

$-bc$ 不是 0 的情況，兩者剛好一致。」

「真有趣——剛好吻合呢！對了，《傾斜的直線與傾斜的直線》的地方還沒辦法做，是疑問的記號（？）呢。」

「嗯，對，那是問號。兩者都是傾斜的直線時，$ax + by = s$ 的斜率是 $-\frac{a}{b}$，$cx + dy = t$ 的斜率是 $-\frac{c}{d}$。請試著求斜率的差。」

「斜率的差……是減法吧。」

《直線 $ax + by = s$ 的斜率》$-$《直線 $cx + dy = t$ 的斜率》

$$= \left(-\frac{a}{b}\right) - \left(-\frac{c}{d}\right)$$
$$= -\frac{a}{b} + \frac{c}{d}$$
$$= -\frac{ad}{bd} + \frac{bc}{bd}$$
$$= -\frac{ad - bc}{bd}$$

「好的由梨，這裡出現了 $ad - bc$，$ad - bc = 0$ 的時候是什麼意思呢？」

「$ad - bc = 0$ 的時候，就是

《直線 $ax + by = s$ 的斜率》$-$《直線 $cx + dy = t$ 的斜率》$= 0$

的意思。」由梨說。

「對，這也稱為

《直線 $ax + by = s$ 的斜率》$=$《直線 $cx + dy = t$ 的斜率》

也就是說，$ad - bc = 0$ 這個式子的意思是《兩直線的斜率相等》；$ad - bc \neq 0$ 這個式子的意思則是《兩直線的斜率不相等》。然後，傾斜的兩條直線的交集要成《一點》就只限於《兩直線的斜率不相等》的時候。因為要是斜率相等，就會是平行或重疊相符了。」

「啊，對喔！」

「是的,如果平行,交集就是空集合,重疊相符的話,則是傾斜的直線本身。到這裡就完全解答由梨的疑問了。既可成立《如果 $ad - bc$ $= 0$ 就沒有唯一解》,也可以說《如果 $ad - bc \neq 0$ 就有唯一解》,因為我們已經處理完所有的情況了。」

「這樣啊⋯⋯原來如此!」

「這樣一來──

$$ad - bc \neq 0 \Longleftrightarrow 《聯立方程式有唯一解》$$

──就得到確認了。」

解答 7-1(聯立方程式是正則的條件)

關於 x, y 的聯立方程式:

$$\begin{cases} ax + by & = s \\ cx + dy & = t \end{cases}$$

有唯一解的條件是

$$ad - bc \neq 0。$$

7.2.4　信

由梨將放在我桌上的檸檬糖放進口中。

「喂,哥哥,由梨啊,從蒂德拉同學那裡──聽到一件事。」

我心頭一驚。

「什、什麼事?」該不會是前幾天在書庫的、那件事吧。

「她教我拚命努力思考,然後盡可能寫漂亮的字,老實的寫下心情就可以了。至於要不要送去給對方,寫完以後再想。重要的是為了整頓自己的心情,要試著化成語言。」

「由梨……妳到底在說什麼？」

「就說了啊！寫信啦！因為那傢伙轉學了……」

那傢伙。

是指由梨的男同學轉學了。

「啊啊……原來是這件事。」

蒂蒂給沮喪的由梨建議《試著寫信》，原來如此──這還真像她的作風呢。喜歡寫信的蒂蒂，喜歡語言的蒂蒂。

「那個啊，老實說，我本來一直以為蒂德菈同學好像只是慌慌張張的，不過我錯了，她是個非常可靠的姊姊呢。」由梨說。

「喂，由梨。」

「嗯？」

「如果妳……和朋友的關係變尷尬的時候，會怎麼做？」

「呃……我剛才不就在講這件事嗎，不要用困難或帥氣的語言，重要的是用能夠傳達心意給對方的語言，哥哥，不能傳達給對方就沒意義了！」

「……就是說啊。」

7.3 蒂蒂

7.3.1 圖書室

星期一的放學後──在圖書室。

我靠近朝著筆記本拚命寫字的活力女孩。

她抬起頭來。

我迅速將一張紙遞給她。

上面寫著：

《前幾天很抱歉》

她瞥了我一眼後，在上面加寫了一句話，把紙還我。

《沒關係，你不用在意》

我看著她。

她也看我……然後嫣然一笑。

那笑容使我心中的不自在一掃而空。

蒂蒂的笑容為什麼會擁有這麼強的力量呢？

7.3.2　行與列

「妳在做旋轉嗎？」我窺探蒂蒂的筆記本說。

「旋轉？不是，我很不擅長矩陣……在複習上課內容。」

蒂蒂擁有非常好的感覺。學數學的時候，要是沒有完全紮實地融會貫通就不安心，她將這個稱為《理解的感覺》。沒有掌握住紮實理解的感覺就不能安心，沒做到就不能往前進行。

「矩陣究竟是什麼？矩陣的計算也是，我會是會，但錯誤也很多……」

「原來如此，那要不要稍微聊一下？」我指著自己。

「啊，好的，一定要！趁著這個機會──關於矩陣，從非常基本的開始，我可以請教您嗎？」蒂蒂說。

「當然可以。」

「其實我怎樣都記不住矩陣的《行》與《列》！」

「啊啊，這樣啊。橫向是列，縱向是行（註：原書日文與台灣用法相反，橫向稱為「行」，縱向稱為「列」，下文圖示與說明台灣的用法）。」

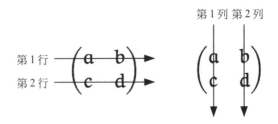

「啊，對……是這樣沒錯。那個，可是……」

「參考書上寫這種記法。」

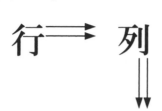

「啊，用中文的筆劃記行列，這樣就好記了。……想一想只要用十這個字來切割就行了吧，橫切是《行》；縱切是《列》。」

蒂蒂一邊說著行、列，一邊在空中切十字。原來如此。

7.3.3 矩陣與向量的積

「妳知道矩陣與向量的積吧。」我說著寫式子。

$$\begin{pmatrix} a & b \\ c & d \end{pmatrix} \begin{pmatrix} x \\ y \end{pmatrix} = \begin{pmatrix} ax + by \\ cx + dy \end{pmatrix}$$

「大概知道。可是……我常算錯。」

「這裡會導出 $ax + by$ 或 $cx + dy$ 的式子。」

「對。」

「a 乘以 x，b 乘以 y，然後相加 ax 與 by。這個《乘、乘、加》的形式——就是《積的和》，希望妳要好好記住。」

$$\underbrace{\overbrace{ax}^{乘} + \overbrace{by}^{乘}}_{加}$$

「《乘、乘、加》嗎……」

「積的和會出現兩個，首先是第一個。」

$$\begin{pmatrix} a & \cdot \\ \cdot & \cdot \end{pmatrix} \begin{pmatrix} x \\ \cdot \end{pmatrix} = \begin{pmatrix} ax \cdots\cdots \\ \cdot \end{pmatrix} \qquad 乘\cdots\cdots$$

$$\begin{pmatrix} \cdot & b \\ \cdot & \cdot \end{pmatrix} \begin{pmatrix} \cdot \\ y \end{pmatrix} = \begin{pmatrix} \cdots\cdots by \\ \cdot \end{pmatrix} \qquad 乘\cdots\cdots$$

$$\begin{pmatrix} a & b \\ \cdot & \cdot \end{pmatrix} \begin{pmatrix} x \\ y \end{pmatrix} = \begin{pmatrix} ax + by \\ \cdot \end{pmatrix} \qquad 加。$$

「真的是這樣，那麼另一個讓我來寫。」

$$\begin{pmatrix} \cdot & \cdot \\ c & \cdot \end{pmatrix} \begin{pmatrix} x \\ \cdot \end{pmatrix} = \begin{pmatrix} \cdot \\ cx \cdots\cdots \end{pmatrix} \qquad 乘\cdots\cdots$$

$$\begin{pmatrix} \cdot & \cdot \\ \cdot & d \end{pmatrix} \begin{pmatrix} \cdot \\ y \end{pmatrix} = \begin{pmatrix} \cdot \\ \cdots\cdots dy \end{pmatrix} \qquad 乘\cdots\cdots$$

$$\begin{pmatrix} \cdot & \cdot \\ c & d \end{pmatrix} \begin{pmatrix} x \\ y \end{pmatrix} = \begin{pmatrix} \cdot \\ cx + dy \end{pmatrix} \qquad 加。$$

「對，這樣就對了。統整來寫就完成了。」

$$\begin{pmatrix} a & b \\ c & d \end{pmatrix} \begin{pmatrix} x \\ y \end{pmatrix} = \begin{pmatrix} ax + by \\ cx + dy \end{pmatrix}$$

「現、現在可以讓我練習一下嗎。」

蒂蒂在筆記本上練習寫好幾次。

「好的……我相當理解了。有這樣的變化對吧……

$$\begin{pmatrix} \Rightarrow & \Rightarrow \\ \cdot & \cdot \end{pmatrix} \begin{pmatrix} \Downarrow \\ \Downarrow \end{pmatrix} = \begin{pmatrix} ax + by \\ \cdot \end{pmatrix}$$

$$\begin{pmatrix} \cdot & \cdot \\ \Rightarrow & \Rightarrow \end{pmatrix} \begin{pmatrix} \Downarrow \\ \Downarrow \end{pmatrix} = \begin{pmatrix} \cdot \\ cx + dy \end{pmatrix}$$

……這個只有看參考書我覺得很難懂。只要自己試著動手做，就能非常有親身體會哪個和哪個相乘、哪個和哪個相加了。」

「我也認同蒂蒂說的，試著動手寫就會明白式子的模式了。」我同意她。

「好的……」蒂蒂壓低音調，「學習新的計算時，好好地動手做很重要吧。」

「喂，蒂蒂，這不是新的計算，國中也出現過。」

「咦！國中還沒出現矩陣吧。」

「是還沒出現矩陣這個名字，不過出現過相同形式的式子。」

「是、是嗎？」

「是啊，就叫做**聯立方程式**。」

「啊？」

7.3.4 聯立方程式與矩陣

「譬如考慮這樣的聯立方程式。」我說。

$$\begin{cases} 3x + y &= 7 \\ x + 2y &= 4 \end{cases}$$

「對……國中經常做，要解它嗎？」

「不是，妳仔細看這裡出現的式子，譬如——

$$3x + y = 7$$

——妳明白藏在這裡的模式嗎？」

「呃……」

「嗯，這樣寫妳可能比較好懂吧。」

$$\underbrace{\overbrace{3 \cdot x}^{乘} + \overbrace{1 \cdot y}^{乘}}_{加} = 7$$

「啊！乘、乘、加——是《積的和》！」

「對，所以聯立方程式可以用矩陣來表示。」

$$\begin{cases} 3x + \ y \ = 7 \\ \ x + 2y \ = 4 \end{cases} \quad \longleftrightarrow \quad \begin{pmatrix} 3 & 1 \\ 1 & 2 \end{pmatrix} \begin{pmatrix} x \\ y \end{pmatrix} = \begin{pmatrix} 7 \\ 4 \end{pmatrix}$$

「原來如此！這是用矩陣來寫聯立方程式吧。」
「把式子一般化吧，聯立方程式與矩陣的關係就像這樣。」

$$\begin{cases} ax + by \ = s \\ cx + dy \ = t \end{cases} \quad \longleftrightarrow \quad \begin{pmatrix} a & b \\ c & d \end{pmatrix} \begin{pmatrix} x \\ y \end{pmatrix} = \begin{pmatrix} s \\ t \end{pmatrix}$$

「好，我懂了，可以用矩陣與向量的積來表示聯立方程式！」

7.3.5　矩陣的積

我繼續話題。

「有兩行與兩列，像 $\begin{pmatrix} a & b \\ c & d \end{pmatrix}$ 的這種矩陣就稱為 2×2 矩陣。然後有 2 列和 1 行，像 $\begin{pmatrix} x \\ y \end{pmatrix}$ 的這種矩陣就稱為 2×1 矩陣。$\begin{pmatrix} x \\ y \end{pmatrix}$ 也稱為行向量。雖然與表示組合的數 $\begin{pmatrix} n \\ k \end{pmatrix}$ 的寫法一樣，不過完全是不同的意思。一般會用前後文的邏輯來區別。」

$$\begin{pmatrix} a & b \\ c & d \end{pmatrix} \quad 2 \times 2 \ 矩陣（2 次的方塊矩陣）$$

$$\begin{pmatrix} a \\ b \end{pmatrix} \quad 2 \times 1 \ 矩陣（行向量）$$

$$\begin{pmatrix} a & b \end{pmatrix} \quad 1 \times 2 \ 矩陣（列向量）$$

「好。」
「習慣《乘、乘、加》的模式以後，不只是矩陣與向量的積，連矩陣之間的積也可以馬上就懂。」

$$\begin{pmatrix} a & b \\ c & d \end{pmatrix} \begin{pmatrix} x & s \\ y & t \end{pmatrix} = \begin{pmatrix} ax + by & as + bt \\ cx + dy & cs + dt \end{pmatrix}$$

「呃……啊啊，是這樣吧。」

$$\begin{cases} \begin{pmatrix} a & b \\ c & d \end{pmatrix} \begin{pmatrix} x \\ y \end{pmatrix} = \begin{pmatrix} ax + by \\ cx + dy \end{pmatrix} \\ \begin{pmatrix} a & b \\ c & d \end{pmatrix} \begin{pmatrix} s \\ t \end{pmatrix} = \begin{pmatrix} as + bt \\ cs + dt \end{pmatrix} \end{cases} \longleftarrow \cdots \longrightarrow \begin{pmatrix} a & b \\ c & d \end{pmatrix} \begin{pmatrix} x & s \\ y & t \end{pmatrix} = \begin{pmatrix} ax + by & as + bt \\ cx + dy & cs + dt \end{pmatrix}$$

「對對對，妳已經相當習慣了嘛。」

「呃……是啊，雖然文字很多讓我眼花，不過這樣一步一步有耐心地確認就行了。」

「對啊，這時要注意式子的模式。」

「好……到處都出現《乘、乘、加》對吧。」

蒂蒂細碎地點頭，反覆看筆記本好幾次。

「這個《乘、乘、加》的模式就稱為向量的**內積**。」

「內積……是嗎。」蒂蒂迅速記下筆記。

譬如 $(a_1 \quad a_2)$ 與 $\begin{pmatrix} b_1 \\ b_2 \end{pmatrix}$ 這兩個向量的內積，就是用

$$a_1 b_1 + a_2 b_2$$

來表示的數。妳看這是《乘、乘、加》的模式對吧，在矩陣的積，出現很多這個《內積》。」

「內積……《乘、乘、加》的模式有名字呢。」

7.3.6 逆矩陣

「試著來想想《解聯立方程式》要怎麼用矩陣表示吧。」

「好……好的。」蒂蒂雖困惑，仍然點頭。

「剛才是用矩陣與向量的積來表示聯立方程式對吧。」

$$\begin{pmatrix} a & b \\ c & d \end{pmatrix} \begin{pmatrix} x \\ y \end{pmatrix} = \begin{pmatrix} s \\ t \end{pmatrix}$$

「對，沒錯。」

「接下來，只要能導出以下這種式子，就能解聯立方程式了。」

$$\begin{pmatrix} x \\ y \end{pmatrix} = \begin{pmatrix} \cdots\cdots \\ \cdots\cdots \end{pmatrix}$$

「對對對，就是這樣，因為要求 x 與 y。」

「試著一般化地解聯立方程式吧。」我說著就把之前做給由梨看的方式，計算 x 與 y 給蒂蒂看。

◎　◎　◎

現在開始解以下的聯立方程式。

$$\begin{cases} ax + by & = s \qquad \cdots\cdots \text{Ⓐ} \\ cx + dy & = t \qquad \cdots\cdots \text{Ⓑ} \end{cases}$$

從這裡要求 x，就會計算 Ⓐ$\times d - b\times$Ⓑ 對吧。妳試著仔細觀察這個計算中 Ⓐ 與 Ⓑ 的左邊發生什麼事。

$$\begin{aligned}
《\text{Ⓐ 的左邊}》\times d - b \times 《\text{Ⓑ 的左邊}》 &= d \times 《\text{Ⓐ 的左邊}》 + (-b) \times 《\text{Ⓑ 的左邊}》 \\
&= d(ax + by) + (-b)(cx + dy) \\
&= dax + dby + (-b)cx + (-b)dy \\
&= (da + (-b)c)x + (db + (-b)d)y \\
&= (da + (-b)c)x + \underbrace{(db + (-b)d)}_{\text{變成 } 0}y \\
&= (da + (-b)c)x
\end{aligned}$$

妳看妳看！這裡就出現《乘、乘、加》的形式了對吧。

$$\overbrace{da}^{乘} + \overbrace{(-b)c}^{乘}$$
$$\underbrace{}_{加}$$

這是 $(d \;\; -b)$ 與 $\binom{a}{c}$ 的內積。

同樣的，求 y 時觀察 $a \times Ⓑ - Ⓐ \times c$ 的左邊。

$$a \times 《Ⓑ的左邊》 - 《Ⓐ的左邊》 \times c = (-c) \times 《Ⓐ的左邊》 + a \times 《Ⓑ的左邊》$$
$$= (-c)(ax + by) + a(cx + dy)$$
$$= (-c)ax + (-c)by + acx + ady$$
$$= \big(\underbrace{(-c)a + ac}_{變成0}\big)x + \big((-c)b + ad\big)y$$
$$= \big((-c)b + ad\big)y$$

這裡也出現《乘、乘、加》的形式。

$$\overbrace{(-c)b}^{乘} + \overbrace{ad}^{乘}$$
$$\underbrace{}_{加}$$

這裡則是 $(-c \;\; a)$ 與 $\binom{b}{d}$ 的內積。

妳從這兩個內積可以看到矩陣 $\left(\begin{smallmatrix} d & -b \\ -c & a \end{smallmatrix}\right)$ 嗎，蒂蒂。

$$\begin{cases} (d \;\; -b) & \binom{a}{c} \text{ 的內積} \\ (-c \;\; a) & \binom{b}{d} \text{ 的內積} \end{cases} \quad \longleftarrow\!-\!-\!-\!\rightarrow \quad \begin{pmatrix} d & -b \\ -c & a \end{pmatrix}\begin{pmatrix} a & b \\ c & d \end{pmatrix}$$

試著計算矩陣的積 $\left(\begin{smallmatrix} d & -b \\ -c & a \end{smallmatrix}\right)\left(\begin{smallmatrix} a & b \\ c & d \end{smallmatrix}\right)$ 吧。

$$\begin{pmatrix} d & -b \\ -c & a \end{pmatrix} \begin{pmatrix} a & b \\ c & d \end{pmatrix} = \begin{pmatrix} da - bc & db - bd \\ -ca + ac & -cb + ad \end{pmatrix}$$

$$= \begin{pmatrix} ad - bc & 0 \\ 0 & ad - bc \end{pmatrix}$$

$$= (ad - bc) \begin{pmatrix} 1 & 0 \\ 0 & 1 \end{pmatrix}$$

所以 $ad - bc \neq 0$ 的時候，就成立這樣的式子。

$$\frac{1}{ad - bc} \begin{pmatrix} d & -b \\ -c & a \end{pmatrix} \begin{pmatrix} a & b \\ c & d \end{pmatrix} = \begin{pmatrix} 1 & 0 \\ 0 & 1 \end{pmatrix}$$

將剛才做出的矩陣 $\frac{1}{ad-bc} \begin{pmatrix} d & -b \\ -c & a \end{pmatrix}$ ，就叫做矩陣 $\begin{pmatrix} a & b \\ c & d \end{pmatrix}$ 的逆矩陣。

◎　◎　◎

「請、請等一下，學長……我跟不上。」蒂蒂要我停下來。「本來是要解聯立方程式，卻出現不可思議的計算——逆矩陣與聯立方程式有什麼關係？」

「嗯，逆矩陣是解聯立方程式的關鍵。聯立方程式就是這樣，

$$\begin{pmatrix} a & b \\ c & d \end{pmatrix} \begin{pmatrix} x \\ y \end{pmatrix} = \begin{pmatrix} s \\ t \end{pmatrix}$$

試著在這兩邊，從左乘以逆矩陣。」

$$\begin{pmatrix} a & b \\ c & d \end{pmatrix} \begin{pmatrix} x \\ y \end{pmatrix} = \begin{pmatrix} s \\ t \end{pmatrix}$$

$$\frac{1}{ad-bc} \begin{pmatrix} d & -b \\ -c & a \end{pmatrix} \begin{pmatrix} a & b \\ c & d \end{pmatrix} \begin{pmatrix} x \\ y \end{pmatrix} = \frac{1}{ad-bc} \begin{pmatrix} d & -b \\ -c & a \end{pmatrix} \begin{pmatrix} s \\ t \end{pmatrix}$$

$$\frac{1}{ad-bc} \begin{pmatrix} ad-bc & 0 \\ 0 & ad-bc \end{pmatrix} \begin{pmatrix} x \\ y \end{pmatrix} = \frac{1}{ad-bc} \begin{pmatrix} d & -b \\ -c & a \end{pmatrix} \begin{pmatrix} s \\ t \end{pmatrix}$$

$$\begin{pmatrix} 1 & 0 \\ 0 & 1 \end{pmatrix} \begin{pmatrix} x \\ y \end{pmatrix} = \frac{1}{ad-bc} \begin{pmatrix} d & -b \\ -c & a \end{pmatrix} \begin{pmatrix} s \\ t \end{pmatrix}$$

$$\begin{pmatrix} 1 & 0 \\ 0 & 1 \end{pmatrix} \begin{pmatrix} x \\ y \end{pmatrix} = \frac{1}{ad-bc} \begin{pmatrix} sd-bt \\ at-sc \end{pmatrix}$$

$$\begin{pmatrix} x \\ y \end{pmatrix} = \frac{1}{ad-bc} \begin{pmatrix} sd-bt \\ at-sc \end{pmatrix}$$

「奇怪？$\begin{pmatrix} x \\ y \end{pmatrix} = $……變成這個形式——就可以解聯立方程式了！」

「嗯。《乘以逆矩陣》，這個操作就是解聯立方程式了。」

「可是，這個答案很複雜……」蒂蒂露出一臉困窘。

「即使出現看起來很複雜的式子，也不要怕喔。」我說，「譬如說……在式子裡找找《共同的模式》吧。」

「你說……共同的模式？」蒂蒂說。

「就是 $ad-bc$ 與 $sd-bt$ 以及 $at-sc$ 的模式。$ad-bc$ 稱為矩陣 $\begin{pmatrix} a & b \\ c & d \end{pmatrix}$ 的行列式，寫成 $\begin{vmatrix} a & b \\ c & d \end{vmatrix}$。」

$$\begin{vmatrix} a & b \\ c & d \end{vmatrix} = ad-bc$$

$$\begin{vmatrix} s & b \\ t & d \end{vmatrix} = sd-bt$$

$$\begin{vmatrix} a & s \\ c & t \end{vmatrix} = at-sc$$

「行列式……」

「使用行列式，就能簡單寫出聯立方程式的解。」

$$\binom{x}{y} = \frac{1}{ad-bc}\binom{sd-bt}{at-sc} \Leftrightarrow \binom{x}{y} = \frac{1}{\begin{vmatrix} a & b \\ c & d \end{vmatrix}}\begin{pmatrix} \begin{vmatrix} s & b \\ t & d \end{vmatrix} \\ \begin{vmatrix} a & s \\ c & t \end{vmatrix} \end{pmatrix}$$

「這、這個很簡單嗎？」

「將行列式 $\begin{vmatrix} a & b \\ c & d \end{vmatrix}$ 的一部分用 s 與 t 來替換。」

$$\binom{x}{y} = \frac{1}{\begin{vmatrix} a & b \\ c & d \end{vmatrix}}\begin{pmatrix} \begin{vmatrix} ⓢ & b \\ ⓣ & d \end{vmatrix} \\ \begin{vmatrix} a & ⓢ \\ c & ⓣ \end{vmatrix} \end{pmatrix}$$

「那、那個……學長，我還是不太明白矩陣與行列式。可是，我知道這裡藏著許多有趣的東西。」蒂蒂說，「我不會害怕變數很多，不管是內積還是行列式，我都會仔細看算式，非得看透模式不可！」

蒂蒂如此宣言。

7.4　米爾迦

7.4.1　看穿隱藏的謎

次日放學後，我一如往常去圖書室。

蒂蒂與米爾迦正在說話。

好久不見的麗莎也現身了。可是她坐在距離蒂蒂她們很遠的窗邊，獨自面向電腦。是因為前些時候和米爾迦的不愉快嗎……

「我拿來村木老師的卡片。」米爾迦說。

框問題 7-2（矩陣的冪次）

$$\begin{pmatrix} 1 & 1 \\ 1 & 0 \end{pmatrix}^{10}$$

「這是求矩陣 $\begin{pmatrix} 1 & 1 \\ 1 & 0 \end{pmatrix}$ 的 10 次方對吧。」我說。

「真有趣。」米爾迦說。

「妳已經解好了？」我很驚訝。米爾迦經常在來往圖書室的期間，就已經用腦袋先解開問題了。

「先、先不要講答案，先不要講！」

蒂蒂拚命地計算。

我也打開筆記本開始計算。矩陣的 10 次方，也就是——

$$\underbrace{\begin{pmatrix} 1 & 1 \\ 1 & 0 \end{pmatrix}\begin{pmatrix} 1 & 1 \\ 1 & 0 \end{pmatrix}\begin{pmatrix} 1 & 1 \\ 1 & 0 \end{pmatrix}\begin{pmatrix} 1 & 1 \\ 1 & 0 \end{pmatrix}\begin{pmatrix} 1 & 1 \\ 1 & 0 \end{pmatrix}\begin{pmatrix} 1 & 1 \\ 1 & 0 \end{pmatrix}\begin{pmatrix} 1 & 1 \\ 1 & 0 \end{pmatrix}\begin{pmatrix} 1 & 1 \\ 1 & 0 \end{pmatrix}\begin{pmatrix} 1 & 1 \\ 1 & 0 \end{pmatrix}\begin{pmatrix} 1 & 1 \\ 1 & 0 \end{pmatrix}}_{10 \text{ 個的積}}$$

——計算這個東西。好吧，依序計算 2 次、3 次……就可以用老實的方法看透模式。

$$\begin{pmatrix} 1 & 1 \\ 1 & 0 \end{pmatrix}^1 = \begin{pmatrix} 1 & 1 \\ 1 & 0 \end{pmatrix}$$

$$\begin{aligned}
\begin{pmatrix} 1 & 1 \\ 1 & 0 \end{pmatrix}^2 &= \begin{pmatrix} 1 & 1 \\ 1 & 0 \end{pmatrix}\begin{pmatrix} 1 & 1 \\ 1 & 0 \end{pmatrix} \\
&= \begin{pmatrix} 1\times1+1\times1 & 1\times1+1\times0 \\ 1\times1+0\times1 & 1\times1+0\times0 \end{pmatrix} \\
&= \begin{pmatrix} 1+1 & 1+0 \\ 1+0 & 1+0 \end{pmatrix} \\
&= \begin{pmatrix} 2 & 1 \\ 1 & 1 \end{pmatrix}
\end{aligned}$$

$$\begin{aligned}
\begin{pmatrix} 1 & 1 \\ 1 & 0 \end{pmatrix}^3 &= \begin{pmatrix} 2 & 1 \\ 1 & 1 \end{pmatrix}\begin{pmatrix} 1 & 1 \\ 1 & 0 \end{pmatrix} \\
&= \begin{pmatrix} 2\times1+1\times1 & 2\times1+1\times0 \\ 1\times1+1\times1 & 1\times1+1\times0 \end{pmatrix} \\
&= \begin{pmatrix} 2+1 & 2+0 \\ 1+1 & 1+0 \end{pmatrix} \\
&= \begin{pmatrix} 3 & 2 \\ 2 & 1 \end{pmatrix}
\end{aligned}$$

$$\begin{aligned}
\begin{pmatrix} 1 & 1 \\ 1 & 0 \end{pmatrix}^4 &= \begin{pmatrix} 3 & 2 \\ 2 & 1 \end{pmatrix}\begin{pmatrix} 1 & 1 \\ 1 & 0 \end{pmatrix} \\
&= \begin{pmatrix} 3\times1+2\times1 & 3\times1+2\times0 \\ 2\times1+1\times1 & 2\times1+1\times0 \end{pmatrix} \\
&= \begin{pmatrix} 3+2 & 3+0 \\ 2+1 & 2+0 \end{pmatrix} \\
&= \begin{pmatrix} 5 & 3 \\ 3 & 2 \end{pmatrix}
\end{aligned}$$

「我懂了！」我說。

「還沒！還沒！」蒂蒂大叫。

我抬起頭，發現麗莎正在換座位。奇怪……？她面無表情面向電腦的樣子沒變，可是不知何時移到了我們附近的座位。她……對我們正在做的事是不是有興趣呢。

「麗莎也解看看吧？」我對她搭話。

「我已經解開了。」麗莎如此回答，給我看螢幕。

```
POWER(MATRIX(1,1,1,0),10) ↵
⇒ MATRIX(89,55,55,34)
```

「我知道了！是 $\begin{pmatrix} 89 & 55 \\ 55 & 34 \end{pmatrix}$ ！」蒂蒂說。

「正解。妳看穿《隱藏的謎》了嗎？」米爾迦說。

「咦？——啊，是的！關於《隱藏的謎》——」

「停。」米爾迦制止蒂蒂，指著麗莎。「麗莎看穿《隱藏的謎》了嗎？」

「……？」麗莎無言地搖頭。

米爾迦像指揮般，手指指向蒂蒂。

「那由蒂德菈來回答。」

「好！」蒂蒂有精神地回答，「這個矩陣產生了斐波那契數列！」

◎　◎　◎

所謂的斐波那契數列就是：

$$1, \quad 1, \quad 2, \quad 3, \quad 5, \quad 8, \quad 13, \quad \ldots$$

這個數列的第 n 項用 F_n 來表示，也就是 $F_1 = 1, F_2 = 1, F_3 = 2, F_4 = 3, F_5 = 5, \ldots$的意思。這樣一來，這個矩陣與斐波那契數列之間

$$\begin{pmatrix} 1 & 1 \\ 1 & 0 \end{pmatrix}^n = \begin{pmatrix} F_{n+1} & F_n \\ F_n & F_{n-1} \end{pmatrix}$$

就成立這樣的關係。只要用數學歸納法很快就能證明。呃，證明的精髓

就是這個：如果 $n = k$ 成立的話，$n = k + 1$ 也成立。

$$\begin{pmatrix} 1 & 1 \\ 1 & 0 \end{pmatrix}^{k+1} = \begin{pmatrix} 1 & 1 \\ 1 & 0 \end{pmatrix}^{k} \begin{pmatrix} 1 & 1 \\ 1 & 0 \end{pmatrix}$$

$$= \begin{pmatrix} F_{k+1} & F_k \\ F_k & F_{k-1} \end{pmatrix} \begin{pmatrix} 1 & 1 \\ 1 & 0 \end{pmatrix}$$

$$= \begin{pmatrix} F_{k+1} \times 1 + F_k \times 1 & F_{k+1} \times 1 + F_k \times 0 \\ F_k \times 1 + F_{k-1} \times 1 & F_k \times 1 + F_{k-1} \times 0 \end{pmatrix}$$

$$= \begin{pmatrix} F_{k+1} + F_k & F_{k+1} \\ F_k + F_{k-1} & F_k \end{pmatrix}$$

$$= \begin{pmatrix} F_{k+2} & F_{k+1} \\ F_{k+1} & F_k \end{pmatrix} \text{使用 } F_{k+2} = F_{k+1} + F_k, F_{k+1} = F_k + F_{k-1}$$

矩陣的積的計算，與斐波那契數列的遞迴關係式相稱。

$$\begin{cases} F_1 &= 1 \\ F_2 &= 1 \\ F_n &= F_{n-1} + F_{n-2} \qquad (n \geqq 3) \end{cases}$$

之後只要可以求出 $\begin{pmatrix} 1 & 1 \\ 1 & 0 \end{pmatrix}^{10} = \begin{pmatrix} F_{11} & F_{10} \\ F_{10} & F_9 \end{pmatrix}$ 就結束了。

n	1	2	3	4	5	6	7	8	9	10	11	$\cdots$
F_n	1	1	2	3	5	8	13	21	34	55	89	$\cdots$

◎ ◎ ◎

解答 7-2（矩陣的冪次）

$$\begin{pmatrix} 1 & 1 \\ 1 & 0 \end{pmatrix}^{10} = \begin{pmatrix} 89 & 55 \\ 55 & 34 \end{pmatrix}$$

「蒂德菈看穿了這個問題隱藏的謎──斐波那契數列，那是因為她

自己動手算。」米爾迦淡淡地說,「麗莎用電腦一口氣求出值,這並不是不好,但就不會發現這個問題隱藏的謎。」

麗莎有點皺眉,不過馬上又恢復面無表情說:

「的確。」

米爾迦對麗莎的話微笑,抬了抬眼鏡。

「心算、筆算、電腦,不管用哪個方法都可以解開問題,可是,察覺隱藏的謎比較有趣,看穿隱藏的結構比較有趣。」

米爾迦這麼說著,手指比出 $1, 1, 2, 3$。

我與蒂蒂張開單手用 5 回應。

「什麼?」麗莎問。

「這是斐波那契手勢。」蒂蒂回答。「看到 $1, 1, 2, 3$ 的手勢就出 5。$1, 1, 2, 3, 5, \ldots\ldots$是斐波那契數列。這是將數學愛好者最喜歡的數列當作我們的手勢,用來代替打招呼。」

蒂蒂如此說著,手指比出 $1, 1, 2, 3$。

「這樣?」麗莎舉起右手,彎折著攤開的右手拇指與中指。

「這、這是……什麼?」

「00101」麗莎說。

「這是 5 嗎?」蒂蒂問。

「二進位制。」麗莎答。

7.4.2　線性變換

「來談談線性變換吧。」米爾迦說,「將《矩陣與 Vector 的積》視為《點的移動》。」

米爾迦總是把向量叫做 Vector。

◎　◎　◎

矩陣 $\begin{pmatrix} a & b \\ c & d \end{pmatrix}$ 與 Vector $\begin{pmatrix} x \\ y \end{pmatrix}$ 的積是這樣:

$$\begin{pmatrix} a & b \\ c & d \end{pmatrix} \begin{pmatrix} x \\ y \end{pmatrix} = \begin{pmatrix} ax + by \\ cx + dy \end{pmatrix}$$

把這個積──

　　將點 (x, y) 移到點 $(ax + by, cx + dy)$

──視為這樣的操作，就稱為《藉由矩陣 $\begin{pmatrix} a & b \\ c & d \end{pmatrix}$ 線性變換》。

　　譬如以矩陣 $\begin{pmatrix} 2 & 1 \\ 1 & 2 \end{pmatrix}$ 為例。

$$\begin{pmatrix} 2 & 1 \\ 1 & 2 \end{pmatrix} \begin{pmatrix} x \\ y \end{pmatrix} = \begin{pmatrix} 2x + y \\ x + 2y \end{pmatrix}$$

所以，矩陣 $\begin{pmatrix} 2 & 1 \\ 1 & 2 \end{pmatrix}$ 就是把點 (x, y) 移到點 $(2x + y, x + 2y)$。如果將點的移動用

$$(x, y) \mapsto (2x + y, x + 2y)$$

的這種 "$\mapsto$" 來表示──

$(0, 0) \mapsto (0, 0)$	因為 $\begin{pmatrix} 2 & 1 \\ 1 & 2 \end{pmatrix}\begin{pmatrix} 0 \\ 0 \end{pmatrix} = \begin{pmatrix} 0 \\ 0 \end{pmatrix}$
$(1, 0) \mapsto (2, 1)$	因為 $\begin{pmatrix} 2 & 1 \\ 1 & 2 \end{pmatrix}\begin{pmatrix} 1 \\ 0 \end{pmatrix} = \begin{pmatrix} 2 \\ 1 \end{pmatrix}$
$(0, 1) \mapsto (1, 2)$	因為 $\begin{pmatrix} 2 & 1 \\ 1 & 2 \end{pmatrix}\begin{pmatrix} 0 \\ 1 \end{pmatrix} = \begin{pmatrix} 1 \\ 2 \end{pmatrix}$
$(1, 1) \mapsto (3, 3)$	因為 $\begin{pmatrix} 2 & 1 \\ 1 & 2 \end{pmatrix}\begin{pmatrix} 1 \\ 1 \end{pmatrix} = \begin{pmatrix} 3 \\ 3 \end{pmatrix}$
$(-1, -1) \mapsto (-3, -3)$	因為 $\begin{pmatrix} 2 & 1 \\ 1 & 2 \end{pmatrix}\begin{pmatrix} -1 \\ -1 \end{pmatrix} = \begin{pmatrix} -3 \\ -3 \end{pmatrix}$
$(2, 1) \mapsto (5, 4)$	因為 $\begin{pmatrix} 2 & 1 \\ 1 & 2 \end{pmatrix}\begin{pmatrix} 2 \\ 1 \end{pmatrix} = \begin{pmatrix} 5 \\ 4 \end{pmatrix}$
$(100, 10) \mapsto (210, 120)$	因為 $\begin{pmatrix} 2 & 1 \\ 1 & 2 \end{pmatrix}\begin{pmatrix} 100 \\ 10 \end{pmatrix} = \begin{pmatrix} 210 \\ 120 \end{pmatrix}$

──就是以上這樣。到這裡，可以嗎？

◎　◎　◎

　　「到這裡，可以嗎？」米爾迦說。

　　「總、總覺得……」蒂蒂說，「矩陣與向量的積，總覺得成了很大的話題，讓我心裡七上八下。」

　　「所謂的平面，只是點的集合。」米爾迦繼續說，「藉由矩陣來移

動點，意思也就是可以藉由矩陣讓整個平面變形。接下來我想請麗莎幫
忙。」

米爾迦對麗莎耳語，她馬上就點頭操作電腦。過了片刻，電腦的螢
幕顯示出點陣的畫面。

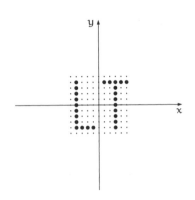

「為了方便理解，藉由線性變換，使平面變形、打上點。」米爾迦
說，「因為只有點很難看懂，所以我就取 "Linear Transformation" 的首
字母 "LT" 來畫這個文字。麗莎動作很快呢。」

「"Linear Transformation" 是線性變換的意思吧？」

米爾迦對蒂蒂的提問點頭，繼續說：

「譬如藉由矩陣 $\begin{pmatrix} 2 & 1 \\ 1 & 2 \end{pmatrix}$ 平面變形如下。」

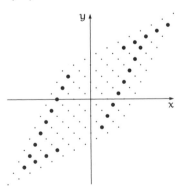

藉由矩陣 $\begin{pmatrix} 2 & 1 \\ 1 & 2 \end{pmatrix}$ 線性變換

「啊，軟塌塌地……壓扁了呢。」

「之所以會這樣變形，是因為使用的矩陣是 $\begin{pmatrix} 2 & 1 \\ 1 & 2 \end{pmatrix}$。如果是用別的矩陣，又會有不同的變形。」

「啊啊……那也是呢，會怎麼變形，都要根據矩陣。」

「那麼，**小測驗**。這個矩陣會使整個平面如何變形呢？蒂德菈。」

$$\begin{pmatrix} 1 & 0 \\ 0 & 1 \end{pmatrix}$$

「呃，只要思考點 (x, y) 會移動到哪裡就行了……

$$\begin{pmatrix} 1 & 0 \\ 0 & 1 \end{pmatrix} \begin{pmatrix} x \\ y \end{pmatrix} = \begin{pmatrix} x \\ y \end{pmatrix}$$

……呃、啊，點保持原樣。」

$$(x, y) \mapsto (x, y)$$

「所以呢？」米爾迦立刻問道。

「所以……整個平面完全不變形。」

「沒錯，單位矩陣 $\begin{pmatrix} 1 & 0 \\ 0 & 1 \end{pmatrix}$ 會讓平面保持原樣，是恆等變換。」

「是的。」

「那麼，**下個小測驗**。這個矩陣會使整個平面如何變形呢？」

$$\begin{pmatrix} 0 & -1 \\ 1 & 0 \end{pmatrix}$$

「好的，這個也只要考慮積就可以了……」

$$\begin{pmatrix} 0 & -1 \\ 1 & 0 \end{pmatrix} \begin{pmatrix} x \\ y \end{pmatrix} = \begin{pmatrix} -y \\ x \end{pmatrix}$$

……呃，x 與 y 交換，而且其中一個的符號改變了。」

$$(x, y) \mapsto (-y, x)$$

「然後呢？」米爾迦問道。

「這……感覺是整個平面反過來嗎？」

「蒂德菈，妳實際用多個點來試試看。」米爾迦說。

「啊……好的。」

蒂蒂老實地看著筆記本——馬上又抬起頭。

「我懂了！輕輕向左轉 90°！」

「既然要旋轉就必須有中心。」米爾迦說。

「好的，中心是原點。」

「完成。」麗莎說。

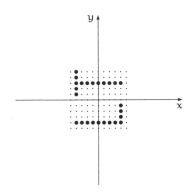

藉由矩陣 $\begin{pmatrix} 0 & -1 \\ 1 & 0 \end{pmatrix}$ 線性變換

「米爾迦……我發現了一件事。」蒂蒂說，「在線性變換中，原點絕對不會動。因為……」

$$\begin{pmatrix} a & b \\ c & d \end{pmatrix} \begin{pmatrix} 0 \\ 0 \end{pmatrix} = \begin{pmatrix} 0 \\ 0 \end{pmatrix}$$

……也就是說，因為 $(0, 0) \mapsto (0, 0)$。」

「很好的發現。」米爾迦手指發出響聲，「線性變換的原點不會

動,那是不動點。整個平面沒辦法用線性變換來滑動——因為那會動到原點。」

「是啊。」

「那麼,線性變換只要看點 $(1, 0)$ 與點 $(0, 1)$ 兩點就容易懂了。」米爾迦說。「兩點的移動目標可以用行 Vector $\binom{a}{c}$ 與 $\binom{b}{d}$ 來表示。也就是說,矩陣 $\left(\begin{smallmatrix} a & b \\ c & d \end{smallmatrix}\right)$ 直接表示為移動目標。點 $(1, 0)$ 與點 $(0, 1)$ 移動到哪裡,只要看矩陣就可以明白。」

$$\begin{pmatrix} a & b \\ c & d \end{pmatrix} \begin{pmatrix} 1 \\ 0 \end{pmatrix} = \begin{pmatrix} a \\ c \end{pmatrix} \qquad \begin{pmatrix} a & \cdot \\ c & \cdot \end{pmatrix}$$

$$\begin{pmatrix} a & b \\ c & d \end{pmatrix} \begin{pmatrix} 0 \\ 1 \end{pmatrix} = \begin{pmatrix} b \\ d \end{pmatrix} \qquad \begin{pmatrix} \cdot & b \\ \cdot & d \end{pmatrix}$$

「原來如此……」

「繼續小測驗吧。線性變換總是會將整個平面移動成整個平面嗎?」

「……之前的例子是這樣對吧。壓扁或旋轉平面,不過平面還是平面。」蒂蒂思考了一會兒。「……不過,也有不移動成平面的時候,譬如——

$$\begin{pmatrix} 0 & 0 \\ 0 & 0 \end{pmatrix}$$

——如果是這樣的平面,全部的點都會緊緊集中成原點。」

「對,零矩陣 $\left(\begin{smallmatrix} 0 & 0 \\ 0 & 0 \end{smallmatrix}\right)$ 會將任意的點移到原點。」米爾迦說。

我想起給由梨出題的聯立方程式,那是無解或無限多解的聯立方程式,如果用那時的矩陣……

「喂,米爾迦,矩陣 $\left(\begin{smallmatrix} 2 & 4 \\ 1 & 2 \end{smallmatrix}\right)$ 也是——不會將整個平面移動成整個平面的線性變換吧。」我說。

「對,矩陣陣 $\left(\begin{smallmatrix} 2 & 4 \\ 1 & 2 \end{smallmatrix}\right)$ 是把整個平面移到直線上。」米爾迦回應。

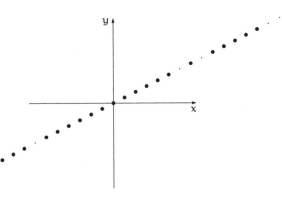

藉由矩陣 $\left(\begin{smallmatrix} 2 & 4 \\ 1 & 2 \end{smallmatrix}\right)$ 線性變換

「行列式的值很重要。」我說。

「對。」米爾迦說。

「什麼意思？」蒂蒂詢問。

「那個啊，表示線性變換的矩陣的行列式不是 0，也就是在 0 以外的時候，整個平面就會移動為《整個平面》。」我回答，「可是，行列式等於 0 的時候，整個平面就會移動為《通過原點的直線》或《原點》。」

整個平面 ↦ 整個平面　　　　　行列式是 0 以外
整個平面 ↦ 通過原點的直線　　　行列式等於 0（零矩陣以外）
整個平面 ↦ 原點　　　　　　　　行列式等於 0（零矩陣）

「奇怪……？」蒂蒂說，「所謂的行列式，是求聯立方程式的解的時候出現的東西吧？」

米爾迦點頭。

「矩陣與 Vector 的積——

$$\begin{pmatrix} a & b \\ c & d \end{pmatrix} \begin{pmatrix} x \\ y \end{pmatrix} = \begin{pmatrix} s \\ t \end{pmatrix}$$

——看起來也像聯立方程式，也像 $(x, y) \mapsto (s, t)$ 的線性變換。《聯立方程式 $\begin{pmatrix} a & b \\ c & d \end{pmatrix}\begin{pmatrix} x \\ y \end{pmatrix} = \begin{pmatrix} s \\ t \end{pmatrix}$ 有唯一解的條件是？》這個問題與《線性變換將點 $\begin{pmatrix} x \\ y \end{pmatrix}$ 移動到點 $\begin{pmatrix} s \\ t \end{pmatrix}$ 的唯一固定條件是？》的問題一樣。無論對哪個問題，答案都是《行列式 $\neq 0$》。」

7.4.3　旋轉

「喂，米爾迦，剛才的小測驗出現的矩陣 $\begin{pmatrix} 0 & -1 \\ 1 & 0 \end{pmatrix}$ 是 $\frac{\pi}{2}$ 弧度的旋轉矩陣吧。」我說。

$$\begin{pmatrix} \cos \frac{\pi}{2} & -\sin \frac{\pi}{2} \\ \sin \frac{\pi}{2} & \cos \frac{\pi}{2} \end{pmatrix}$$

「當然。」米爾迦點頭。

「請、請等一下，為什麼要忽然提到三角函數？」蒂蒂發出著急的聲音。

「蒂德菈，$\cos \frac{\pi}{2}$ 的值是？」米爾迦問。

「呃、呃呃，因為 $\frac{\pi}{2}$ 是 90°——好的，是 0 吧。」

「正確。可是妳花太多時間了，蒂德菈還沒和弧度或三角函數當朋友吧。」米爾迦說，「那麼 $\sin \frac{\pi}{2}$ 的值是？」

「呃、呃、呃，是……1 吧。」

「沒錯，這樣就能理解以下的等式了。」

$$\begin{pmatrix} \cos \frac{\pi}{2} & -\sin \frac{\pi}{2} \\ \sin \frac{\pi}{2} & \cos \frac{\pi}{2} \end{pmatrix} = \begin{pmatrix} 0 & -1 \\ 1 & 0 \end{pmatrix}$$

「啊……沒錯。」蒂蒂一一確認結果。

「矩陣 $\begin{pmatrix} \cos \theta & -\sin \theta \\ \sin \theta & \cos \theta \end{pmatrix}$ 表示以原點為中心 θ 弧度的左旋轉。然後，$\theta = \frac{\pi}{2}$ 的時候，矩陣 $\begin{pmatrix} 0 & -1 \\ 1 & 0 \end{pmatrix}$ 則是以原點為中心 $\frac{\pi}{2}$ 弧度的左旋轉——也就是 90°的左轉，《向左逆時針旋轉》。」

米爾迦如此說著，忽然露出微笑繼續說：

「然後，$\theta = \frac{2\pi}{3}$，換句話說，如果是矩陣 $\begin{pmatrix} \cos\frac{2\pi}{3} & -\sin\frac{2\pi}{3} \\ \sin\frac{2\pi}{3} & \cos\frac{2\pi}{3} \end{pmatrix}$ ——」

「就是 ω 的華爾滋！」我說。

「ω 的華爾滋——是什麼？」蒂蒂間不容髮地詢問。

「好懷念。」米爾迦說，「以 $\frac{2\pi}{3}$ 弧度逆時針轉——也就是 120° 的逆時針轉，只要轉 1 圈重複 3 次，就能恢復原形。」

「啊！」蒂蒂說，「是因為 120° × 3 = 360° 吧。」

「$\frac{2\pi}{3}$ 弧度的旋轉，矩陣只要做 3 次方，就恢復原形，也就是等於 $\begin{pmatrix} 1 & 0 \\ 0 & 1 \end{pmatrix}$。」

$$\begin{pmatrix} \cos\frac{2\pi}{3} & -\sin\frac{2\pi}{3} \\ \sin\frac{2\pi}{3} & \cos\frac{2\pi}{3} \end{pmatrix}^3 = \begin{pmatrix} 1 & 0 \\ 0 & 1 \end{pmatrix}$$

「完成。」麗莎說。

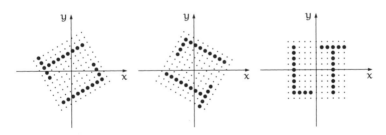

$\theta = \frac{2\pi}{3}, \frac{4\pi}{3}, 2\pi$ 時的旋轉結果

「ω 的華爾滋——是三拍子的舞蹈。」米爾迦說。

「抱歉，什麼是 ω……？」蒂蒂問道。

「ω 是滿足三次方程式 $x^3 = 1$ 的複數之一，具體來說就是：

$$\omega = \frac{-1 + \sqrt{3}\,i}{2}$$

$\omega^3 = 1$ 成立。」

「好、好的。」

「考慮複數平面的話，點就會對應複數。」

$$點(x, y) \quad \longleftarrow\text{----}\rightarrow \quad 複數\ x + yi$$

以原點為中心，$\dfrac{2\pi}{3}$ 弧度的逆時針轉 $\quad \longleftarrow\text{----}\rightarrow \quad$ 乘以 ω

以原點為中心，$\dfrac{2\pi}{3}$ 弧度的左轉重複 3 次 $\quad \longleftarrow\text{----}\rightarrow \quad$ 乘以 ω^3

$$\begin{pmatrix} \cos \frac{2\pi}{3} & -\sin \frac{2\pi}{3} \\ \sin \frac{2\pi}{3} & \cos \frac{2\pi}{3} \end{pmatrix}^3 = \begin{pmatrix} 1 & 0 \\ 0 & 1 \end{pmatrix} \quad \longleftarrow\text{----}\rightarrow \quad \omega^3 = 1$$

「旋轉嗎——」我說。我的腦中有矩陣、線性變換，以及複數相連的感覺。「這麼說來，平面上的點以原點為中心旋轉運動，或許就像天空的星辰以北極星為中心旋轉運動吧。」

平面上的點——天空的星辰運動。
平面上的圖形——天空的星座也運動。
以及，整個平面——整個天空也運動。

「就像天象儀吧。」蒂蒂說。
「旋轉矩陣會將整個平面一圈圈地旋轉，直到無限的盡頭，非常有趣。」
黑髮的少女如此說著，一圈圈地轉著自動鉛筆。

7.5　歸途

7.5.1　對話

我們四人——我、米爾迦、蒂蒂，還有麗莎——一起走到車站。
「矩陣就是排列數字，可以用來表示聯立方程式或線性變換。到底矩陣的《真實模樣》是什麼呢？」

「剛才蒂德菈說的都是矩陣的模樣。不，因為是將聯立方程式與線性變換用矩陣這個形式來表現，所以不如說——矩陣才是它們的模樣。可以用矩陣來表示的，都有共同的性質。可以用矩陣來表示的，未來也會找到很多吧。只要能看穿某個數學性的對象《可以用矩陣來表示》，這時就能將矩陣的理論當武器來使用。」

「啊！矩陣也是武器呢！」蒂蒂說。

「來磨鍊武器吧！」米爾迦說。「為了避免拿著寶貝卻不用，要磨鍊所持有的劍。劍若不使用，批評性思考會漸漸生鏽，畢竟——只靠記憶是不行的。」

這時米爾迦看我。

「啊？」我回應。

只靠記憶是不行的。

不想起來是不行的。

「出問題、解開它。出謎題、解開它。透過對話來琢磨武器。」米爾迦如詠唱般地說。

對話——嗎。我對米爾迦的話陷入沉思。

的確是對話。與問題的對話、與自己的對話，還有與米爾迦或蒂蒂的對話。我透過對話衡量自己的理解度，測試自己的力量。《舉例是理解的試金石》是我們的口號也是對話。因為那是——

《可以舉出表現理解了什麼的例子嗎？》

回應這個問題的唯一方法。

「對話——是嗎？」蒂蒂說，「讀書的時候，我有這種感覺，好像是在與寫書的人對話。」

「孤獨有兩種，有對話的孤獨，以及沒對話的孤獨。」米爾迦說。

有對話的孤獨？若是沒對話的孤獨我懂，可是，有對話的孤獨是什麼？我想著這個問題。米爾迦閉眼時，她應該是在與自己——或與自己的記憶——對話吧？

「只要有對話，就不再是孤獨，了不是嗎？」米爾迦說。

「只要看著矩陣……」蒂蒂雙手緊握著說，「就明白聯立方程式、點、直線、平面互相關連了。關於矩陣，我愈來愈、愈來愈想思考它了。行列式 $ad - bc$ 似乎還有更深的意義……我不會光是聽，自己也會讀書學習。《線性代數》的書裡也一定有寫著……」蒂蒂才一剛開口，就盯著我的臉看。

然後她就──臉紅低下頭來。

在線性代數中出現的許多素材──向量空間、矩陣、線性映射、聯立方程式，或是更進一步的直線或平面方程式──全都在「線性」的舞台上。
　　　　　　　　　　　　　　　　　　　　　　　　──志賀浩二[15]

No.

Date · · ·

我的筆記（線性變換的線性）

藉由 2×2 矩陣來確認線性變換的線性。

《和的線性變換是線性變換的和》

2 個向量 $\binom{s}{t}$ 與 $\binom{v}{w}$ 的和，用矩陣 $\left(\begin{smallmatrix} a & b \\ c & d \end{smallmatrix}\right)$ 線性變換的結果，等於 2 個向量各自線性變換的結果的和。

$$
\begin{pmatrix} a & b \\ c & d \end{pmatrix} \left(\begin{pmatrix} s \\ t \end{pmatrix} + \begin{pmatrix} v \\ w \end{pmatrix} \right) = \begin{pmatrix} a & b \\ c & d \end{pmatrix} \begin{pmatrix} s+v \\ t+w \end{pmatrix}
$$

$$
= \begin{pmatrix} a(s+v) + b(t+w) \\ c(s+v) + d(t+w) \end{pmatrix}
$$

$$
= \begin{pmatrix} (as+bt) + (av+bw) \\ (cs+dt) + (cv+dw) \end{pmatrix}
$$

$$
= \begin{pmatrix} a & b \\ c & d \end{pmatrix} \begin{pmatrix} s \\ t \end{pmatrix} + \begin{pmatrix} a & b \\ c & d \end{pmatrix} \begin{pmatrix} v \\ w \end{pmatrix}
$$

因此，以下式子成立。

$$
\underbrace{\begin{pmatrix} a & b \\ c & d \end{pmatrix} \underbrace{\left(\begin{pmatrix} s \\ t \end{pmatrix} + \begin{pmatrix} v \\ w \end{pmatrix} \right)}_{\text{和}}}_{\text{線性變換}} = \underbrace{\underbrace{\begin{pmatrix} a & b \\ c & d \end{pmatrix} \begin{pmatrix} s \\ t \end{pmatrix}}_{\text{線性變換}} + \underbrace{\begin{pmatrix} a & b \\ c & d \end{pmatrix} \begin{pmatrix} v \\ w \end{pmatrix}}_{\text{線性變換}}}_{\text{和}}
$$

No.

Date　　・　・　・

《純量倍的線性變換，是線性變換的純量倍》

　　將 K 倍的向量 $\begin{pmatrix} s \\ t \end{pmatrix}$ 用矩陣 $\begin{pmatrix} a & b \\ c & d \end{pmatrix}$ 線性變換後的結果，等於向量 $\begin{pmatrix} s \\ t \end{pmatrix}$ 線性變換後結果的 K 倍。

$$
\begin{pmatrix} a & b \\ c & d \end{pmatrix} \left(K \begin{pmatrix} s \\ t \end{pmatrix} \right) = \begin{pmatrix} a & b \\ c & d \end{pmatrix} \begin{pmatrix} Ks \\ Kt \end{pmatrix}
$$

$$
= \begin{pmatrix} aKs + bKt \\ cKs + dKt \end{pmatrix}
$$

$$
= K \begin{pmatrix} as + bt \\ cs + dt \end{pmatrix}
$$

$$
= K \begin{pmatrix} a & b \\ c & d \end{pmatrix} \begin{pmatrix} s \\ t \end{pmatrix}
$$

因此，以下式子成立。

$$
\underbrace{\begin{pmatrix} a & b \\ c & d \end{pmatrix} \underbrace{\left(K \begin{pmatrix} s \\ t \end{pmatrix} \right)}_{\text{純量倍}}}_{\text{線性變換}} = \underbrace{K \underbrace{\begin{pmatrix} a & b \\ c & d \end{pmatrix} \begin{pmatrix} s \\ t \end{pmatrix}}_{\text{線性變換}}}_{\text{純量倍}}
$$

以上在藉由 $n \times n$ 矩陣的線性變換都成立。

第 8 章
孤獨一人的隨機漫步

「魯賓遜、魯賓遜、魯賓遜‧克魯索。可憐的魯賓遜‧克魯索！
你在哪裡呢，魯賓遜‧克魯索？
你正在哪裡？你曾在哪裡？」
——《魯賓遜漂流記》

8.1 家

8.1.1 下雨的星期六

　　星期六的下午，外頭下雨，會連續下雨一陣子吧，氣溫高又悶熱，我正在自己的房間用功準備考試。

　　雖是念書……由梨卻在我的背後坐立不安。

　　「由梨，到底怎麼了？」我說。

　　「嗯……沒什麼。」

　　住在附近的表妹由梨，只要放假就會來我房間玩。自從她國中三年級以後，拿念書工具來的次數就變多了，她會來我房間寫作業讀書。

　　今天她也拿書和筆記本來，但似乎念不下書。雖然我向她刺探，由梨也只是回答「嗯……沒什麼」或「喵嗚……沒什麼」。不久，她嘆氣地嘟囔道：「雨天最討厭了……」。

8.1.2 下午茶時間

　　「小由梨，作業有進展了嗎？」

　　母親拿著水羊羹進來。

　　「有，哥哥教我了。」由梨忽然改變模式，圓滑地回答。

妳根本就沒念書吧──我將這句話吞下去。

「你要仔細教她喔。」母親對著我說。

「我知道。」

「水羊羹好好吃──」由梨說。

「和菓子是對四季的愛。」母親說。

「妳這麼一說，我想到玄關的紫陽花插花，很漂亮──」

「哎呀，注意到了！」母親很開心地說。

由梨可真會說話呢。

8.1.3 鋼琴問題

或許是吃了茶點有精神，由梨從書架抽出數學測驗的書，嘩啦嘩啦地翻書。

「哥哥，這題測驗你會嗎？」

問題 8-1（鋼琴問題）

將鋼琴白鍵相鄰的音連接起來，用以下的條件製作旋律。

- 《Do》為起始音，高 3 音的《Fa》作為結束音。
- 旋律由 12 個音組成。
- 不使用比起音低的音。

如《Do→Re→Do→Re→Mi→Re→Do→Re→Mi→Fa→So→Fa》就合格，但《Do→Re→Mi→(x)Do→Re→Mi→(x)Mi→……》的旋律則失去資格，因為用了《Mi→Do》或《Mi→Mi》這種不相鄰的音。

請問滿足條件的旋律有幾種？

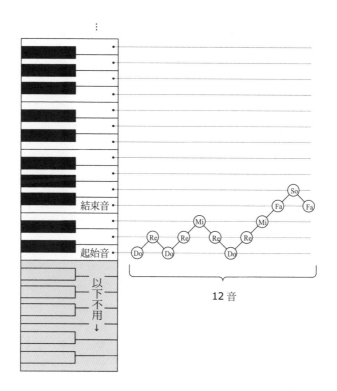

12 音

「好像很有趣。」我說。

「喂——這應該是用排列組合來解題吧？」由梨說。

「大概吧。不過，首先必須確認妳是否真的理解題意。問題的意義稱為**題意**，不理解題意就不能解問題。」

「那是當然的不是嗎，畢竟不懂的問題就不會了。」

「對，可是這個理所當然的事，很多人做不到。」

「那麼，這個鋼琴問題要怎麼做才好？」

面對由梨的問題，我拿出新的座標紙。

「確認理解的方法和以往一樣——

《舉例是理解的試金石》

——就是這個。求這個鋼琴問題滿足某個條件時的旋律數，所以，具體做出旋律就行了。在具體做的時候，滿足旋律的條件就會記入腦中，說不定就能得到解開問題方法的提示。我們一起試著做做看吧。」

「嗯！」

由梨戴起眼鏡，看著座標紙。

8.1.4　旋律的例子

「在這個問題中，旋律的例子是：

$$Do \rightarrow Re \rightarrow Do \rightarrow Re \rightarrow Mi \rightarrow Re \rightarrow Do \rightarrow Re \rightarrow Mi \rightarrow Fa \rightarrow So \rightarrow Fa$$

對吧。試著畫成座標圖吧。」

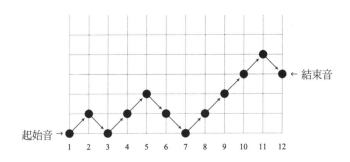

問題的旋律例子

「是鋸齒狀呢。」由梨說。

「有沒有想到其他的？」

「嗯——很簡單，《Do→Re→Mi→Fa→……》先往上升，再像《……→Si→Ra→So→Fa》這樣下降就可以了。」

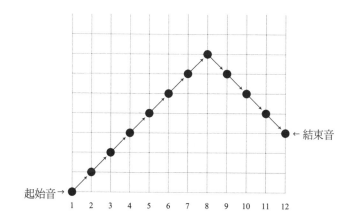

先往上升，再下降的旋律

「嗯，不錯。以《Do》開始，在《Fa》結束，音的個數有 12 個，符合條件。其他的呢？」我問。

「那麼，反過來先下降──啊，不行。不可以用比《Do》低的音。所以是……這樣吧：《Do→Re→Do→Re→Do→Re→……》低空飛行後急迫上升。」

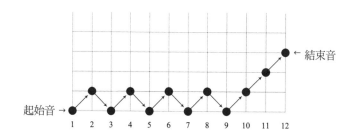

低空飛行的旋律

「很不錯喔。」

「哥哥，喂──」由梨說，「剛才畫座標圖的時候，我發現……合格的旋律一定會上升 7 次下降 4 次，用箭頭向上、向下和顏色來做區分

就可以看得很清楚！」

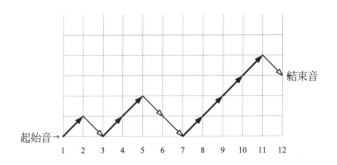

「妳發現了很了不起的事。」我說。

「啊，我知道了！哥哥這很簡單！」由梨搖晃著馬尾大叫，「排列 7 個向上的箭頭與 4 個向下的箭頭，組合數就是旋律的數量！」

「咦——不對嗎？……啊，錯了吧。不能用比起始音《Do》更低的音。只有排列箭頭的話，就會穿透最底的音了。」

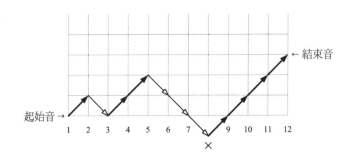

「對對對，算到穿透最底的路就糟了。」

「哥哥，你從剛才就一副慢條斯理的態度，你知道答案嗎？」

「雖然不知道具體的答案，不過我發現有兩個解法。」

「咦！解法竟然有兩個？」

8.1.5 解法一：以耐性決勝負

「首先，用蒂蒂風格來解鋼琴問題。」我說。

「蒂德菈同學？」由梨說。

「有耐心地寫下解問題的方法，就像蒂蒂的方式一樣。從左邊的起始音依序寫《直到結束音為止的情況數》。」

我在座標紙依序寫上數字。

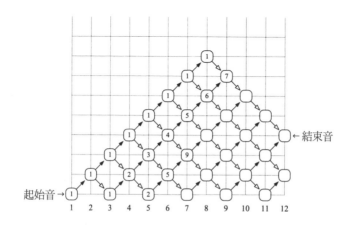

「哥哥，你在做什麼？」由梨很詫異地說。

「做加法啊。」

「我懂了，把往上升的與往下降的加起來，對吧！停，由梨接下去做！」

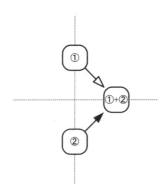

由梨從我手上搶走自動鉛筆，迅速填上數字。

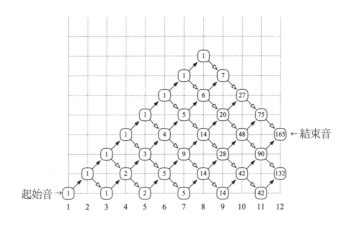

「對對對，很好，然後，答案是……」

「在第 12 個音響起結束音的——是這個！就是 165！也就是有 165 種旋律吧。」由梨說。

解答 8-1（鋼琴問題）

可以做出 165 種旋律。

8.1.6 解法二：以靈感決勝負

「鋼琴問題的另一個解法是——」我說。

「這次是米爾迦大小姐風格的方法！」

「嗯……首先是盡可能往下降。」

「這樣的話，就會比起始音的《Do》還低了喔。」

「是啊，不過妳聽我說完。」我對由梨說，「假設起始音是 P，結束音是 Q。從 P 到 Q 的道路當中，比起始音低的路，一定會經過 R1,R2,R3,R4 這 4 點的其中一點。」

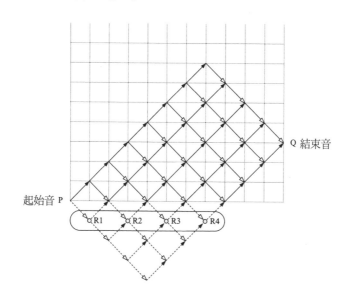

「咦？」由梨盯著圖思考，「嗯……就是啊，然後呢？」

「接著，穿過 R1,R2,R3,R4 水平放置的鏡子，然後，考慮結束點 Q 映在鏡子時的鏡像 Q'。」

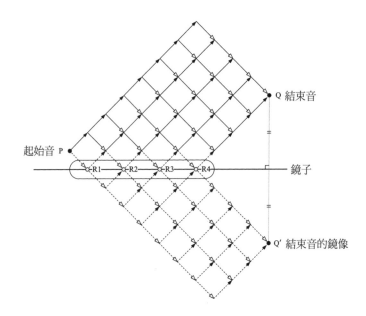

「等等，哥哥！這樣……這樣做可以知道什麼？」

「妳試著想想可以知道什麼吧。」我說。

　　由梨的栗色頭髮忽然閃耀起金色，那是思考模式的由梨。我在她思考的期間一動也不動地等待。她升上國中三年級後，就一口氣長高很多，表情也有點像大人了。

「……不知道，我投降。喂，你到底知道什麼？」

「剛才我們想要求從起始音 P 到結束音 Q 的情況數對吧。」

「如果連低於起始音的道路都算，就太多了。」

「是啊，所以就去求多了多少，再算減法。」

「可以這樣做嗎？」

「妳仔細看圖，由梨。所謂低於起始音的道路，就是從 P 走到 Q 的道路當中，至少通過 R1,R2,R3,R4 這 4 點之中 1 點的路。」

「我剛才聽過了。」由梨說。

「這裡有鏡子啊，因此所謂通過 R1,R2,R3,R4 從 P 走到 <u>Q</u> 的路，就等於從 P 走到 <u>Q'</u> 的道路數量！」

「咦？為什麼？」

「聽好了，通過鏡子從 P 走到 Q 的路上，一開始碰到 R1,R2,R3,R4 的其中一個，前進方向就會上下反轉。也就是說，往《右上》的一步換成往《右下》的一步，相反的往《右下》的一步換成往《右上》的一步，就像照鏡子一樣。這麼一來，《從起始音下降由 P 走到 Q 的路》就與《由 P 走到 Q'的路》剛好一一對應了。」

「喔——！」

「所以，只要減掉《由 P 走到 Q'的路》個數太多的份量，就能得到想求的答案了。」

我畫出求道路數量的概略圖。

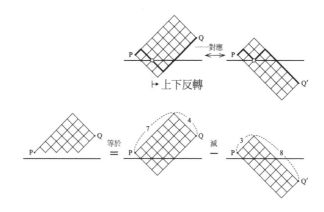

「原來如此！⋯⋯可是，喂，哥哥，這個構思真厲害。」

「是啊，哥哥的這個方法是米爾迦教我的。」

「米爾迦大小姐教的⋯⋯」

「從 P 走到 Q 的道路總數，就是 7 個向上箭頭與 4 個向下箭頭的排列方式。合計 11 個箭頭當中，《哪 7 個是向上箭頭》的組合。在學校寫成 C_7^{11}，不過現在寫成 $\binom{11}{7}$。」

《從 P 走到 Q 的道路總數》

=《7 + 4 個箭頭的當中，有 7 個做為向上箭頭的組合數 》

$= \quad C_7^{7+4}$

$= \dbinom{7+4}{7}$

$= \dbinom{11}{7}$

$= \dbinom{11}{4} \qquad$ 從 11 個選出 7 個，與從 11 個選出 4 個一樣

$= \dfrac{11 \cdot 10 \cdot \overset{3}{\cancel{9}} \cdot 8}{\cancel{4} \cdot \cancel{3} \cdot 2 \cdot 1}$

$= 11 \cdot 10 \cdot 3$

$= 330$

「所以，從 P 走到 Q 的道路總數共有 330 種。」

「是啊，有這麼多呢，咦──」

「接著是從 P 走到 Q' 的道路總數，這次變成 3 個向上箭頭與 8 個向下箭頭的排列方式，所以……」

《從 P 走到 Q' 的道路總數》

=《3 + 8 個箭頭的當中，有 3 個做為向上箭頭的組合數 》

$= \dbinom{3+8}{3}$

$= \dbinom{11}{3}$

$= \dfrac{11 \cdot \overset{5}{\cancel{10}} \cdot \overset{3}{\cancel{9}}}{\cancel{3} \cdot 2 \cdot 1}$

$= 11 \cdot 5 \cdot 3$

$= 165$

「因此，從 P 走到 Q' 的道路總數共有 165 種。」

「然後做減法？」

「沒錯。」

《從 P 走到 Q 的道路當中，不比開始音低的道路數》

=《從 P 走到 Q 的道路總數》-《從 P 走到 Q'的道路總數》

$$= \binom{7+4}{4} - \binom{3+8}{3}$$
$$= 330 - 165$$
$$= 165$$

「因此，鋼琴問題的答案是 165 種。」我說，「與耐性決勝負求得的值一樣，對吧。」

「真的耶！完全一樣！感覺真棒！」

8.1.7 一般化

「喂，由梨，剛才求得的旋律數可以一般化喔。」

「一般化？」

「也就是不管有幾個音的旋律，都可以計算。雖然用耐性決勝負的方法很辛苦，不過如果是靈感決勝負的方法，就能做出算式。」

「一樣的思考就行了嗎喵？」

「對，因為剛才是考慮 7 個音上升 4 個音下降的旋律，就當成思考 u 個音上升，d 個音下降的旋律。不用 7 或 4 這種具體的數字，而使用 u 或 d 這種變數，是一般化的思考方式。這個就稱為——

《將變數的導入一般化》

與剛才的思考方式一樣……」

《從起始音走到結束音的道路中，不比起始音低的道路數》

＝《從起始音走到結束音的道路總數》－《從起始音走到結束音鏡像的道路總數》

$$= \binom{u+d}{d} - \binom{(d-1)+(u+1)}{d-1}$$

$$= \binom{u+d}{d} - \binom{u+d}{d-1}$$

$$= \frac{(u+d)!}{d!\,(u+d-d)!} - \frac{(u+d)!}{(d-1)!\,(u+d-(d-1))!}$$

$$= \frac{(u+d)!}{u!\,d!} - \frac{(u+d)!}{(u+1)!\,(d-1)!}$$

「喂，哥哥，式子好像變得很複雜，這種式子要怎麼計算？」

$$\frac{(u+d)!}{u!\,d!} - \frac{(u+d)!}{(u+1)!\,(d-1)!} = ?$$

「分數的減法，分母一致，用《通分》就行了。」

「通分……可是……」

「譬如 $d!$ 與 $(d-1)$ 有這樣的關係。」

$$d! = d \cdot (d-1) \cdot (d-2) \cdots \cdots 2 \cdot 1 = d \cdot (d-1)!$$

「呃──啊，對啊，d 與 $(d-1)$!相乘就是 d!了！」

「同樣地，$u+1$ 與 u! 相乘就等於 $(u+1)$!。既然如此，也就能通分了。」

「是文字式子的通分吧。」

$$\frac{(u+d)!}{u!\,d!} - \frac{(u+d)!}{(u+1)!\,(d-1)!}$$

$$= \frac{u+1}{u+1} \cdot \frac{(u+d)!}{u!\,d!} - \frac{d}{d} \cdot \frac{(u+d)!}{(u+1)!\,(d-1)!}$$

$$= \frac{(u+1)(u+d)!}{(u+1)u!\,d!} - \frac{d(u+d)!}{(u+1)!\,d(d-1)!}$$

$$= \frac{(u+1)(u+d)!}{(u+1)!\,d!} - \frac{d(u+d)!}{(u+1)!\,d!}$$

$$= \frac{(u+1)\cdot(u+d)! - d\cdot(u+d)!}{(u+1)!\,d!}$$

「接下來妳覺得要怎麼做？」

「計算分子對吧……我懂了！用 $(u+d)$！來總括！」

$$\frac{(u+1)\cdot(u+d)! - d\cdot(u+d)!}{(u+1)!\,d!} = \frac{((u+1)-d)(u+d)!}{(u+1)!\,d!}$$

$$= \frac{(u-d+1)(u+d)!}{(u+1)!\,d!}$$

「喂……由梨。」

「怎麼了？一般化不是做得很好嗎。」

「──不是，這個式子一定可以更漂亮。」

$$\frac{(u-d+1)(u+d)!}{(u+1)!\,d!}$$

「沈迷於導算式，這就是男人的直覺？」

「別打岔，我很認真……」

我盯著式子瞧。

《就算出現看起來很複雜的式子，也不能洩氣》

我想起自己以前對蒂蒂說過的話。

「怎麼樣喵？」由梨說。

「嗯，妳看，階乘出現在分子與分母，只要在分子分母都乘以 $u + d + 1$，就能用組合的數來表示了。」

$$
\begin{aligned}
\frac{(u-d+1)(u+d)!}{(u+1)!\,d!} &= \frac{u+d+1}{u+d+1} \cdot \frac{(u-d+1)(u+d)!}{(u+1)!\,d!} \\
&= \frac{(u-d+1)(u+d+1)(u+d)!}{(u+d+1)(u+1)!\,d!} \\
&= \frac{(u-d+1)(u+d+1)!}{(u+d+1)(u+1)!\,d!} \\
&= \frac{u-d+1}{u+d+1} \cdot \frac{(u+d+1)!}{(u+1)!\,d!} \\
&= \frac{u-d+1}{u+d+1} \cdot \frac{(u+d+1)!}{(u+1)!\,(u+d+1-(u+1))!} \\
&= \frac{u-d+1}{u+d+1} \cdot \binom{u+d+1}{u+1}
\end{aligned}
$$

「咦，可是，這個式子……比剛才漂亮？」由梨說。

$$
\frac{u-d+1}{u+d+1} \cdot \binom{u+d+1}{u+1}
$$

我再次看式子，要是出現複雜的式子——就去找《共同的模式》。共同的模式……就是這個。

「試著在這裡——

$$
\begin{cases}
a &= u+1 \\
b &= d
\end{cases}
$$

——放入這個吧。」我說。

「試著放看看，會怎麼樣？」

$$\frac{u-d+1}{u+d+1} \cdot \binom{u+d+1}{u+1} = \frac{(u+1)-d}{(u+1)+d} \cdot \binom{(u+1)+d}{u+1}$$

$$= \frac{a-b}{a+b} \cdot \binom{a+b}{a}$$

「這樣就很漂亮了。」我說。

$$\frac{a-b}{a+b} \cdot \binom{a+b}{a}$$

「喔喔──！好漂亮！」由梨拍手，「哥哥好厲害！」

「由梨不只有《四季的愛》，也有《式子的愛》呢。」

我一邊如此說著，一邊整理到筆記本。

鋼琴問題的一般解

不用比起始音低的音，將相鄰的音連接 $a+b$ 個，用比起始音高 $a-b-1$ 的音作結束，這樣的旋律個數，可用以下式子表示。

$$\frac{a-b}{a+b} \cdot \binom{a+b}{a}$$

「高 $a-b-1$ 的音？」由梨問。

「結束音只比起始音高 $u-d$ 音，所以就是高 $u-d = (a-1) - b = a - b - 1$。音的數量因為是 $u+d+1$ 個，所以就是 $u+d+1 = (a-1) + b + 1 = a + b$ 個。」

「這樣啊……」

「求了一般解，現在來驗算吧。這個鋼琴問題，既然 $a-b-1 = 3, a+b = 12$，所以 $a=8, b=4$。因此……」

$$\frac{a-b}{a+b} \cdot \binom{a+b}{a} = \frac{8-4}{8+4} \cdot \binom{8+4}{8}$$

$$= \frac{4}{12} \cdot \binom{12}{8}$$

$$= \frac{4}{12} \cdot \binom{12}{4}$$

$$= \frac{\cancel{4}}{\cancel{12}} \cdot \frac{\cancel{12} \cdot 11 \cdot \overset{5}{\cancel{10}} \cdot \overset{3}{\cancel{9}}}{\cancel{4} \cdot \cancel{3} \cdot 2 \cdot 1}$$

$$= 11 \cdot 5 \cdot 3$$

$$= 165$$

「嗯──嗯嗯嗯！」由梨發出感慨的聲音,「是漂亮的 165！」

8.1.8　動搖的心

「真是非常有趣呢。」我收拾著桌面。

「啊──好開心。」

「妳心情好了?」我對滿足的由梨說。

「我都忘記了──你又害我想起來了！哥哥真是笨蛋……」由梨嘆了口氣。「少女真是痛苦呢──喂,哥哥。」

她慢慢摘下眼鏡。

「嗯?」

「……那個啊、那個──我寫信還是失敗了──」

寫信?失敗?

啊啊……她是說轉學的男生嗎,由梨的朋友,寄信給《那傢伙》的事。由梨按照蒂蒂的建議寄信了吧。

「……早知道還是放棄就好了──」

由梨在手中一圈圈轉著眼鏡說。

「沒有回信嗎?」我說。

「呃──嗯──算是吧……」由梨站起身,轉了一圈,背對我面向

書架。「我並沒有那麼在意。」

《我並沒有那麼在意》

透過這句話傳達了她的在意。

寄信等回信——沒有保證今天會有回信，也沒保證明天，說不定根本不會有回信。

我盡可能以溫柔的聲音說：

「才剛搬家，或許他很忙吧。」

「這樣啊，說的也是——」

由梨朝我莞爾一笑。

「哥哥，謝謝！」

8.2 早晨上學的路

8.2.1 隨機漫步

「學長，早安！」活力女孩說。

「蒂蒂早安。」

現在是早晨，今天也下雨。從車站往學校的上學路，我與蒂蒂並肩行走。她打著一把橙色的明亮雨傘。

「就算下雨蒂蒂也很有精神呢。」我說。

「對！……雖然很想承認，但並非如此。」

「妳沒精神？」

「啊，可是我今天打算拒絕米爾迦學姊，所以沒關係了。」

「什麼意思？」

「不說這個了，學長最近在思考什麼問題呢？」

我簡略地說明與由梨一起思考的鋼琴問題。

「這樣啊，鋸齒狀的路……」蒂蒂一邊避開腳下的水窪，一邊說。「好像是 "random walk"。」

「random walk ？……是啊，的確很像。」

random walk，日語稱為亂步或醉步，就像醉漢踉踉蹌蹌走路一樣，是某個點隨機移動的數理模型的總稱。

「我最近剛好在學物理的時間。隨機漫步的現象──呃，就是布朗運動吧。我也看了影片，含水的花粉膨脹破裂，從裡面出來的細小顆粒紛飛飄動。鋼琴的鍵盤上升或下降，和這個有點像。」

「的確是呢。」我對蒂蒂的構思感到驚訝地說，「擲硬幣若出現正面就是高 1 音，出現背面就低 1 音，這樣彈鋼琴──這麼說來，的確是一維的隨機漫步吧。」

「一維？」

「平面上以前後、左右 2 個方向移動，就是二維。鋼琴的鍵盤只有高低音的 1 個方向，所以是一維。」

「原來如此。」蒂蒂點了好幾下頭。

8.3　中午的教室

8.3.1　矩陣的練習

上午的課程結束，到了午休時間。

「奇怪，米爾迦學姊呢──？」

蒂蒂拿著便當來我的教室。她是高二生，我和米爾迦是高三生。一般人會不好意思進入學年不同的教室，但蒂蒂卻不膽怯。

「聽說她今天請假。」我說。

「這樣啊……」

「雖然米爾迦不在，妳要不要在這裡吃？屋頂在下雨吧。」我說。於是蒂蒂笑嘻嘻地坐在我旁邊空著的座位。

「我念了矩陣。」蒂蒂一邊打開便當一邊說。

「多慮學長，我不會弄錯矩陣的行與列了，真是謝謝你。看透式子的模式也變拿手了，注意到《積的和》真是開心呢。」

「那麼來個小測驗吧，這個妳會算嗎？」我在筆記本寫下式子。

$$\begin{pmatrix} a & b \\ c & d \end{pmatrix}^2$$

「學長……這很簡單吧。」
「是嗎？」
蒂蒂馬上計算。

$$\begin{pmatrix} a & b \\ c & d \end{pmatrix}^2 = \begin{pmatrix} a & b \\ c & d \end{pmatrix}\begin{pmatrix} a & b \\ c & d \end{pmatrix}$$
$$= \begin{pmatrix} aa + bc & ab + bd \\ ca + dc & cb + dd \end{pmatrix}$$
$$= \begin{pmatrix} a^2 + bc & (a+d)b \\ (a+d)c & cb + d^2 \end{pmatrix}$$

「沒錯，正解。對了，這裡出現含有 a + d 的式子。」
「對對對，我發現了！（a + d）b 與（a + d）c。」
「那麼下個小測驗。這個怎麼樣？」

$$(a+d)\begin{pmatrix} a & b \\ c & d \end{pmatrix}$$

「我不會上當的。」蒂蒂說，「這是純量與矩陣的乘法，將元素全部乘以 a + d 就行了。」

$$(a+d)\begin{pmatrix} a & b \\ c & d \end{pmatrix} = \begin{pmatrix} (a+d)a & (a+d)b \\ (a+d)c & (a+d)d \end{pmatrix}$$

「還不錯。」我說，「雖然我本來就不是要出騙妳的問題……不過我們來仔細看剛才求出的兩個式子吧。」

$$\begin{cases} \begin{pmatrix} a & b \\ c & d \end{pmatrix}^2 = \begin{pmatrix} a^2 + bc & (a+d)b \\ (a+d)c & cb + d^2 \end{pmatrix} \\ (a+d)\begin{pmatrix} a & b \\ c & d \end{pmatrix} = \begin{pmatrix} (a+d)a & (a+d)b \\ (a+d)c & (a+d)d \end{pmatrix} \end{cases}$$

蒂蒂按我說的《仔細看》凝視筆記本，真是老實呢。

「（a + d）b 與 （a + d）c 的元素是共同的……」

「嗯，發現這個的話就好辦了，以下的計算妳會嗎？」

$$\begin{pmatrix} a & b \\ c & d \end{pmatrix}^2 - (a+d)\begin{pmatrix} a & b \\ c & d \end{pmatrix}$$

「啊！減法以後，就消去兩個元素了！……雖然這並不令人驚訝。」

$$\begin{aligned} \begin{pmatrix} a & b \\ c & d \end{pmatrix}^2 - (a+d)\begin{pmatrix} a & b \\ c & d \end{pmatrix} &= \begin{pmatrix} a^2 + bc & (a+d)b \\ (a+d)c & cb + d^2 \end{pmatrix} - \begin{pmatrix} (a+d)a & (a+d)b \\ (a+d)c & (a+d)d \end{pmatrix} \\ &= \begin{pmatrix} a^2 + bc - (a+d)a & (a+d)b - (a+d)b \\ (a+d)c - (a+d)c & cb + d^2 - (a+d)d \end{pmatrix} \\ &= \begin{pmatrix} a^2 + bc - a^2 - da & 0 \\ 0 & cb + d^2 - ad - d^2 \end{pmatrix} \\ &= \begin{pmatrix} bc - da & 0 \\ 0 & cb - ad \end{pmatrix} \end{aligned}$$

「嗯，消去兩個元素了。」我說，「然後呢？」

「bc − da 與 cb − ad 沒消失。」蒂蒂說。

「雖然沒消失……」我等著她發現。

「雖然沒消失……？」她側首看我。

「妳沒發現嗎，蒂蒂。仔細看 bc − da 與 cb − ad。」

「啊！——相等！因為 bc − da = cb − ad。」

「而且……」我等著她發現。

「而且……？」她眨眼看我。

「$bc - da$，就等於$-(ad - bc)$對吧。」

「$-(ad - bc)$……啊！$ad - bc$是矩陣！」

「對啊，所以把矩陣 $\begin{pmatrix} a & b \\ c & d \end{pmatrix}$ 的行列式值記為 $\begin{vmatrix} a & b \\ c & d \end{vmatrix}$，下式就成立。」

$$\begin{pmatrix} a & b \\ c & d \end{pmatrix}^2 - (a + d)\begin{pmatrix} a & b \\ c & d \end{pmatrix} = -\begin{vmatrix} a & b \\ c & d \end{vmatrix}\begin{pmatrix} 1 & 0 \\ 0 & 1 \end{pmatrix}$$

「咦……」

「也可以全部移到左邊。」

$$\begin{pmatrix} a & b \\ c & d \end{pmatrix}^2 - (a + d)\begin{pmatrix} a & b \\ c & d \end{pmatrix} + \begin{vmatrix} a & b \\ c & d \end{vmatrix}\begin{pmatrix} 1 & 0 \\ 0 & 1 \end{pmatrix} = \begin{pmatrix} 0 & 0 \\ 0 & 0 \end{pmatrix}$$

「好……總覺得式子很漂亮。」

「$\begin{pmatrix} a & b \\ c & d \end{pmatrix}$ 用 A、$\begin{pmatrix} 1 & 0 \\ 0 & 1 \end{pmatrix}$ 用 E、$\begin{pmatrix} 0 & 0 \\ 0 & 0 \end{pmatrix}$ 用 O 來表示——

$$A^2 - (a + d)A + (ad - bc)E = O$$

——這個式子恆成立，這就是克萊兒－漢米爾頓定理。解入學考試的考古題時，常常會出現根據此定理出的問題。」

「是啊……對了，學長，$ad - bc$ 雖然有行列式這個名字，$a + d$ 有名字嗎？」

「這樣啊，$a + d$ 的名字啊……我不知道。」

然後——我重新察覺，對啊，米爾迦請假了。如果能說善道的才女在，一定會馬上答出 $a + d$ 的名稱。

8.3.2 動搖的心

我們把矩陣的問題丟下不管，開始吃午餐。我吃麵包，蒂蒂吃便當。

「對了，妳今天早上說《拒絕》是什麼意思？」

「那個……呃。」她猶豫了一陣子開口說，「其實啊，米爾迦學姊

拜託我，希望我代替她在《研討會》發表。」

「什麼研討會？」

「"conference"——聽說今年夏天要在雙倉圖書館召開電腦科學的小型國際會議。」

「咦！蒂蒂要在哪裡發表論文？」

「不是不是不是不是！怎麼可能。研討會中有國中生相關的會議，所以是他們希望我發表。」

「咦……是什麼樣的發表？」

「聽說米爾迦學姐想談離散數學，不過她那天好像沒空，所以要由我代打。可是，我想拒絕她，我又不會發表……」

「米爾迦想讓妳發表？」我說。

「是啊，聽說本來國中生相關的內容，要由大學老師來講。該怎麼說呢，但只要改成以接近國中生年齡的學長姐身分，發表平易近人的內容就行了。主題是任何數學・資訊系的內容都可以。」

「這不是個好機會嗎，機會難得，就發表個什麼吧？」

「請不要連學長都這樣說——我光是想到要在那種地方發表就忐忑不安。畢竟是要在將近二十個人面前發表。」

「二十個人又沒什麼了不起。啊，對了，妳就談談最近學的演算法就好了不是嗎。走查、漸近的解析、搜尋或排序。嗯？」

「不行啦！其實米爾迦學姊也是相同的提議！」

「啊，這樣啊——妳和村木老師商量過了嗎？」

「……村木老師也是一樣的提議。」

「那妳就答應吧？以前妳說過《想傳達訊息》對吧。」

「是啊？」

「在眾人面前發表不就正好是《傳達訊息》的機會嗎？」

「啊，就是說——啊，我沒想到。」

這時預備鈴響了。

「哎呀，下午要上課了。」

「學長，謝謝你的建議，再讓我稍微想一下。」

蒂蒂稍微點了個頭，就回自己教室了。

8.4 放學後的圖書室

8.4.1 流浪問題

下午課程結束到了放學後，我如同平常一般去圖書室。

「學長！」

正在念書的蒂蒂看到我用力揮手。

「總覺得今天一直和蒂蒂在一起呢。」我笑了。

「真的耶！」她雙手夾著臉頰嫣然一笑，「啊，學長，對了，對於矩陣 $\left(\begin{smallmatrix} a & b \\ c & d \end{smallmatrix}\right)$ 之中 $a + d$ 的名字我知道了，據說叫做跡，雖然我還不懂意思。」

「咦，妳查過了？」

「對！我不是只會一直等人告訴我的蒂德菈！」

$$A^2 - \underbrace{(a+d)}_{\text{跡}}A + \underbrace{(ad - bc)}_{\text{行列式}}E = O$$

「真了不起……對了，那是村木老師的卡片？」

我指著放在蒂蒂前面的卡片。

「對，我一跟老師說《習慣矩陣了》，他就馬上給了我問題！」

問題 8-2（流浪問題）

愛麗絲每年會在 A 與 B 兩個國家之間流浪。

第 0 年愛麗絲會擲 1 次平整的硬幣，出現正面就去 A 國；出現背面就在 B 國過那一年。

之後每年愛麗絲會擲 1 次硬幣，出現正面就留在同一國；出現背面就移動到另一國過年。

- 第 0 年擲平整的硬幣，正面背面的機率都是 1/2。
- A 國的硬幣出現正面的機率是 $1 - p$；出現背面的機率是 p。
- B 國的硬幣出現正面的機率是 $1 - q$；出現背面的機率是 q。
- 假設 $0 < p < 1$ 及 $0 < q < 1$。

求愛麗絲第 n 年在 A 國生活的機率。

「妳思考到哪了？」我問。

「還沒很徹底，不過我覺得這個流浪問題應該是用等比數列的一般項吧。第一項是 c，公比是 r 的等比數列：$c, cr^2, cr^3, \cdots\cdots, cr^n, \cdots\cdots$。我想一定是這種感覺吧……」

「……是嗎？」

「然、然後，整理往返兩國的機率。」

$$A \xrightarrow{\ \ 1-p\ \ } A$$

$$A \xrightarrow{\ \ p\ \ } B$$

$$B \xrightarrow{\ \ 1-q\ \ } B$$

$$B \xrightarrow{\ \ q\ \ } A$$

「呃。」我說，「我想這樣整理比較好。」

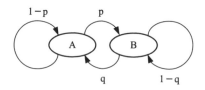

「是啊，移動的樣子很好懂……對了，這裡開始要如何進行才好呢？假設擲 n 次硬幣，其中 m 次是正面──即使這樣思考，組合的個數好像也會很可怕。」

「那個啊，蒂蒂……妳做過例子了？」

「啊……還沒。」

「妳太急著到目的了。」

「是啊──我想到這應該和等比數列有關係吧……忽然就想到一般項了。我應該先考慮具體例子才對。」

「對對對，《舉例是理解的試金石》是基本。不要忽然想第 n 年的事，我認為依序考慮第 0 年、第 1 年……這樣才對。譬如第 0 年在 A 生活的機率是 $\frac{1}{2}$。妳知道《第 0 年在 A 生活，然後第 1 年留在 A 的機率》

嗎？」

　　「只要一步一步往前想就行了吧……呃，第 0 年在 A 國的機率是 $\frac{1}{2}$，因為第 1 年留在 A 國的機率是 $1-p$，所以機率是 $\frac{1}{2} \times (1-p)$。」

　　「那麼《第 0 年在 B 生活，然後第 1 年移到 A 的機率》是多少？」

　　「呃、呃，第 0 年在 B 國的機率是 $\frac{1}{2}$，因為第 1 年去 A 國的機率是 q，所以機率是 $\frac{1}{2} \times q$。」

　　「《第 0 年在 A 生活，第 1 年也在 A 生活的情況》與《第 0 年在 B 生活，第 1 年在 A 生活的情況》——這些就是全部了？」

　　「是啊？」

　　「已經將《第 1 年在 A 生活的情況》沒遺漏、沒重複算完了嗎？」

　　「是、是的，是、是這樣沒錯。」

　　「怎麼了嗎？」

　　「我覺得……學長很難得會問我《沒遺漏、沒重複》。本來這種問題應該是我自己來問的。」

　　「嗯，也是……那麼，為了容易一般化，假設第 n 年在 A 生活的機率是 a_n；在 B 生活的機率是 b_n。於是 $n=0$ 的時候就可以寫成以下這樣：

$$《第\ 0\ 年在\ A\ 生活的機率》= a_0 = \frac{1}{2}$$
$$《第\ 0\ 年在\ B\ 生活的機率》= b_0 = \frac{1}{2}$$

這樣一來：

$$《第\ 0\ 年在\ A\ 生活，第\ 1\ 年也在\ A\ 生活的機率》= \frac{1}{2} \times (1-p) = (1-p)a_0$$
$$《第\ 0\ 年在\ B\ 生活，第\ 1\ 年在\ A\ 生活的機率》= \frac{1}{2} \times q = qb_0$$

　　就能表示為以上。這只是將 $\frac{1}{2}$ 當作 a_0 或 b_0 而已。這樣一來，a_1 就能用 a_0 與 b_0 來寫了。結果，第 1 年在 A 生活的機率，就是 $(1-p)a_0$ 與 qb_0 的和。」

$$a_1 = (1-p)a_0 + qb_0 \qquad \text{第 1 年在 } A \text{ 生活的機率}$$

「好！意思就是 b_1 也用同樣思考方法……就是這樣！」

$$b_1 = (1-q)b_0 + pa_0 \qquad \text{第 1 年在 } B \text{ 生活的機率}$$

「嗯，雖然這沒錯，不過先寫 a_0 比較好。」

$$b_1 = pa_0 + (1-q)b_0$$

「為什麼？」

「妳只要把 a_1 與 b_1 並排書寫就會懂了。」

$$\begin{cases} a_1 & = (1-p)a_0 + qb_0 \\ b_1 & = pa_0 + (1-q)b_0 \end{cases}$$

「……不，我不太懂，為什麼呢？」

「因為這完全是《可以用矩陣來表示》的形式！」

$$\begin{pmatrix} a_1 \\ b_1 \end{pmatrix} = \begin{pmatrix} 1-p & q \\ p & 1-q \end{pmatrix} \begin{pmatrix} a_0 \\ b_0 \end{pmatrix}$$

「啊！《乘、乘、加》這個《積的和》對吧！」

$$\underbrace{\overbrace{(1-p) \cdot a_0}^{\text{乘}} + \overbrace{q \cdot b_0}^{\text{乘}}}_{\text{加}} \qquad \underbrace{\overbrace{p \cdot a_0}^{\text{乘}} + \overbrace{(1-q) \cdot b_0}^{\text{乘}}}_{\text{加}}$$

「哎呀呀，別那麼大聲。」

「……是，對不起。」

「往前進吧，現在思考了第 0 年與第 1 年的關係，第 n 年與第 $n+1$ 年的關係也可以用相同方式來思考。」

「對，沒錯，我覺得很不甘心，請讓我來寫！」

$$\begin{pmatrix} a_{n+1} \\ b_{n+1} \end{pmatrix} = \begin{pmatrix} 1-p & q \\ p & 1-q \end{pmatrix} \begin{pmatrix} a_n \\ b_n \end{pmatrix}$$

8.4.2 A^2 的意義

窗外一直下雨，我們在安靜的圖書室繼續談論數學。

「$\begin{pmatrix} a_n \\ b_n \end{pmatrix}$ 這個向量，表示第 n 年各在 A 與 B 的機率。這可以說是第 n 年的**機率向量**，蒂蒂。」

「機率向量……」

「流浪問題的矩陣 $\begin{pmatrix} 1-p & q \\ p & 1-q \end{pmatrix}$ 與第 n 年的機率向量 $\begin{pmatrix} a_n \\ b_n \end{pmatrix}$ 的積，就是第 $n+1$ 年的機率向量。」

$$\begin{pmatrix} 1-p & q \\ p & 1-q \end{pmatrix} \begin{pmatrix} a_n \\ b_n \end{pmatrix} = \begin{pmatrix} a_{n+1} \\ b_{n+1} \end{pmatrix}$$

「好的。」

「那麼以下式子妳覺得表示什麼？」

$$\begin{pmatrix} 1-p & q \\ p & 1-q \end{pmatrix}^2 \begin{pmatrix} a_n \\ b_n \end{pmatrix} = ?$$

「矩陣的 2 次方嗎——呃，是什麼呢？」

「妳試著實際算算看。」

$$\begin{aligned} \begin{pmatrix} 1-p & q \\ p & 1-q \end{pmatrix}^2 \begin{pmatrix} a_n \\ b_n \end{pmatrix} &= \begin{pmatrix} 1-p & q \\ p & 1-q \end{pmatrix} \underline{\begin{pmatrix} 1-p & q \\ p & 1-q \end{pmatrix} \begin{pmatrix} a_n \\ b_n \end{pmatrix}} \\ &= \begin{pmatrix} 1-p & q \\ p & 1-q \end{pmatrix} \underline{\begin{pmatrix} a_{n+1} \\ b_{n+1} \end{pmatrix}} \\ &= \begin{pmatrix} a_{n+2} \\ b_{n+2} \end{pmatrix} \end{aligned}$$

「原來如此，用 2 次方的矩陣就會知道兩年後的機率向量了！」

8.4.3　前往矩陣的 n 次方

「那麼我們再重新看一次村木老師的卡片吧……我們想求的是《第 n 年的機率向量》，也就是 $\binom{a_n}{b_n}$。所以只要把我們的目標訂為《求矩陣的 n 次方》就行了。原因是矩陣 $\left(\begin{smallmatrix}1-p & q \\ p & 1-q\end{smallmatrix}\right)^n$ 只要乘上向量 $\binom{a_0}{b_0}$ 就能得到《第 n 年的機率向量》了。」

「矩陣的 n 次方嗎……真是很一般呢。」

她一邊玩弄著卡片——一邊陷入深思。

然後我——很猶豫。這正是說明《那個方法》的時機。可是，有耐心地計算矩陣，再用數學歸納法來證明，說不定比較能順利傳達給蒂蒂。該怎麼辦呢？

……我一邊如此想著，一邊閉起眼睛，無意識狀態下開始一圈圈轉著手指——就像米爾迦常做的一樣。該不會她閉眼的時候，也在思考《傳達的方法》？

「奇怪了，學長!? 背面的這個是？」蒂蒂說。

卡片的背面——寫著兩個算式。

$$\begin{pmatrix} \alpha & 0 \\ 0 & \beta \end{pmatrix}^n = \begin{pmatrix} \alpha^n & 0 \\ 0 & \beta^n \end{pmatrix} \qquad (PDP^{-1})^n = PD^nP^{-1}$$

這是……村木老師給蒂蒂的提示，老師真有遠見。好，這下子就決定方向了！

就用那個方法——朝矩陣的對角化前進吧。

8.4.4 準備前半部：對角矩陣

「接下來我要用**矩陣的對角化**這個技法來求矩陣的 n 次方。」

「好。」蒂蒂點頭。

「當作一開始的《準備前半部》，來學**對角矩陣**的性質吧。」

◎　◎　◎

來學對角矩陣的性質吧，所謂的對角矩陣就是──

$$\begin{pmatrix} \alpha & 0 \\ 0 & \beta \end{pmatrix}$$

──這種形式的矩陣。除了從左上往右下的對角線以外，其他元素都是 0 的矩陣，並假設 α, β 是實數。

對角矩陣有《能夠簡單計算 n 次方》的性質。

來試著算 2 次方吧。

$$\begin{aligned}
\begin{pmatrix} \alpha & 0 \\ 0 & \beta \end{pmatrix}^2 &= \begin{pmatrix} \alpha & 0 \\ 0 & \beta \end{pmatrix}\begin{pmatrix} \alpha & 0 \\ 0 & \beta \end{pmatrix} \\
&= \begin{pmatrix} \alpha \cdot \alpha + 0 \cdot 0 & \alpha \cdot 0 + 0 \cdot \beta \\ 0 \cdot \alpha + \beta \cdot 0 & 0 \cdot 0 + \beta \cdot \beta \end{pmatrix} \\
&= \begin{pmatrix} \alpha^2 & 0 \\ 0 & \beta^2 \end{pmatrix}
\end{aligned}$$

也就是下式成立。

$$\begin{pmatrix} \alpha & 0 \\ 0 & \beta \end{pmatrix}^2 = \begin{pmatrix} \alpha^2 & 0 \\ 0 & \beta^2 \end{pmatrix}$$

用同樣做法，可得到對角矩陣的 n 次方。證明只要用數學歸納法就行。

$$\begin{pmatrix} \alpha & 0 \\ 0 & \beta \end{pmatrix}^n = \begin{pmatrix} \alpha^n & 0 \\ 0 & \beta^n \end{pmatrix}$$

對角矩陣的 n 次方，只要將元素做 n 次方就可以了。

這就是為了矩陣對角化的《準備前半部》。

8.4.5　準備後半部：矩陣與逆矩陣的三明治

為了矩陣的對角化，《準備後半部》是矩陣與逆矩陣的三明治。

假設某個矩陣 P 有逆矩陣 P^{-1}。然後使用 P 與 P^{-1}，夾著某個矩陣 D 來做三明治。意思就是三個矩陣 P 與 D 與 P^{-1} 相乘，蒂蒂。這樣能做出的矩陣是——

$$PDP^{-1}$$

——這非常有趣。原因是變成三明治狀態的矩陣 PDP^{-1} 做 n 次方後，就等於將 D^n 用 P 與 P^{-1} 夾成三明治的矩陣了。

我們試著用三明治的 2 次方來確認。

《三明治的 2 次方》等於《2 次方的三明治》。

$$
\begin{aligned}
《三明治的 2 次方》 &= (PDP^{-1})^2 \\
&= (PDP^{-1})(PDP^{-1}) \\
&= PDP^{-1}PDP^{-1} \\
&= PD(P^{-1}P)DP^{-1} \\
&= PDEDP^{-1} \qquad \text{E是單位矩陣}\left(\begin{smallmatrix} 1 & 0 \\ 0 & 1 \end{smallmatrix}\right) \\
&= PDDP^{-1} \\
&= PD^2P^{-1} \\
&= 《2 次方的三明治》
\end{aligned}
$$

n 次方也一樣，

$$(PDP^{-1})^n = PD^nP^{-1}$$

成立。這個證明也只要用數學歸納法即可。

夾在之間的 $P^{-1}P$ 的部分，變成單位矩陣就會消失了。

《三明治的 n 次方》等於《n 次方的三明治》。

這就是為了矩陣對角化的《準備後半部》。

8.4.6 前往固有值

到這裡準備完成，就像村木老師的提示一樣──

▷ 對角矩陣的 n 次方是對角元素的 n 次方

$$\begin{pmatrix} \alpha & 0 \\ 0 & \beta \end{pmatrix}^n = \begin{pmatrix} \alpha^n & 0 \\ 0 & \beta^n \end{pmatrix}$$

▷ 矩陣與逆矩陣做出的三明治的 n 次方是 n 次方的三明治

$$(PDP^{-1})^n = PD^nP^{-1}$$

根據準備，來求流浪問題中的矩陣的 n 次方。現在將矩陣命名為 A。

$$A = \begin{pmatrix} 1-p & q \\ p & 1-q \end{pmatrix}$$

方向是──

求滿足 $A = PDP^{-1}$ 的對角矩陣 D 與矩陣 P。

這個東西。讓我們試著寫成完整的問題形式吧。

> **問題 8-3（矩陣的對角化）**
> 給定矩陣 $A = \left(\begin{smallmatrix} 1-p & q \\ p & 1-q \end{smallmatrix}\right)$ 時，試求滿足 $A = PDP^{-1}$ 的對角矩陣 $D = \left(\begin{smallmatrix} \alpha & 0 \\ 0 & \beta \end{smallmatrix}\right)$ 與矩陣 $P = \left(\begin{smallmatrix} a & b \\ c & d \end{smallmatrix}\right)$。

至於為什麼要用這個策略——

$$A^n = (PDP^{-1})^n = PD^nP^{-1}$$

——換句話說，因為矩陣 A 的 n 次方，可以用對角矩陣 D 的 n 次方求得。

討論就從 $A = PDP^{-1}$ 這個式子開始。

$$A = PDP^{-1}$$

$$AP = PD \quad \text{從右乘以 P}$$

將 $AP = PD$ 以元素來考慮。

$$\begin{pmatrix} 1-p & q \\ p & 1-q \end{pmatrix}\begin{pmatrix} a & b \\ c & d \end{pmatrix} = \begin{pmatrix} a & b \\ c & d \end{pmatrix}\begin{pmatrix} \alpha & 0 \\ 0 & \beta \end{pmatrix}$$

$$= \begin{pmatrix} \alpha a & \beta b \\ \alpha c & \beta d \end{pmatrix}$$

$$= \alpha\begin{pmatrix} a & 0 \\ c & 0 \end{pmatrix} + \beta\begin{pmatrix} 0 & b \\ 0 & d \end{pmatrix}$$

這裡只要注意出現在 $\left(\begin{smallmatrix} a & 0 \\ c & 0 \end{smallmatrix}\right)$ 第 1 行的 $\begin{smallmatrix} a \\ c \end{smallmatrix}$，就會明白以下成立。

$$\begin{pmatrix} 1-p & q \\ p & 1-q \end{pmatrix}\begin{pmatrix} a \\ c \end{pmatrix} = \alpha\begin{pmatrix} a \\ c \end{pmatrix}$$

也可以寫成以下這樣。

$$\begin{pmatrix} 1-p & q \\ p & 1-q \end{pmatrix}\begin{pmatrix} a \\ c \end{pmatrix} = \begin{pmatrix} \alpha & 0 \\ 0 & \alpha \end{pmatrix}\begin{pmatrix} a \\ c \end{pmatrix}$$

移項到左邊整理。

$$\begin{pmatrix} 1-p & q \\ p & 1-q \end{pmatrix} \begin{pmatrix} a \\ c \end{pmatrix} - \begin{pmatrix} \alpha & 0 \\ 0 & \alpha \end{pmatrix} \begin{pmatrix} a \\ c \end{pmatrix} = \begin{pmatrix} 0 \\ 0 \end{pmatrix}$$

從這裡得到以下式子。

$$\begin{pmatrix} 1-p-\alpha & q \\ p & 1-q-\alpha \end{pmatrix} \begin{pmatrix} a \\ c \end{pmatrix} = \begin{pmatrix} 0 \\ 0 \end{pmatrix}$$

好了，這裡登場的矩陣 $\begin{pmatrix} 1-p-\alpha & q \\ p & 1-q-\alpha \end{pmatrix}$ 有逆矩陣嗎？

◎ ◎ ◎

「矩陣 $\begin{pmatrix} 1-p-\alpha & q \\ p & 1-q-\alpha \end{pmatrix}$ 有逆矩陣嗎？」我提問。

「請等一下，《有逆矩陣嗎》的問題是從哪來的？」

「處理矩陣本來就要一直注意《有沒有逆矩陣》吧。」

「是這樣嗎……那這個矩陣的逆矩陣怎麼樣？」

「嗯，矩陣 $\begin{pmatrix} 1-p-\alpha & q \\ p & 1-q-\alpha \end{pmatrix}$ 沒有逆矩陣。」

「這是——為什麼？」

「首先，如果矩陣 P 存在逆矩陣，則 $\begin{pmatrix} a \\ c \end{pmatrix} \neq \begin{pmatrix} 0 \\ 0 \end{pmatrix}$。」

「呃……這是為什麼？」

「妳想想如果 $\begin{pmatrix} a \\ c \end{pmatrix} = \begin{pmatrix} 0 \\ 0 \end{pmatrix}$ 的話會怎麼樣，P 的行列式值是……

$$|P| = \begin{vmatrix} a & b \\ c & d \end{vmatrix} = \begin{vmatrix} 0 & b \\ 0 & d \end{vmatrix} = 0 \cdot d - b \cdot 0 = 0$$

……像這樣就等於 0 了。這樣一來，P 的逆矩陣就不存在，因此 $\begin{pmatrix} a \\ c \end{pmatrix} \neq \begin{pmatrix} 0 \\ 0 \end{pmatrix}$。換句話說，$a$ 或 c 至少有一個不等於 0。」

「原來如此……經你一說還真是合理呢。」

「那麼回到正題吧，妳認為從以下的式子可以知道什麼？」

$$\begin{pmatrix} 1-p-\alpha & q \\ p & 1-q-\alpha \end{pmatrix} \begin{pmatrix} a \\ c \end{pmatrix} = \begin{pmatrix} 0 \\ 0 \end{pmatrix}, \quad \begin{pmatrix} a \\ c \end{pmatrix} \neq \begin{pmatrix} 0 \\ 0 \end{pmatrix}$$

「對不起！這個我也不太懂。」

「就像剛才我說的一樣，詢問《有沒有逆矩陣》，接著就會知道矩陣 $\begin{pmatrix} 1-p-\alpha & q \\ p & 1-q-\alpha \end{pmatrix}$ 沒有逆矩陣了。」

「對不起，三番兩次的……這是為什麼？」

「跟剛才一樣啊。妳想想<u>如果</u> $\begin{pmatrix} 1-p-\alpha & q \\ p & 1-q-\alpha \end{pmatrix}$ 有逆矩陣會怎麼樣。成立的以下式子……

$$\begin{pmatrix} 1-p-\alpha & q \\ p & 1-q-\alpha \end{pmatrix} \begin{pmatrix} a \\ c \end{pmatrix} = \begin{pmatrix} 0 \\ 0 \end{pmatrix}$$

……的兩邊，從左乘以逆矩陣 $\begin{pmatrix} 1-p-\alpha & q \\ p & 1-q-\alpha \end{pmatrix}^{-1}$，接著就是 $\begin{pmatrix} a \\ c \end{pmatrix} = \begin{pmatrix} 0 \\ 0 \end{pmatrix}$ 了。」

「啊，跟剛才的……矛盾是嗎？」

「對，與剛才討論得知的 $\begin{pmatrix} a \\ c \end{pmatrix} \neq \begin{pmatrix} 0 \\ 0 \end{pmatrix}$ 矛盾。」

「的、的確是……」

這時蒂蒂皺起眉頭。

「可是，那個、我、似乎沒辦法像學長一樣迅速地架構邏輯，步調順暢地累積歸謬法……」

「嗯，雖然剛才是加速說明了，但不可以因此氣餒。我之前寫了好幾次好幾次這個《矩陣的對角化》，經過許多練習才能如此迅速。」

「是、是這樣啊……那我也要練習！」

「這種練習與背誦不同，並非一字一句記住式子的變形，而是記住邏輯的推導。」

「好，就是記住結構對不對？」

「對，我們繼續計算吧。矩陣 $\begin{pmatrix} 1-p-\alpha & q \\ p & 1-q-\alpha \end{pmatrix}$ 的行列式等於 0。」

◎　◎　◎

矩陣 $\begin{pmatrix} 1-p-\alpha & q \\ p & 1-q-\alpha \end{pmatrix}$ 的行列式等於 0

$$\begin{vmatrix} 1-p-\alpha & q \\ p & 1-q-\alpha \end{vmatrix} = 0$$

使用行列式的定義來計算，就能往前進展。

$$\begin{vmatrix} 1-p-\alpha & q \\ p & 1-q-\alpha \end{vmatrix} = (1-p-\alpha)(1-q-\alpha) - pq$$

$$= 1-q-\alpha-p+pq+p\alpha-\alpha+q\alpha+\alpha^2-pq$$

用 α 來整理：

$$= \alpha^2 - (1-p+1-q)\alpha + (1-p-q)$$

剛才之所以用 α 來整理，是因為意識到《求 α》這個結構。因為行列式等於 0，所以 α 滿足以下的式子。

$$\alpha^2 - (1-p+1-q)\alpha + (1-p-q) = 0$$

換句話說這是 $x = \alpha$，也就是滿足以下二次方程式的意思。

$$x^2 - (1-p+1-q)x + (1-p-q) = 0$$

這個方程式就稱為 $\begin{pmatrix} 1-p & q \\ p & 1-q \end{pmatrix}$ 的**固有方程式**。有趣的是，$A = \begin{pmatrix} 1-p & q \\ p & 1-q \end{pmatrix}$ 的特徵方程式與克萊兒－漢米爾頓定理出現的式子形式相同。

$$A^2 - (1-p+1-q)A + (1-p-q)E = O \qquad \text{克萊兒－漢米爾頓定理}$$

$$x^2 - \underbrace{(1-p+1-q)}_{\text{跡}}x + \underbrace{(1-p-q)}_{\text{行列式}} = 0 \qquad \text{矩陣} \begin{pmatrix} 1-p & q \\ p & 1-q \end{pmatrix} \text{的固有方程式}$$

由 A 做出的固有方程式有兩個解時，他們就是製作對角矩陣 D 的 α, β。

$$x^2 - (1 - p + 1 - q)x + (1 - p - q) = 0$$

可以像這樣因數分解。

$$\big(x - 1\big)\big(x - (1 - p - q)\big) = 0$$

解開這個：

$$x = 1, \quad 1 - p - q$$

就得到這個解。這 2 個值就稱為矩陣 $\left(\begin{smallmatrix} 1-p-\alpha & q \\ p & 1-q-\alpha \end{smallmatrix}\right)$ 的**固有值**。

代入 $\alpha = 1, \beta = 1 - p - q$，所求的對角矩陣就是：

$$D = \begin{pmatrix} \alpha & 0 \\ 0 & \beta \end{pmatrix} = \begin{pmatrix} 1 & 0 \\ 0 & 1 - p - q \end{pmatrix}$$

α 與 β 反過來，$D = \left(\begin{smallmatrix} 1-p-q & 0 \\ 0 & 1 \end{smallmatrix}\right)$ 也可以，若非其中一個就不能繼續。

8.4.7　前往固有向量

「到這裡就得到對角矩陣 D，之後只要求矩陣 P 就行了。因此就要求固有向量。」我說。

「固有方程式、固有值、固有向量……」蒂蒂拚命在筆記本上寫筆記。「現在先跟上，不過我會好好地掌握語言，以後再檢查一次。」

「邏輯的流程並不難，注意別迷路了。」

注意別迷路了。

給定 p, q，α, β 已經求得，之後只要求 a, b, c, d 就行了。已知的是 p, q，未知的則是 a, b, c, d。

$$\begin{cases} \begin{pmatrix} 1-p-\alpha & q \\ p & 1-q-\alpha \end{pmatrix} \begin{pmatrix} a \\ c \end{pmatrix} = \begin{pmatrix} 0 \\ 0 \end{pmatrix} \\ \begin{pmatrix} 1-p-\beta & q \\ p & 1-q-\beta \end{pmatrix} \begin{pmatrix} b \\ d \end{pmatrix} = \begin{pmatrix} 0 \\ 0 \end{pmatrix} \end{cases}$$

這裡代入 $\alpha = 1, \beta = 1 - p - q$，就得到以下式子。

$$\begin{cases} \begin{pmatrix} -p & q \\ p & -q \end{pmatrix} \begin{pmatrix} a \\ c \end{pmatrix} = \begin{pmatrix} 0 \\ 0 \end{pmatrix} \\ \begin{pmatrix} q & q \\ p & p \end{pmatrix} \begin{pmatrix} b \\ d \end{pmatrix} = \begin{pmatrix} 0 \\ 0 \end{pmatrix} \end{cases}$$

計算這個並整理，就得到以下的聯立方程式。

$$\begin{cases} pa - qc = 0 \\ b + d = 0 \end{cases}$$

式子雖然有二個，但想求的變數有 a, b, c, d 四個。因此，a, b, c, d 的值並不能完全用這個聯立方程式來決定。

其實不決定也沒關係，因為只要求滿足 $A = PDP^{-1}$ 的一組矩陣 P 與 D 就可以了。譬如：

$$a = q, \quad b = -1, \quad c = p, \quad d = 1$$

因為滿足上面的聯立方程式，就可以組成矩陣 P。

$$P = \begin{pmatrix} a & b \\ c & d \end{pmatrix} = \begin{pmatrix} q & -1 \\ p & 1 \end{pmatrix}$$

對於 $P = \begin{pmatrix} a & b \\ c & d \end{pmatrix}$，因為逆矩陣 $P^{-1} = \frac{1}{ad-bc} \begin{pmatrix} d & -b \\ -c & a \end{pmatrix}$，所以 $a = q, b = -1, c = p, d = 1$ 的時候，P^{-1} 就是：

$$P^{-1} = \frac{1}{ad - bc} \begin{pmatrix} d & -b \\ -c & a \end{pmatrix}$$

$$= \frac{1}{q \cdot 1 - (-1) \cdot p} \begin{pmatrix} 1 & -(-1) \\ -p & q \end{pmatrix}$$

$$= \frac{1}{p + q} \begin{pmatrix} 1 & 1 \\ -p & q \end{pmatrix}$$

解答 8-3（矩陣的對角化）

對於矩陣 $A = \begin{pmatrix} 1-p & q \\ p & 1-q \end{pmatrix}$

$$D = \begin{pmatrix} 1 & 0 \\ 0 & 1-p-q \end{pmatrix}$$

$$P = \begin{pmatrix} q & -1 \\ p & 1 \end{pmatrix}$$

$$P^{-1} = \frac{1}{p + q} \begin{pmatrix} 1 & 1 \\ -p & q \end{pmatrix}$$

滿足 $A = PDP^{-1}$。

8.4.8　求 A^n

終於要來求 A^n 了。接下來只要組合到此為止的成果，所謂到此為止的成果，就是這個。

$$\begin{cases} D & = \begin{pmatrix} 1 & 0 \\ 0 & 1-p-q \end{pmatrix} \\[2mm] P & = \begin{pmatrix} q & -1 \\ p & 1 \end{pmatrix} \\[2mm] P^{-1} & = \frac{1}{p+q} \begin{pmatrix} 1 & 1 \\ -p & q \end{pmatrix} \end{cases}$$

因此，

$$A^n = (PDP^{-1})^n$$

$$= PD^nP^{-1}$$

$$= \begin{pmatrix} q & -1 \\ p & 1 \end{pmatrix} \begin{pmatrix} 1 & 0 \\ 0 & 1-p-q \end{pmatrix}^n \cdot \frac{1}{p+q} \begin{pmatrix} 1 & 1 \\ -p & q \end{pmatrix}$$

$$= \begin{pmatrix} q & -1 \\ p & 1 \end{pmatrix} \begin{pmatrix} 1^n & 0 \\ 0 & (1-p-q)^n \end{pmatrix} \cdot \frac{1}{p+q} \begin{pmatrix} 1 & 1 \\ -p & q \end{pmatrix}$$

$$= \begin{pmatrix} q & -(1-p-q)^n \\ p & (1-p-q)^n \end{pmatrix} \cdot \frac{1}{p+q} \begin{pmatrix} 1 & 1 \\ -p & q \end{pmatrix}$$

$$= \frac{1}{p+q} \begin{pmatrix} q+p(1-p-q)^n & q-q(1-p-q)^n \\ p-p(1-p-q)^n & p+q(1-p-q)^n \end{pmatrix}$$

使用這個來計算第 n 年的機率向量。

$$A^n \begin{pmatrix} a_0 \\ b_0 \end{pmatrix} = A^n \begin{pmatrix} \frac{1}{2} \\ \frac{1}{2} \end{pmatrix}$$

$$= \frac{1}{p+q} \begin{pmatrix} q+p(1-p-q)^n & q-q(1-p-q)^n \\ p-p(1-p-q)^n & p+q(1-p-q)^n \end{pmatrix} \begin{pmatrix} \frac{1}{2} \\ \frac{1}{2} \end{pmatrix}$$

$$= \frac{1}{2(p+q)} \begin{pmatrix} q+p(1-p-q)^n + q-q(1-p-q)^n \\ p-p(1-p-q)^n + p+q(1-p-q)^n \end{pmatrix}$$

$$= \frac{1}{2(p+q)} \begin{pmatrix} 2q+(p-q)(1-p-q)^n \\ 2p-(p-q)(1-p-q)^n \end{pmatrix}$$

因此，

$$\begin{cases} a_n & = \frac{1}{2(p+q)}\left(2q+(p-q)(1-p-q)^n\right) = \frac{q}{p+q} + \frac{p-q}{2(p+q)}(1-p-q)^n \\ b_n & = \frac{1}{2(p+q)}\left(2p-(p-q)(1-p-q)^n\right) = \frac{p}{p+q} - \frac{p-q}{2(p+q)}(1-p-q)^n \end{cases}$$

所求的機率就是這個 a_n。

> 解答 8-2（流浪問題）
> 愛麗絲第 n 年在 A 國生活的機率是
>
> $$\frac{q}{p+q} + \frac{p-q}{2(p+q)}(1-p-q)^n$$

「呼⋯⋯我覺得一個一個都解開了 ── 」

「試著來畫矩陣對角化的《旅行地圖》吧，接下來會出現很多文字，就來掌握住以某事物為基礎的要求吧。」

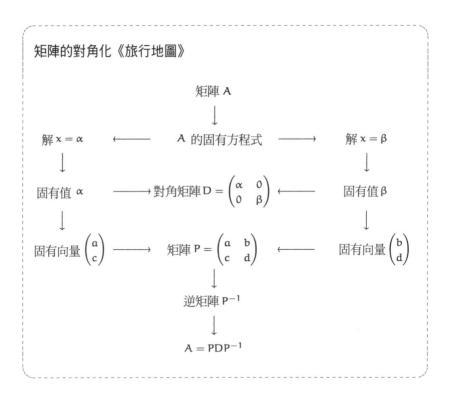

矩陣的對角化《旅行地圖》

「啊，是這種旅行地圖啊⋯⋯所謂《矩陣的對角化》，就是用來求矩陣的 n 次方，無論何時都可以用吧。」

「的確，我認為當固有方程式有重根時，需要另外想辦法。」

「這樣啊，對了，學長⋯⋯雖然現在才說，《在某個機率下，人會移動到不同國家》只是這樣，就會造成非常複雜的結果呢。」

「是啊，明明是十分單純的設定。想一想，愛麗絲的行動只會取決於 1 年前的國家。在此之前她在哪個國家，完全沒有《記憶》。我想這個問題一定是把社會現象單純化的模型⋯⋯可能不限於社會現象，科學的實驗也是──啊！這也是隨機漫步嗎！」

「咦⋯⋯？」

「對啊，有某個機率會往返兩個國家──換句話說就是往返兩種狀態，這個問題是隨機漫步的一種！」

8.5　家

8.5.1　動搖的心

夜晚──我在自己的房間念書。

應該正在念書⋯⋯但頭腦轉不太動。

今天一天都在和蒂蒂談論數學。

可是，另一方面，我一直在想米爾迦。

流浪問題我用矩陣對角化的形式來解。再多花一些時間，就能從那個解答再更進一步進化想法。譬如 A 與 B 這兩個國家──不是兩個狀態，而是以 A, B, C 這三種狀態來思考；或是再取 $n \to \infty$ 的極限⋯⋯我馬上想到這樣的發展。然後應該會產生新的問題與新的發現。

可是，如果──米爾迦在場，以她的知識與構思，或許會從相同的問題連結到完全不同的世界吧。甚至連我的解法，落到她手上，說不定都會變得更有遠見。

米爾迦的不在場，使得蒂蒂的存在更加顯眼。

　　我一邊想著這件事，一邊去廚房喝水。

　　這時——電話就像等待我似地響起。

　　「你害怕約定？」

　　我去接電話，這句話突然飛進我的耳中。

　　「咦——米爾迦？」我很驚訝，「這麼晚怎麼了？」

　　「現在是早晨。」米爾迦說。

　　「啊？」

　　「我來 USA 了，在西海岸一星期。」

　　「咦？妳說 USA……美國？」我沒頭沒腦地回答。

　　「你——不願意約定吧。」

　　「……什麼意思？」

　　「你害怕訂約定嗎？」

　　「不——雖然我不知道妳在說什麼。」

　　「你害怕訂約定吧。」

　　「……這是、國際電話？」

　　「你怕什麼？」

　　「或許是失約吧……喂，電話費不會很貴嗎？」

　　「約定是表明意志。」米爾迦以自己的步調繼續說著。

　　「意志？」

　　「該如何走自己的路的意志。因為你說不定會失約，所以打算什麼
也不約定嗎？自己要選怎樣的路，自己要開拓怎樣的路，你不打算表明
這個意志嗎？

　　這個人從未失約。

　　因為他從未訂下約定。

　　你想過這樣的一生嗎？」

　　「……」我不知道該說什麼才好。

　　「±0 的人生，想必很安穩吧。」

「……」

「約定是表明意志，你——要走怎樣的路？」

「……」

「不守約的是壞人，無法守約是意外，可是——不訂約的是膽小鬼。」

電話不等我回答就被掛斷了。

8.5.2 雨夜

我感覺腦袋被米爾迦的電話攪亂了。或許她的電話總是很心血來潮，可是，雖然心血來潮，卻有過意不去的問題。

你——要走怎樣的路？

這是我自己非面對不可的問題。

即使如此也真是的，還特地打國際電話……奇怪？

等一下。

我心算計算時差，現在那邊——不是凌晨兩點嗎？

並不是早晨，而是半夜。

竟然在半夜打給我。

該不會米爾迦也——感到不安？

由梨等著《那傢伙》的回音——

蒂蒂很擔心研討會的發表——

米爾迦還有我也是。

我們都被未來撼動著心。

對了——甚至連米爾迦，有時也必須保護自己的心。她也會需要在河邊有人坐在身邊，或是有半夜打電話的對象。雖然解謎很重要，但保護之心也很重要。

我打開窗戶。

從打開的窗戶流進了濕冷的雨味。

外面很暗。

我們的未來——還看不見。

一般而言，解決某個問題的方法，

比解答本身還更重要。

——高德納[1]

---

1 "Selected Papers on Analysis of Algorithms", p. x

第 9 章
強大、正確、美麗

沒有助手是個極大問題。
在森林選大樹，經過一番辛苦砍倒，
使用工具砍出適當的船形，
或燒或削挖通內側，打造成船──
結果沒辦法將造好的樹木移動，
如果連漂浮在海上都沒辦法，
這樣的船到底有什麼用呢？
──《魯賓遜漂流記》

9.1　家

9.1.1　下雨的星期六

星期六的下午，今天也是雨天。梅雨還真沉悶啊。我在自己的房間用功準備考試。

「哥哥！雨天最棒了！」

表妹由梨發出這種聲音。

……她最近是不是都故意說反話？

「哥哥，我有問題──」

她拿起筆記本，一臉興高采烈地打開。

問題 9-1（強正美優問題）
能不能滿足以下所有條件呢？

P1. 強大或正確或美麗

P2. 優雅或正確或不美麗。

P3. 不強大或優雅或美麗。

P4. 不強大或不優雅或正確。

P5. 不優雅或不正確或美麗。

P6. 不強大或不正確或不美麗。

P7. 強大或不優雅或不美麗。

P8. 強大或優雅或不正確。

「由梨，這是什麼？」

「如字面所述啊，哥哥，這是邏輯小測驗！」

「嗯嗯。」我閱讀問題。「是這個意思嗎？譬如……

P1. 強大或正確或美麗。

要滿足這個條件，意思就是必須有《強大》或者《正確》或者《美麗》？」

「對對對。譬如由梨就因為《美麗》滿足條件 P1 啊——」

「《強大》《正確》《美麗》當中，只要一個符合，就滿足條件 P1。」我說。「這個問題問的是——從 P1 到 P8 的所有條件，能不能有一個人都滿足吧。」

「怎麼樣？哥哥，你會解嗎？」

「可是啊……」我說。「本來《強大》《正確》《美麗》就是主觀地吧？叫做邏輯小測驗有牴觸吧。」

「雖說是這樣，不過呃，這個……」她從手上的信封中拿出一張紙，瞥了一眼。「啊，對了對了，《強大》是什麼意思，只要當作有恰

當定義的前提來思考——這樣就可以了。」

「用公式來寫，條件 P1 用 ∨（或）這個符號寫成——

$$《強大》 ∨ 《正確》 ∨ 《美麗》$$

——可以寫成這樣的公式。不過形容詞像命題，感覺怪怪的。」

「由梨不能滿足條件 P6——」由梨說。

「條件 P6 是？」

P6. 不強大或不正確或不美麗。

「由梨既強大又正確，而且美麗！」

「原來如此，條件 P6 也包含《不強大》的這種否定，使用邏輯記號，就是加上 ¬（not）。」

$$¬《強大》 ∨ ¬《正確》 ∨ ¬《美麗》$$

我思考。

譬如假設為《強大》。這樣一來就滿足條件 P1，也滿足包含《強大》的條件 P7 與 P8……對了，既然假設為《強大》，不如去找寫成《不強大》的條件才對。

試著考慮條件 P3 吧。

P3. 不強大或優雅或美麗。

如果是《強大》，為了滿足條件 P3 就必須是《優雅》或《美麗》其中之一。假設是《優雅》的話，就滿足條件 P3。還有……也滿足條件 P2。

另外條件 P4 是這個：

P4. 不強大或不優雅或正確。

換句話說，如果是《強大》與《優雅》，為了滿足條件 P4，就一定是《正確》。

接著來看條件 P5 吧。

P5. 不優雅或不正確或美麗。

因此如果是《優雅》與《正確》──就必須是《美麗》。

嗯，到此為止匯集了《強大》《正確》《美麗》的所有條件，就可以知道滿足幾個條件了。滿足條件 P1 到 P5，還有條件 P7 與 P8。

那麼最後剩下的條件 P6 也能滿足嗎？

P6. 不強大或不正確或不美麗。

哎呀！《強大》《優雅》《正確》《美麗》的話就不能滿足條件 P6。這樣不行……滿足全部是不可能的嗎？

來嘗試完全不同的路線吧，試著最初從《不強大》開始。

- 假設是《不強大》，根據條件 P1，所以必須是《正確》或《美麗》。
- 假設是《正確》，因為條件 P8，必須是《優雅》。
- 因為條件 P7，所以必須是《不美麗》。

好的，用《不強大》《正確》《優雅》《不美麗》來確認吧。

- 條件 P1，因為《正確》OK。
- 條件 P2, P8，因為《優雅》OK。
- 條件 P3, P4, P6，因為《不強大》OK。
- 條件 P7，因為《不美麗》OK。
- 剩下最後的條件是 P5……嗚！不行！

P5. 不優雅或不正確或美麗。

「由梨，不可能滿足所有 8 個條件。」
「那你證明吧，哥哥。

《在證明之前都只不過是猜測》

──對吧？」
今天總覺得由梨非常《強大》又《美麗》呢。

「證明嗎……既然如此，就來考慮強大、正確、美麗這 3 個形容詞是否符合，找出滿足 P1 到 P8 所有條件的組合就好。」

「不是 3 個，是《強大》《正確》《美麗》《優雅》4 個啦——」

「……啊，對，《用表格來思考》就行。」我說。

	強大	正確	美麗	優雅	P1	P2	P3	P4	P5	P6	P7	P8
(1)	×	×	×	×	×	○	○	○	○	○	○	○
(2)	×	×	×	○	×	○	○	○	○	○	○	○
(3)	×	×	○	×	○	×	○	○	○	○	○	○
(4)	×	×	○	○	○	○	○	○	○	○	×	○
(5)	×	○	×	×	○	○	○	○	○	○	○	×
(6)	×	○	×	○	○	○	○	×	○	○	○	○
(7)	×	○	○	×	○	○	○	○	○	○	○	×
(8)	×	○	○	○	○	○	○	○	○	○	×	○
(9)	○	×	×	×	○	○	×	○	○	○	○	○
(10)	○	×	×	○	○	○	○	×	○	○	○	○
(11)	○	×	○	×	○	×	○	○	○	○	○	○
(12)	○	×	○	○	○	○	○	×	○	○	○	○
(13)	○	○	×	×	○	○	×	○	○	○	○	○
(14)	○	○	×	○	○	○	○	×	○	○	○	○
(15)	○	○	○	×	○	○	○	○	○	×	○	○
(16)	○	○	○	○	○	○	○	○	○	×	○	○

「這個○×是？」由梨戴起塑膠鏡框眼鏡看表格。

「如果符合《強大》《正確》《美麗》《優雅》就是○，不符合的話就寫×。」我指著表格說。「全部(1)～(16)有 16 種賦值。這樣一來，賦值○×的結果，就能分別檢查是否滿足條件 P1～P8 了。然後如果滿足條件就是○，不滿足的話就寫×。」我指著表格。

「嗯嗯。」

「那麼，不管選(1)～(16)賦值的哪一個，都有不滿足條件P1～P8的部分。換句話說，P1～P8 不管哪裡都至少有 1 個×。16 種賦值全部都檢查過，滿足這 8 個所有條件是不可能的，這樣就證明結束。」

「花了相當多時間喵。」由梨點頭。

解答 9-1（強正美優問題）

無法滿足 P1～P8 的所有條件。

「由梨，這個問題出的很好呢。」我重新看表格說，「這是經過思考的題目，妳看，不管對哪個賦值，是×的條件恰好各有一個。而且，不管選哪個條件，這個條件都有×的賦值。意思就是，在這 8 個條件中，如果少了任何 1 個，就存在滿足剩下 7 個條件的賦值。」

「由梨也發現了！……喂，能夠出這種問題的人很聰明？」

「對啊。我覺得這問題很有趣——這個問題是由梨出的嗎？」

「嗯——並不是……」

她如此說著，不時地看從信封拿出來的紙。

「那張也是小測驗？」我窺探。

「不能看！」由梨刷地藏起紙張。「哥哥你這×××！」

「什麼啦。」我說著……這時我發現了。「由梨？那該不會是那個轉學的男生寄給妳的回信？」

男生——就是與由梨互相出數學小測驗的《那傢伙》。

「嗯、嗯……哎呀，實在是很傷腦筋呢，寫封信這麼花時間，而且還寫邏輯小測驗給我，那傢伙到底是……」

她有點臉紅，忽然變得多話起來。

「由梨、由梨，太好了。」

「……謝謝。」

9.2 圖書室

9.2.1 邏輯小測驗

「真是太好了！」

這裡是圖書室，放學後一如往常我與蒂蒂正在談話。我談到由梨的事，她就非常開心。

「寫信的建議很像蒂蒂的作風呢。」我說。可以寫信傳達心意給對方──這是蒂蒂給由梨的建議。

「好好地用語言盡力表達和聯繫，實在是很開心。」

「由梨的朋友寄來的回信還附有邏輯小測驗呢。」

「這樣啊，小由梨的男友是個有趣的人呢。」

「男友……還不是吧。」

「就是啦！因為……」

「啊，米爾迦來了。」

一頭黑長髮，舉止端莊的米爾迦，與紅髮的麗莎並肩進入圖書室。這兩人感情到底是好是壞呢？

9.2.2 可滿足性問題

我將從由梨聽來的《強大》《正確》《美麗》《優雅》的邏輯小測驗──簡單說就是強正美優問題──說給她們聽。

「可滿足性問題。」米爾迦說。

「什麼是……可滿足性問題？」我反問。

我以為強正美優問題是窮盡所有情況來思考的簡單組合問題，因此很意外米爾迦會眼睛發光。

「可滿足性問題──英語是"Satisfiability Problem"，蒂德菈。」

米爾迦搶先回答了正要舉手發問的蒂蒂。

「原來這是那麼有名的問題。」我說。

「在這個邏輯小測驗的背後，更一般化的可滿足性問題，牽涉到電

腦科學中最有名的未解決問題。」

「咦！什麼意思，這個竟然——

《在電腦科學中是最有名的未解決問題》

——這麼厲害！」蒂蒂大叫。

「來給定一個邏輯式吧。要對變數賦予怎樣的真假值，整個邏輯式才能為真呢？說不定這是不可能的。使題目邏輯式為真的變數的賦值是否存在——找出這個問題答案的有效率演算法，就是在電腦科學中最有名的未解決問題。」米爾迦說。

數秒的沉默流轉我們之間。

「可、可是，這個——」蒂蒂說。

「這種東西——」我說。

「——」麗莎無言。

「對，很簡單就能想出來。」米爾迦舉手制止我們發表意見。

「至於《賦予變數真假值》——」我說，「因為變數是有限個，所以全部真假值的組合也有限。邏輯式能否為真，馬上就知道了吧。」

「蒂德菈呢？」米爾迦指著活力女孩。

「是，我也——有一樣的想法。將全部的組合給電腦有耐心地嘗試，我想就會知道了——」

「嗯，麗莎呢？」米爾迦指著電腦女孩。

「沒效率。」麗莎簡潔地回答。

「對。一個不漏地檢查真假值的所有組合，的確可以知道滿足邏輯式的賦值是否存在，而且如果存在也能得到這個賦值。可是，這種演算法的級數會非常龐大。換句話說，一個不漏地來做這個問題沒有效率。目前仍未找到有效率的演算法。」

「什麼是有效率？」我問道。

「執行步驟數能夠用問題的大小 n 的常數次方來控制。假設變數的個數是 n 時，存在至多用 n^k 個步驟就能找出答案的常數 K。」

「嗯——還是不懂啊。」

「公式化來說吧。」米爾迦說著暗示我。

好好好，意思是要我拿出筆記本與自動鉛筆吧。

9.2.3 3-SAT

「可滿足性問題——"Satisfiability Problem" 取最初的 3 個字簡稱為 "SAT"。SAT 簡而言之就是《能否滿足邏輯式》的問題。為了理解，首先來說明用語吧。」

◎　◎　◎

首先來說明用語吧。

構成邏輯式的要素，是可能為**真**、**假**其中之一的**變數**。

$$x_1 \qquad x_2 \qquad x_3 \qquad （變數的例子，3 個）$$

可以在變數的前面加上 ¬，¬ 是反轉真假的否定運算子。x_1是假的時候，¬x_1就是真；x_1是真的時候，¬x_1就是假。

x_1	¬x_1
假	真
真	假

否定運算子 ¬ 的真值表

《變數》或《¬ 變數》稱為"**literal**"（字符）。

$$x_1 \qquad ¬x_2 \qquad ¬x_3 \qquad （字符的例子，3 個）$$

排列字符用 ∨（或）來連結，稱為"**clause**"（子句）。

$$x_1 \lor ¬x_2 \lor ¬x_3 \qquad （子句的例子，1 個）$$

子句當中，如果有一個真的字符，則整個子句就為真。只有全部的字符皆為假的時候，整個子句才是假。

L_1	L_2	L_3	$L_1 \vee L_2 \vee L_3$
假	假	假	假
假	假	真	真
假	真	假	真
假	真	真	真
真	假	假	真
真	假	真	真
真	真	假	真
真	真	真	真

子句的真值表（L_1, L_2, L_3是字符）

　　只要用子句就能表示非常複雜的事。假設對某人來說，用變數 x_1 來表示《強大》；變數 x_2 來表示《正確》；變數 x_3 來表示《美麗》。子句 $x_1 \vee \neg x_2 \vee \neg x_3$ 就是——

《強大》或《$\overset{\cdot}{\text{不}}$正確》或《$\overset{\cdot}{\text{不}}$美麗》

的意思。強正美優問題的條件 P1～P8，就相當於 8 個子句。

　　將子句用括弧括起來排列，並以 ∧（且）來連接，稱之為**邏輯式**。這種邏輯式被稱為合取標準型，取 "Conjunctive Normal Form" 的首字母稱為 **CNF**。

$(x_1 \vee \neg x_2) \wedge (\neg x_1 \vee x_2 \vee x_3 \vee \neg x_4)$（邏輯式（CNF）的例子）

　　邏輯式（CNF）當中，如果有一個假的子句，則這個CNF就為假。只有全部的子句都為真的時候，CNF 才是真。

C_1	C_2	$(C_1) \wedge (C_2)$
假	假	假
假	真	假
真	假	假
真	真	真

CNF 的真值表（C_1, C_2 是子句）

所有的子句都由 3 個字符組成的 CNF，稱為 **3-CNF**。

$$(x_1 \lor \neg x_2 \lor \neg x_3) \land (x_2 \lor x_3 \lor \neg x_4)\ (邏輯式（3\text{-}CNF）的例子)$$

變數 x_1, x_2, x_3 與之前的意思一樣，如果變數 x_4 是《優雅》的意義，那麼 $(x_1 \lor \neg x_2 \lor \neg x_3) \land (x_2 \lor x_3 \lor \neg x_4)$ 這個 3-CNF 就是「《強大》或《不正確》或《不美麗》」且「《正確》或《美麗》或《不優雅》」的意思。

來整理用語吧。

這個邏輯式的子句有 2 個，兩者都由 3 個字符組成。因此，這個邏輯式是 3-CNF。然後，檢查是否有滿足 3-CNF 的賦值存在的問題，就稱為"**3-SAT**"。

9.2.4　滿足

到這裡我們談了變數、字符、子句、邏輯式（CNF, 3-CNF）。變數或 ¬ 變數是字符；將字符用 ∨ 來連接的是子句；將子句用 ∧ 來連接的是 CNF，所有子句由 3 個字符構成的 CNF 就是 3-CNF。

$$(x_1 \lor \neg x_2 \lor \neg x_3) \land (x_2 \lor x_3 \lor \neg x_4)\ (3\text{-}CNF 的例子)$$

決定賦予變數的真假值稱為**賦值**。譬如以下的例子，就是對於剛才的 3-CNF 出現的 4 個變數 x_1, x_2, x_3, x_4 賦值的例子。

$$(x_1, x_2, x_3, x_4) = (真, 真, 假, 假)\quad（賦值的例子）$$

根據這個賦值，剛才的 3-CNF 就為真。一般來說，賦值 a 使邏輯式 f 為真的時候，賦值 a 就稱為**滿足**邏輯式 f。

不管對變數、字符，還是子句的哪一個，都一樣使用《滿足》這個用語。滿足變數 x_1、滿足字符 $\neg x3$、滿足子句 $x_1 \vee \neg x_2 \vee \neg x_3$……等等的情況。

所以，強正美優問題，就是《滿足由給定的 8 個子句（條件 P1～P8）所組成的 3-CNF 的賦值是否存在》的問題。

9.2.5 賦值練習

「呃，字符、子句，還有，呃，賦值……」蒂蒂慌慌張張地寫著筆記。

「用小測驗來確認理解吧。」米爾迦說，「試求滿足以下 3-CNF 的賦值。」

$$(x_1 \vee \neg x_2 \vee \neg x_3) \wedge (\neg x_1 \vee x_2 \vee x_4)$$

「呃，賦值、賦值……只要用變數的真假來決定就可以了吧？意思就是……好的，這樣怎麼樣？」

$$(x_1, x_2, x_3, x_4) = (真, 真, 真, 真)$$

「x_1 與 x_2 如果是真，x_3 與 x_4 是真或假都可以吧。」我說，「還有其他很多賦值滿足這個 3-CNF 喔。」

「啊……對耶。」蒂蒂也點頭，「米爾迦學姊，滿足 3-CNF 的賦值馬上就找到了……」

「如果 3-CNF 能變短的話，」米爾迦說，「──那麼，接下來我們來思考在任意 3-CNF 時，檢查滿足它的賦值是否存在的演算法。」

「意思就是用電腦來解題。」

「可滿足性問題的單純演算法解題，就是依序嘗試全部賦值的 Brute Force（暴搜法）──滴水不漏的方法。」米爾迦說。

「"brute force"……是用暴力的意思嗎？」

「關鍵在於效率。Brute Force 演算法最糟糕就是需要檢查好幾種賦值嗎？」

「一個變數可能的值有真或假兩種。」我回答，「因為變數全部為 n 個，所以賦值的總數是 2^n。」

「如果變數是 4 個，意思就是有 $2^4 = 16$ 種賦值。」

「賦值的總數是 2^n。」米爾迦說，「意思就是執行步驟數至少是 2^n 這個指數函數的級數。」

「變數只有 34 個，就會有 100 億種。」我說。

「是 171 億 7986 萬 9184。」麗莎說。

9.2.6 NP 完全問題

「3-SAT 與問題難度的預測為密切相關，$\mathbf{P} \doteqdot \mathbf{NP}$ 的預測。」

「問題的難度？」

「假設有個大小是 n 的問題。在多項式時間可以發現正解時，這個問題就稱為 P 問題。"P" 是多項式時間（Polynomial time）的首字母。所謂的多項式時間，就是計算時間至多被控制在 n 的常數次方……也就是 $O(n^k)$。P 問題可稱為《有效率可解的問題》。」

「P 問題……」

「相對於 P 問題，還有 NP 問題。這是給予一個可能的解時，能有效率判斷此解是否正確的問題，而不是能有效率發現正解。」

「NP 問題的 "NP" 是 "Not Polynamial time" 的意思嗎？」

「錯，這是常見的錯誤。"NP" 是 "Non-deterministic Polynomial time" 的省略。意思是非決定的多項式時間。為了詳細說明，需要圖靈機（Turing Machine）這個抽象的電腦說明。」

「啊……」

「全部的 P 問題是 NP 問題已得到證明，可是相反的——全部的 NP 問題都是 P 問題嗎？——目前我們還不能回答。如果全部的 NP 問題都是 P 問題，那麼 P＝NP；如果 NP 問題中有不是 P 問題的東西，則 P

$\neq$ NP。」

「原來如此。」我說。

「所謂猜測 P $\neq$ NP，就是 P 問題的集合，與 NP 問題的集合，兩者不一致。大體而言，猜測是指，雖然可以有效率判斷解是否正確，但是不一定能夠有效率地發現問題的解。大部分的電腦科學家都相信這個猜測是正確的，不過還沒得到證明。」米爾迦說。

「在得到證明之前都只不過是猜測……」我喃喃自語。

「NP 問題中，有 NP 完全問題。所謂的 NP 完全問題，就是 NP 問題中，某個意義來說最難的問題。NP 完全問題中，只要有一個可以證明是 P 問題，那麼所有的 NP 問題就是 P 問題——也就是說 P = NP——可以得證。NP 完全問題就是挑戰 P $\neq$ NP 猜測的關鍵。然後——我們談到的可滿足性問題（SAT），在歷史上最初被證明為 NP 完全問題。Stephen Cook 因為這個成就而獲得圖靈獎。」

「……」

「譬如，如果給予可能的賦值，就可以有效判斷是否滿足。不過，如何有效發現正確賦值的 SAT 演算法，則還沒找到。SAT 的有效演算法是否存在？還是 SAT 的有效演算法雖然存在，卻還沒找到呢？這兩者都還沒被證明。大部分的電腦科學家都相信本來就不存在，不過還沒得證。」米爾迦說。

「在證明之前只不過是猜測……」蒂蒂喃喃說。

「P $\neq$ NP 的猜測還沒得證。因此 SAT 的有效演算法存在的可能性並不是零。如果找到 SAT 的有效演算法，就是電腦科學上的一大革命。現在存在著非常多的 NP 問題。如果找到是 NP 完全問題的 SAT 有效演算法，就是證明了所有 NP 問題都可以有效解開。這個 SAT，擁有如此重大的意義。因此，關於 SAT 有各式各樣的研究正在進行。」

「咦……」我沒頭沒腦的發出聲音。本以為只不過是組合的問題，沒想到會牽涉如此了不得的問題——真令我驚訝。

「前幾天我去 USA 的時候。」米爾迦繼續說，「讀了一篇解 3-SAT 演算法的論文。」

「咦！P $\neq$ NP 的猜測已經解決了嗎！」

「不是，它並非有效解決 SAT，那篇論文為了降低級數，使用了機率的技巧。」

「在演算法──用機率嗎？」

「對。」米爾迦點頭，「它用了──隨機演算法的一種。」

「隨機演算法？」蒂蒂反問。

「放學時間到了。」瑞谷女士宣布。

9.3 歸途

9.3.1 誓言與約定

按照蒂蒂、我、米爾迦、麗莎的順序，我們穿過小路，朝車站走去。

「最近我去參加親戚的婚禮。」蒂蒂邊走邊說，「純白婚紗的新娘好漂亮……」

我擔心她一邊回頭一邊說話，會不會跌倒。

「《請你們各自要把自己的妻子當成與自己一樣愛護，妻子也要尊敬自己的丈夫》聽了這句聖經的話，我都流下眼淚了。還有《無論生病或健康》的結婚誓言。」

「無論生病或健康的時候都一樣──是這個意思吧。」

「對，也就是 "always（無論何時）" 的意思。」

結婚的誓言──是嗎，在神前約定，在人前約定。約定……

《約定是表明意志》

米爾迦在深夜的電話裡，對我說過這句話。這句話非常沉重，我的意志──在哪裡呢？

「什麼事？」米爾迦說。

「……沒事。」我回答。

9.3.2 會議

到大馬路等紅綠燈。

「研討會怎麼樣？」米爾迦問蒂蒂。

「是的，我還是、那個、太勉強了——」蒂蒂嘟囔著說。

「研討會？」麗莎說。

「對，雙倉圖書館的，麗莎是籌備人員？」米爾迦問道。

「我幫忙事務。」

「蒂蒂，難得的機會，妳如果能發表就好了。」我說，「國中的時候，我曾在文化祭發表過，學到很多呢。這是高中生對國中生發表的研討會，說不定因為蒂蒂的發表，而邂逅演算法的國中生喔。」

蒂蒂聽了我的話嚇了一跳，倒吞一口氣。

「啊……說得也是。」

然後她忽然一臉認真說：

「我——還是去發表吧，因為有人會聽我說話。為了那個人，我會認真統整想法，好好發表！」

「話說由梨也會想去研討會吧。」

「小由梨正好適合！」蒂蒂啪地拍了下雙手。

「由梨？」麗莎問。

「我的表妹，喜歡數學的國中三年級學生，的確很剛好。」

「簡章。」麗莎從包包拿出紙張遞給我，上面有雙倉圖書館的標誌，印有發表的內容。

「奇怪？國中生導向的會議，應該是由米爾迦負責才對。」

「計畫變更的聯絡來不及。」米爾迦說。

「真麻煩。」麗莎說。

對喔，對於幫忙事務的麗莎來說，改變計畫會很困擾。

「我當天計畫在 USA，不能參加。」

「咦，妳不在日本？」

9.4 圖書室

9.4.1 解答 3-SAT 的隨機演算法

次日放學後，在圖書室，麗莎正在電腦前打字。米爾迦站在麗莎身後正在說些什麼。

「然後呢？」麗莎問米爾迦。

「**return** ＜大概不可能滿足＞然後結束。」

「完成。」麗莎說。

「這是什麼演算法？」我窺探螢幕。

「解答可滿足性問題的隨機演算法。」米爾迦說著便坐下來。

解答可滿足性問題（3-SAT）的隨機演算法（輸入與輸出）

輸入

- 邏輯式（3-CNF）f
- 變數的個數 n
- 迴圈數 R

輸出

　　R 迴圈當中，

　　找到滿足邏輯式 f 的賦值，

　　輸出＜可以滿足＞。

　　找不到滿足邏輯式 f 的賦值，

　　輸出＜大概不可能滿足＞。

解答可滿足性問題（3-SAT）的隨機演算法（程序）

```
W1:  procedure RANDOM-WALK-3-SAT(f, n, R)
W2:      r ← 1
W3:      while r ≤ R do
W4:          a ←〈隨機選擇 n 個變數的賦值〉
W5:          k ← 1
W6:          while k ≤ 3n do
W7:              if〈賦值 a 滿足邏輯式 f〉then
W8:                  return〈可以滿足〉
W9:              end-if
W10:             c ←〈賦值 a 代入 f 中，得到不滿足的子句〉
W11:             x ←〈從子句 c 中隨機挑一個變數〉
W12:             a ←〈反轉賦值 a 中的變數 x 得到新的賦值〉
W13:             k ← k + 1
W14:         end-while
W15:         r ← r + 1
W16:     end-while
W17:     return〈大概不可能滿足〉
W18: end-procedure
```

「好、好像很難……」

活力女孩蒂蒂不知什麼時候也來到我們身邊。

「RANDOM-WALK-3-SAT 是有趣的演算法。」

解答可滿足性問題的隨機演算法——開始了米爾迦的《講課》。

9.4.2 隨機漫步

RANDOM-WALK-3-SAT 是有趣的演算法。從 n 個變數的隨機賦值開始，再逐漸改變賦值。一邊重複這樣的隨機漫步，一邊在每一步檢查目前賦值是否滿足邏輯式 f。

隨機漫步從哪裡開始（W4），還有如何讓賦值變化（W11），這兩個地方使用亂數來決定——就是**隨機**。

這個演算法由雙層迴圈組成。

- 進行 3n 步隨機漫步的，是內側的圈。
  （W5 變數 k 初始化，以及從 W6 到 W14 的 **while** 句子）
- R 迴圈重複隨機漫步的，是外側的迴圈。
  （W2 變數 r 初始化，以及從 W3 到 W16 的 **while** 句子）

在 W4，做 n 個變數的隨機賦值代入 a。這是隨機漫步的起始點。

在 W7，檢查現在的賦值 a 是否滿足邏輯式 f。

在 W11，決定隨機漫步的下一步。

在 W12，代入新的賦值到變數 a。

以上就是 RANDOM-WALK-3-SAT 的大概流程，怎麼樣？

◎　◎　◎

「怎麼樣？」

「很多都不懂……首先，這裡說的隨機漫步是什麼？」蒂蒂很困擾地說。

「現在他正在畫示意圖。」米爾迦答。

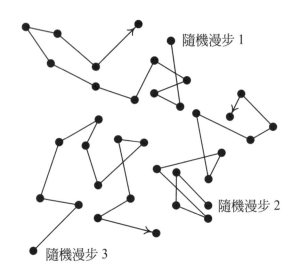

「這張圖是……？」蒂蒂問我。

「剛才我聽了米爾迦的說明所畫的，假設是 3 個迴圈的隨機漫步。走一陣子就會讓隨機漫步有一個段落。然後又從新的地方開始隨機漫步……對吧？」

「沒錯。」米爾迦回答。

「有點感覺了，但是……」蒂蒂說，「這個隨機漫步的《地方》是哪裡？應該是檢查邏輯式的滿足性吧。這張圖出現的黑點……是在哪裡？」

「這個問題由他來回答。」米爾迦說。

「我認為黑點是《賦值》。」我說，「1 組決定了 n 個變數的真假賦值，對應一個黑點。因為變數有 n 個，所以全部的賦值有 2^n 個。這個隨機漫步在擁有 2^n 個元素的集合上移動。」

「我懂了——可是，我不懂，為什麼要做隨機漫步呢？這個演算法……不是要一直隨機找賦值，直到滿足被給予的邏輯式為止嗎？」

「並不是。」米爾迦說，「隨機決定全部賦值的只有 W4，重點在W10 這邊。這裡是從邏輯式得到不滿足的子句。」

米爾迦在這裡停了一下，她好像在等待《不滿足的子句》這句話刻

進蒂蒂的心中。

「不滿足的子句……好，的確是，邏輯式是——

$$(子句_1) \wedge (子句_2) \wedge \cdots\cdots \wedge (子句_{123})$$

——因為是像這樣用 $\wedge$ 來連接……好的，整個邏輯式如果不滿足，應該至少存在一個不滿足的子句。」

「就假設不滿足的子句是 c。」米爾迦站起身，環視我們一圈。「蒂德菈，子句 c 的特徵是什麼？」

「子句——我、我想不出定義……抱歉。」

「想不出定義沒必要道歉。」米爾迦說。

「好……呃，子句是將字符用 $\vee$ 來連接的東西。」

「字符有幾個？」米爾迦立刻詢問。

「呃、呃……字符的數——是嗎？」

「3 個。」麗莎突然說話，我們都嚇了一跳。

「3 個嗎？——啊啊啊！」蒂蒂大叫，「字符的確是 3 個。因為，給予的邏輯式是 3-CNF！」

「對，字符是 3 個，所以子句 c 一定是這個形式。」

$$字符_1 \vee 字符_2 \vee 字符_3$$

「啊！因為賦值 a 不滿足子句 c——所以字符$_1$、字符$_2$，以及字符$_3$ 都是假的！」

「因為賦值 a 的 3 個字符都是假的。」米爾迦說，「換句話說，子句 c 的變數當中，至少有 1 個真假值是錯的。」

「原來如此！」我說。

「錯誤是什麼意思？」蒂蒂問。

「蒂蒂，譬如說。」我不時看著米爾迦的臉說，「假設子句 c 是 $x_1 \vee \neg x_2 \vee \neg x_3$。賦值 a 不滿足子句 c 的意思，就是在賦值 a 時，x_1 為假，x_2 與 x_3 為真。因此，為了滿足 c，x_1, x_2, x_3 當中，至少必須讓 1 個變數的真假反轉。」

「原、原來如此……奇怪，可是要滿足 c，只要反轉 x_1, x_2, x_3 其中 1 個就行了。為什麼是至少 1 個呢？」

「嗯，的確只要反轉 1 個變數就滿足 c。」我說，「可是呢，這個反轉的影響，說不定下次就會不滿足其他的子句了，這樣很傷腦筋。為了滿足邏輯式，非得滿足全部的子句不可，所以必須反轉幾個變數才行，無法簡單得知要反轉幾個、非得反轉不可的變數，說不定有多個。」

「……呃。」

「我認為要判斷哪個變數該反轉很困難。」我繼續說，「譬如假設邏輯式是以下的形式。

$$\underbrace{(x_1 \lor x_2 \lor x_3)}_{\text{子句}_1} \land \cdots \land \underbrace{(\neg x_1 \lor x_2 \lor x_3)}_{\text{子句}_{123}}$$

這時，

$$(x_1, x_2, x_3) = (\text{假}, \text{假}, \text{假})$$

不滿足子句$_1$。雖是如此，如果讓 x_1 反轉呢？

$$(x_1, x_2, x_3) = (\underline{\text{真}}, \text{假}, \text{假})$$

這個賦值的確滿足子句$_1$，可是，卻不滿足好不容易到現在都滿足的子句$_{123}$！」

「那邊成立，這邊就不成立了啊……」

9.4.3　朝向定量式估算

「隨機漫步的意義我相當明白了。」蒂蒂說，「而且在談論的過程中，感覺和 3-CNF、子句、字符這些用語變成好朋友。可是……這個叫 RANDOM-WALK-3-SAT 的隨機演算法，比暴搜法的演算法還要快

嗎？」

「要回答這個問題，就需要蒂德菈喜歡的《設定明確前提條件的定量估算》。」米爾迦說，「其實我們現在剛好是得到定量估算線索的時候。」

「這是什麼意思？」

「就像剛才說過的——不被滿足的子句 c 中的 3 個變數中，至少有 1 個的真假值是錯的。」

「對，是這樣，所以必須反轉。」

「換句話說，從子句 c 的 3 個變數隨機挑 1 個的時候，那個變數是應該被反轉的變數的機率，至少有 $\frac{1}{3}$。」

「喔喔，的確是這樣！」我發出聲音。

「這就是我們得到的定量線索。從一個不滿足的子句來隨機挑 1 個變數，將其值反轉——透過這個處理，往《滿足整個邏輯式的賦值》接近一步的機率至少是 $\frac{1}{3}$。」

「我懂了——可是、可是，我還是不懂。」蒂蒂一臉苦惱地說。「米爾迦學姊剛才說《接近一步》，但是我們實際上，並不知道隨機的變數是否接近正確的賦值一步。畢竟，我們不知道正確的賦值是什麼。如果知道的話，問題早就解開了。不管隨機漫步再怎麼繼續，我們也都不知道是否接近正確的賦值，或是反而遠離！」

蒂蒂的大叫使我的內心忐忑不安。

我該察覺——某件事。
可是那是什麼，我不知道。
到底是什麼？

米爾迦靜靜地繼續，「我們的確不知道是接近正確的賦值一步，還是遠離了一步，不過，有件事是知道的。」

- 因為 1 次的隨機與反轉而接近的機率最少是 $\frac{1}{3}$。
- 因為 1 次的隨機與反轉而遠離的機率至多是 $\frac{2}{3}$。

這是我們知道的——怎麼樣？」

米爾迦看我，蒂蒂也是，連麗莎也看我。

因為我激烈搖頭。

「接近、與機率、遠離、機率……我懂了！」我說。

「你想說的是——」

「米爾迦，等等！這裡還有另一個隨機漫步——」

我霍然起身。

「藏著一次元的隨機漫步！」

米爾迦安靜地回應我的話。

「對，『漢明距離』上的隨機漫步。」

她簡直像早知道我會走到這一步。

9.4.4　另一個隨機漫步

「我們在意的是，接近正確的賦值還是遠離。」米爾迦淡淡地說，「……既然如此，就將此概念賦予形式，在賦值的集合中加入《距離》。」

「加入距離……」蒂蒂說。

「比較兩個賦值 a 與 b。譬如假設在 a 時變數 x_1 為真；在 b 時為假。這是值的<u>不一致</u>。此外，假設不管在 a 或 b，變數 x_2 為假。這是值的<u>一致</u>……可以嗎？蒂蒂。」

「比較兩個賦值，我懂。」

「當不一致的變數個數很多時，就視為兩個賦值很遠，很少時就視為很近；這是自然的想法。為了定量地處理遠近，就定義兩個賦值的**距離**為《值不一致的變數個數》，這樣的距離就稱為**漢明距離**。」

「漢明距離……」蒂蒂寫筆記。

「譬如在以下兩個賦值 a 與 b，有 3 個變數不一致，因此 a 與 b 的距離就是 3。」

$$賦值\ a \quad (x_1, x_2, x_3, x_4) = (\underline{真}, \underline{真}, \underline{假}, \underline{假})$$
$$賦值\ b \quad (x_1, x_2, x_3, x_4) = (\underline{假}, \underline{真}, \underline{真}, \underline{真})$$

「3 個變數 x_1, x_3, x_4 的值不一致。」

「假設存在滿足給予的邏輯式的賦值，並令此賦值為 a^*。若是存在複數個的情況，就假設其中之一為 a^*。」

「好，a^* 是正確的賦值⋯⋯的其中之一。」

「那麼小測驗。什麼時候 a 與 a^* 的距離等於 0？」

「好的，距離等於 0 的意思⋯⋯就是賦值 a 與 a^* 一樣的時候。」

「沒錯，而且這時賦值 a 滿足邏輯式。」

「對，沒錯。」

「那麼下個小測驗。什麼時候 a 與 a^* 的距離等於 1？」

「在賦值 a 的變數 x_1 錯誤的時候。」

「錯。」

「啊，對不起。我錯了，應該是賦值 a 只有 1 個變數錯誤的時候。錯誤的不限於變數 x_1。」

「沒錯，只要反轉錯誤的變數就能滿足邏輯式。」

「好，我懂了。」

「那麼下個小測驗，1 次反轉會讓距離有多少變化？」

「所謂的反轉，就是改變一個變數的真假⋯⋯這會讓一致的變數變成不一致，或是讓不一致的變數變成一致，因此，距離只會加 1 或減 1。」

「沒錯，每次反轉都會改變賦值，可能會遠離 a^* 1 步或是接近 1 步。」

9.4.5 關注迴圈

「米爾迦學姊⋯⋯距離這個概念我懂了，然後呢⋯⋯？」

「表示做了隨機演算法RANDOM-WALK-3-SAT的定量解析，比暴搜法的 2^n 更不費事。」

「譬如表示成 n log n 量階嗎？」

「蒂德菈，那樣毫無道理，妳過度期待 n^k 量階了。在這裡是 2^n 的底——也就是目標縮小——2^n 的 2 的部分。」

「這、這樣啊……」蒂蒂一邊寫筆記一邊說，「可是，將隨機演算法定量地解析——要怎麼做？」

「來關注迴圈吧，前進 $3n$ 步的隨機漫步就是 1 個迴圈。」

「對，是內側的 **while** 句子。」

⋮

```
W5:     k ← 1
W6:     while k ≦ 3n do
W7:         if 〈 賦值 a 滿足邏輯式 f 〉 then
W8:             return 〈可以滿足〉
W9:         end-if
W10:        c ← 〈 賦值 a 代入 f 中，得到不滿足的子句〉
W11:        x ← 〈 從子句 c 中隨機挑一個變數〉
W12:        a ← 〈 反轉賦值 a 中的變數 x 得到新的賦值 〉
W13:        k ← k + 1
W14:    end-while
```

⋮

$3n$ 步的隨機漫步（1 個迴圈）

「1 個迴圈最多 $3n$ 步。在這之間，好不容易達到正確的賦值 a^* 的機率至少是多少呢？1 個迴圈輸出＜可以滿足＞然後結束的機率——也就是想估算——《迴圈的成功機率》。估算此機率的下界……蒂德菈，妳怎麼了？」

蒂蒂忽然舉手，她會在說明中途舉手，可真稀奇。

「米爾迦學姊，那個……妳說的我覺得完全都懂，但現在明明想估算的是執行步驟數，為什麼要估算機率呢？」

「嗯……那麼我先說這個吧，外側的迴圈是這樣。」

$$\vdots$$

W2:　　r ← 1
W3:　　**while** r ≤ R **do**
W4:　　　　a ← ⟨隨機 n 個變數的賦值⟩

$$\vdots$$

$$\vdots$$

　　　　　　《3n 步的隨機漫步（1 個迴圈）》

$$\vdots$$

W15:　　　　r ← r + 1
W16:　　**end-while**

$$\vdots$$

「對，沒錯。」

「如果找到滿足的賦值，這個演算法就到此結束，所以迴圈的成功機率越高，外側的迴圈次數就會減少。因此，估算迴圈的成功機率，與估算執行步驟數有關。」

「原來如此，我懂了，米爾迦學姊，我還有一個偏離正題的問題。」蒂蒂看著筆記本，「演算法明明就非得跑出正確的輸出才行，為什麼 RANDOM-WALK-3-SAT 會輸出＜<u>大概</u>不可能滿足＞」。

「隨機演算法的正確度與機率密切相關。」米爾迦回答，「RAN-DOM-WALK-3-SAT 輸出＜可以滿足＞的時候，實際上就是可以滿足。可是，當它輸出＜大概不可能滿足＞的時候，也有可能滿足。因為它有可能看漏可能滿足的賦值。這也是估算機率的重要性。」

「也要估算看漏的機率嗎？」

「對。像是 RANDOM-WALK-3-SAT，兩個輸出中有一邊是 100 ％正確，而另一邊有某種機率把正確的弄成錯誤的，這種隨機演算法稱為『單側錯誤的蒙地卡羅演算法』。在 RANDOM-WALK-3-SAT，輸出＜大概不可能滿足＞時，實際上也無法確定是否滿足，因此如果想提升這個機率，只要增加迴圈數 R 即可。只不過，取而代之的是，執行步驟數也增加了，所以必須判斷 R 要設成什麼程度的大小。」

「妳剛才說估算《迴圈的成功機率》的下界嗎？」我問道。

「假設使用比1大的某個常數 M，以《迴圈的成功機率》《至少是 $\frac{1}{M^n}$》的形式，就能往下估算了。這麼一來，可把迴圈數 R 設為 $R = K \cdot M^n$。也就是說，這個數是 K 倍《迴圈的成功機率》的倒數。K 則選擇與 n 無關的任意常數。」

「這麼做會怎麼樣呢……」

「這麼做就可以對 RANDOM-WALK-3-SAT 估算看漏可能滿足的賦值的《看漏機率》的上界。《看漏機率》等於《迴圈的失敗機率》的 R 次方，由於《迴圈的失敗機率》可以估算為《至多 $1 - \frac{1}{M^n}$》——

$$《 看漏機率 》 = 《 迴圈的失敗機率 》^R$$

$$\leq \left(1 - \frac{1}{M^n}\right)^R$$

$$= \left(1 - \frac{1}{M^n}\right)^{K \cdot M^n}$$

$$\leq e^{-\frac{1}{M^n} \cdot K \cdot M^n}$$

$$= e^{-K}$$

$$= \frac{1}{e^K}$$

可這樣估算上界。因為常數 K 可以選自己想要的數，所以就用任意上限 $\frac{1}{e^k}$，將《看漏機率》控制在《至多 $\frac{1}{e^k}$》。

$$《 看漏機率 》 \leq \frac{1}{e^K}$$

到了這一步，指數性爆發就成為同夥了。K 只要稍微大一點，$\frac{1}{e^k}$ 就會變得非常小，也就是可以將《看漏機率》控制得非常小。然後這時，迴圈數 R 的指數函數部分，無論常數 K 為何，都是 M^n 等級。」

「這樣啊……那麼只要估算《迴圈的成功機率》《至少是 $\frac{1}{M^n}$》就行，因此可以說《1 個迴圈之間，滿足的賦值至少會以這個機率找

到》。」

「對、對不起,中間出現的

$$\left(1 - \frac{1}{M^n}\right)^{K \cdot M^n} \leqq e^{-\frac{1}{M^n} \cdot K \cdot M^n}$$

為什麼成立呢?」

「看看 $y = e^x$ 的圖表就會懂──」米爾迦說。

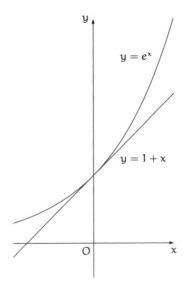

「──對任意實數 x,成立 $1 + x \leqq e^x$。只要設 $x = -\frac{1}{M^n}$ 即可。

$$1 - \frac{1}{M^n} \leqq e^{-\frac{1}{M^n}}$$

兩邊乘以 $K \cdot M^n$。因為兩邊都是正的,所以不等號的方向不變。

$$\left(1 - \frac{1}{M^n}\right)^{K \cdot M^n} \leqq e^{-\frac{1}{M^n} \cdot K \cdot M^n}$$

剛才已經做過一次。」

「放學時間到了。」圖書管理員瑞谷女士宣布。

然後今天也是——圖書室的快樂時光，畫下一個段落。

9.5　家

9.5.1　幸運的估算

現在是半夜，我獨自在房間念書。和米爾迦以及蒂蒂做數學很開心，可是——一個人做數學也很重要。

關於米爾迦說明的隨機演算法，我和自己對話。

$$\vdots$$

$W5$:	$k \leftarrow 1$
$W6$:	while $k \leq 3n$ do
$W7$:	if $\langle$ 賦值 a 滿足邏輯式 $f \rangle$ then
$W8$:	return $\langle$ 可以滿足 $\rangle$
$W9$:	end-if
$W10$:	$c \leftarrow \langle$ 賦值 a 代入 f 中，得到不滿足的子句 $\rangle$
$W11$:	$x \leftarrow \langle$ 從子句 c 中隨機挑一個變數 $\rangle$
$W12$:	$a \leftarrow \langle$ 反轉賦值 a 中的變數 x 得到新的賦值 $\rangle$
$W13$:	$k \leftarrow k + 1$
$W14$:	end-while

$$\vdots$$

$3n$ 步的隨機漫步（1 個迴圈）

（自問）　想知道的是什麼？

（自答）　迴圈的成功機率，亦即想對 $3n$ 步的隨機漫步，輸出＜可以滿足＞的機率估算下界。

（自問）　現在知道的是什麼？

（自答）　從不滿足的子句 c 隨機反轉一個變數時，接近正確賦值 a^* 的機率至少是 $\frac{1}{3}$。

　　嗯……我馬上發現。

　　這是擲硬幣。也就是說——

- 出現正面的機率至少是 $\frac{1}{3}$
- 出現反面的機率至多是 $\frac{2}{3}$

——重複投擲這樣的硬幣。然後，出現正面就往目的地接近 1 步，出現反面就遠離目的地 1 步……這樣的隨機漫步。

　　可是，我們本來就——不知道一開始的賦值 a 與正確的賦值 a^* 的距離（不一致的變數個數）。因為開始迴圈時的賦值 a 是隨機決定的，所以完全不知道 a 與 a^* 的距離。

　　……不對，其實我們知道機率！

　　假設與開始迴圈時 a^* 的距離是 m，$p(m)$ 來表示機率。即——

$$p(m) = 《隨機的賦值 a 與 a^* 的距離等於 m 的機率》$$

可以求出 $p(m)$ 嗎？

　　嗯，$p(m)$ 很簡單就能求得。

　　變數有 n 個。隨機賦值的意思，就是隨機決定 n 個變數的真假。《所有的情況數》有 2^n 種。《n 個當中有 m 個不一致的情況數》，等於從 n 個選出 m 個的組合數 $\binom{n}{m}$。因為這個組合全部的可能性都一樣，所以機率是這樣：

$$p(m) = \frac{《n \ 個當中有 \ m \ 個不一致的情況數 \ 》}{《 \ 全部的情況數 \ 》} = \frac{\binom{n}{m}}{2^n} = \frac{1}{2^n}\binom{n}{m}$$

　　本來就是想估算迴圈成功機率的下界……從小的開始估算。至少希望用這些機率求成功的機率。那麼，就以求出最幸運的機率為目標吧。

假設最初的距離是 m，最幸運的情況是怎樣呢？這很簡單，最幸運的情況就是隨機反轉變數時，不一致的變數每次都成功。

假設最初的賦值，不一致的變數有 m 個。意思就是距離是 m。如果之後連續 m 次都是接近 a^*，距離就變成 0，也就等於正確的賦值。直線朝終點前進的隨機漫步是最幸運的情況，這可以帶入計算。

最幸運的機率——也就是假設《繼續 m 次距離縮減的機率》為 $q(m)$。1 次距離縮減的機率至少是 $\frac{1}{3}$——

$$q(m) \geqq \left(\frac{1}{3}\right)^{m}$$

——因此就成立。

到這裡就明白以下的事項。

$$p(m) \quad = \quad 《最初的距離是\ m\ 的機率》 \quad = \quad \frac{1}{2^{n}}\binom{n}{m}$$

$$q(m) \quad = \quad 《繼續\ m\ 次距離縮減的機率》 \quad \geq \quad \left(\frac{1}{3}\right)^{m}$$

要如何處理 m 才好呢……具體思考吧。

m 說不定是 0，這時賦值 a 滿足邏輯式 f。m 說不定是 1，這時不一致的變數應該有 1 個。m 可能是 2、可能是 3、……、說不定是 n。m 的取得值可能是 $0, 1, 2……, n$ 的其中哪個。因此，沒有遺漏也沒有重複。

啊！我懂了。m 可能是 $0, 1, 2, 3, ……, n$，有 $n + 1$ 種，全部是窮盡迴圈開始的狀態。而且，這個狀態的事件全都互斥。也就是說，只要在每個 m 的值都計算迴圈的成功機率，再把這些機率全加起來就行了。全部加起來，就不取決於 m 的值，而可以求得最幸運情況的《迴圈的成功機率》。

m 的值決定迴圈的成功機率，就是《最初的距離是 m 的機率》與《最幸運地重複 m 次正確反轉的機率》的積。

換句話說，最幸運的情況的迴圈成功機率是——

$$p(m)q(m)$$

將 $m = 0, 1, 2, 3, \cdots, n$ 全部相加即可。

《迴圈的成功機率》
$\geq$《最幸運的迴圈成功機率》

$$= \underbrace{p(0)q(0)}_{m=0} + \underbrace{p(1)q(1)}_{m=1} + \underbrace{p(2)q(2)}_{m=2} + \underbrace{p(3)q(3)}_{m=3} + \cdots + \underbrace{p(n)q(n)}_{m=n}$$

$$= \sum_{m=0}^{n} p(m)q(m)$$

$$\geq \sum_{m=0}^{n} \frac{1}{2^n} \binom{n}{m} \left(\frac{1}{3}\right)^m \qquad p(m) = \frac{1}{2^n}\binom{n}{m} \quad q(m) \geq \left(\frac{1}{3}\right)^m$$

因為 $p(m) = \frac{1}{2^n}\binom{n}{m}\frac{1}{2^n}$ 與 $q(m) \geq \left(\frac{1}{3}\right)^m$

嗯，現在可以好好估算下界了！

$$《\ 迴圈的成功機率\ 》 \geq \sum_{m=0}^{n} \frac{1}{2^n} \binom{n}{m} \left(\frac{1}{3}\right)^m$$

最後就是這個不等式的右邊能否變成簡單的式子。

問題 9-2（將和簡化）
請將下列的和簡化。

$$\sum_{m=0}^{n} \frac{1}{2^n} \binom{n}{m} \left(\frac{1}{3}\right)^m$$

9.5.2 將和簡化

邏輯很有趣，隨機漫步也很有趣，但對我來說最有趣的是算式。只要成為算式，全力對付的對象就清楚了。現在的對象是：

$$\sum_{m=0}^{n} \frac{1}{2^n} \binom{n}{m} \left(\frac{1}{3}\right)^m$$

這個算式。那麼，可以將它變成更簡單的式子嗎？

首先是機械式計算。因為 $\frac{1}{2^n}$ 沒出現變數 m，所以能移到 Σ 的外面。

$$\sum_{m=0}^{n} \frac{1}{2^n} \binom{n}{m} \left(\frac{1}{3}\right)^m = \frac{1}{2^n} \sum_{m=0}^{n} \binom{n}{m} \left(\frac{1}{3}\right)^m$$

$\binom{n}{m}$ 與 $\left(\frac{1}{3}\right)^m$ 的積。然後是讓 m 變化的和。也就是《積的和》吧……

感覺到《積的和》很有趣。

蒂蒂耿直地學習、耿直地說話，她總是學長學長地敬慕我，努力學習我教她的事。

可是，變數很多，真麻煩。

對，她不擅長變數很多的式子，像是二項式定理……二項式定理？

$$(x + y)^n = \sum_{m=0}^{n} \binom{n}{m} x^{n-m} y^m \qquad （二項式定理）$$

就是這個！用二項式定理設為 $x = 1, y = \frac{1}{3}$ ，式子就能變簡單！

$$\frac{1}{2^n} \sum_{m=0}^{n} \binom{n}{m} \left(\frac{1}{3}\right)^m = \frac{1}{2^n} \sum_{m=0}^{n} \binom{n}{m} \cdot 1^{n-m} \cdot \left(\frac{1}{3}\right)^m$$

$$= \frac{1}{2^n} \left(1 + \frac{1}{3}\right)^n \qquad \text{（二項式定理）}$$

$$= \left(\frac{1}{2}\right)^n \left(\frac{4}{3}\right)^n$$

$$= \left(\frac{1}{2} \cdot \frac{4}{3}\right)^n$$

$$= \left(\frac{2}{3}\right)^n$$

簡化完成！

解答 9-2（將和簡化）

$$\sum_{m=0}^{n} \binom{n}{m} \left(\frac{1}{3}\right)^m = \left(\frac{2}{3}\right)^n$$

嗯，這樣一來《迴圈的成功機率》在變數是 n 個的時候，

$$\langle\!\langle \text{ 迴圈的成功機率 } \rangle\!\rangle \geq \left(\frac{2}{3}\right)^n$$

就知道可以如此估算。

9.5.3 次數的估算

好的！

迴圈的成功機率變成《至少 $\left(\frac{2}{3}\right)^n$》。試著應用在米爾迦說的《至少 $\frac{1}{M^n}$》，M 就是 $\frac{2}{3}$ 的倒數 $\frac{3}{2}$。因此，迴圈數 $R = K \cdot M^n$ 的指數函數部分

就是這樣：

$$M^n = \left(\frac{3}{2}\right)^n = 1.5^n$$

在暴搜法的情況，重複次數 2^n 的底是 2。

我——將隨機演算法 RANDOM-WALK-3-SAT 的迴圈數的指數函數部分，估算為 1.5^n。

從 2 到 1.5。

的確縮小了！

9.6　圖書室

9.6.1　獨立與互斥

次日的放學後。

我、蒂蒂、米爾迦……還有無言的麗莎，平常的成員聚集在圖書室，我向她們解釋昨晚的成果。

「從 2^n 變成 1.5^n 了呢！」

蒂蒂鼓掌說著。

「嗯，指數函數的底從 2 到 1.5 縮小了。」我有些意氣昂揚地回答。我沒看米爾迦讀過的論文就會估算，所以很開心。「發現二項式定理馬上就會了。」

「的確很有趣。」米爾迦說，「當然，這與使用暴搜法來檢查不同，不一定能用 1.5^n 的級數確實找到正確的賦值。不過，面對 2^n 這個指數的級數時，試著縮小底是個重要的挑戰，因此隨機演算法是寶貴的武器之一。」

「擲硬幣——是個好想法。」我說，「不管是 $3n$ 步的隨機漫步，還是 R 迴圈，只要視為重複擲硬幣就會很好懂。」

「每次擲硬幣都是獨立的。」米爾迦說。

「獨立？」蒂蒂問。

「所謂兩個事件 A, B 是**獨立**的，就是 A 與 B 不會互相影響的意思。事件《$A \dot{且} B$》發生的機率，等於 $Pr(A)$ 與 $Pr(B)$ 的$\dot{積}$。」

$$\Pr(A \cap B) = \Pr(A) \times \Pr(B) \quad （事件\ A, B\ 獨立）$$

「獨立……是嗎。」蒂蒂邊寫筆記邊說，「獨立——與互斥不同吧。」

「不同。所謂兩個事件 A, B 是**互斥**的，就是事件《$A \dot{或} B$》的發生機率，等於 $Pr(A)$ 與 $Pr(B)$ 的$\dot{和}$。」米爾迦說。

$$\Pr(A \cup B) = \Pr(A) + \Pr(B) \quad （事件\ A, B\ 互斥）$$

9.6.2 精確的估算

「那麼，來談談論文中的估算。」

「咦？不是 1.5^n 嗎？」蒂蒂問。

「要更精確的估算。」米爾迦回答。

「精確？……糟了！是斯特靈公式的近似嗎！」

「會用斯特靈公式的近似。可是，在解析隨機漫步方面，會先用我們熟知的武器——鋼琴問題的一般解[1]。」

鋼琴問題的一般解

不用比開始音低的音，連接 $a + b$ 個相鄰的音，用比開始音高 $a - b - 1$ 的音作結的旋律數，可用以下式子表示。

$$\frac{a - b}{a + b} \cdot \binom{a + b}{a}$$

---

1 在機率論稱為投票定理。

◎　◎　◎

精確地估算 RANDOM-WALK-3-SAT。

假設開始隨機漫步的賦值，距離正確賦值之一的 a^* 有 m 步。從這裡開始隨機漫步，距離變成 0 就滿足邏輯式。

昨晚你只考慮最幸運的情況《從距離 m 步的地方前進 m 步距離就變成 0》，來估算迴圈的成功機率。

可是，大部分的情況，直到距離為 0 為止，中間的路都是搖擺不定的。如果考慮這種搖擺不定的路徑數，就會增加到 a^* 的路徑，提高迴圈的成功機率，降低迴圈數的級數。

思考方式是這樣：在距離從 m 到 0 的某處，設想為遠離 a^* i 步。為了補回遠離 i 步的份，就必須在某處靠近 i 步。與本來為了從 m 走到 0 的 m 步合計，就是從開始前進 $m + 2i$ 步到達 a^*。

遠離的步數 i 超過 m 的路徑，暫時先忽略不計，也就是將 i 超過 m 的情況視為不到達 a^*。

根據可以前進的步數表示《與 a^* 的距離如何變化》圖表，與鋼琴問題表示《音程如何變化》圖表排在一起，就會明白隨機漫步的一個路徑，與鋼琴問題的一個旋律，是一一對應的關係，兩個圖表剛好是左右反轉。

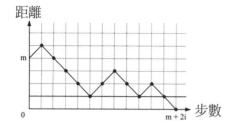

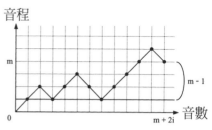

鋼琴問題的一般解為，以比起始音高 $a-b-1$ 的音結束，音的數量是 $a + b$ 個旋律數，可用以下式子表示。

$$\frac{a-b}{a+b}\binom{a+b}{a}$$

把這應用在隨機漫步，可得到以下的聯立方程式。

$$\begin{cases} a-b-1 = m-1 & （結束音比開始音高幾個音）\\ a+b = m+2i & （音的總數是幾個音）\end{cases}$$

要解開這個，用 $(a, b) = (m+i, i)$ 就能得到隨機漫步的路徑數。

$$\frac{a-b}{a+b}\binom{a+b}{a} = \frac{a-b}{a+b}\binom{a+b}{b} \qquad 因為 \binom{a+b}{a} = \binom{a+b}{b}$$

$$= \frac{m}{m+2i}\binom{m+2i}{i}$$

這是《從距離 m 開始，到達 a^* 為止的某處，遠離 i 步的路徑數》。

那麼，來計算迴圈的成功機率吧。

《從距離 m 遠離 i 步，到達 a^* 為止》用 $P(m, i)$ 來表示，並估算下界。重複擲硬幣 $m+2i$ 次，出現正面就遠離；出現背面就靠近，其中有 i 次出現正面。因為出現正面的機率至多是 $\frac{2}{3}$，故出現背面的機率至少是 1/3——

$$P(m, i) \geq \underbrace{\frac{m}{m+2i}\binom{m+2i}{i}}_{路徑數} \underbrace{\left(\frac{2}{3}\right)^i}_{遠離的量} \underbrace{\left(\frac{1}{3}\right)^{m+i}}_{靠近的量}$$

——可如此估算。忽略遠離的步數 i 比 m 大的路徑。

$P(m, i)$ 可以估算下界，因此不根據遠離的步數，而 $Q(m)$ 表示《從距離 m 到達 a^* 的機率》，再估算下界吧。只要設 i 的範圍是 $0 \leq i \leq m$，求 $P(m, i)$ 的和即可。

$$Q(m) = \sum_{i=0}^{m} P(m, i)$$

$$\geqq \sum_{i=0}^{m} \underbrace{\frac{m}{m + 2i}}_{\alpha} \binom{m + 2i}{i} \underbrace{\left(\frac{2}{3}\right)^{i}}_{\beta} \underbrace{\left(\frac{1}{3}\right)^{m+i}}_{\gamma}$$

用 i 的最大值 m 代入，就能估算 α, β, γ 的下界。

$$
\begin{cases}
\alpha: & \dfrac{m}{m + 2i} & \geqq \dfrac{m}{m + 2m} = \dfrac{1}{3} \\[2ex]
\beta: & \left(\dfrac{2}{3}\right)^{i} & \geqq \left(\dfrac{2}{3}\right)^{m} \\[2ex]
\gamma: & \left(\dfrac{1}{3}\right)^{m+i} & \geqq \left(\dfrac{1}{3}\right)^{m+m} = \left(\dfrac{1}{3}\right)^{2m}
\end{cases}
$$

可以依此進行 $Q(m)$ 的估算。

$$Q(m) \geqq \sum_{i=0}^{m} \underbrace{\frac{m}{m + 2i}}_{\alpha} \binom{m + 2i}{i} \underbrace{\left(\frac{2}{3}\right)^{i}}_{\beta} \underbrace{\left(\frac{1}{3}\right)^{m+i}}_{\gamma}$$

$$\geqq \sum_{i=0}^{m} \frac{1}{3} \binom{m + 2i}{i} \left(\frac{2}{3}\right)^{m} \left(\frac{1}{3}\right)^{2m} \qquad \text{令 } i \text{ 的最大值是 } m$$

$$= \frac{1}{3} \left(\frac{2}{3}\right)^{m} \left(\frac{1}{3}\right)^{2m} \sum_{i=0}^{m} \binom{m + 2i}{i} \qquad \text{將沒有 } i \text{ 的式子提到 } \Sigma \text{ 外面}$$

$$= \frac{1}{3} \left(\frac{2}{27}\right)^{m} \sum_{i=0}^{m} \binom{m + 2i}{i}$$

從和的裡面拿出一個項，就能做成不等式。

$$\sum_{i=0}^{m} \binom{m + 2i}{i} \geqq \binom{m + 2m}{m} = \binom{3m}{m}$$

可以用來再進行 $Q(m)$ 的估算。

$$Q(m) \geqq \frac{1}{3} \left(\frac{2}{27}\right)^m \underline{\sum_{i=0}^{m} \binom{m+2i}{i}}$$

$$\geqq \underbrace{\frac{1}{3}}_{\text{常數}} \underbrace{\left(\frac{2}{27}\right)^m}_{\text{冪次的形式}} \underline{\binom{3m}{m}}$$

將 $\binom{3m}{m}$ 用冪次形式估算。

這就是傳家的寶刀，斯特靈公式的近似。

9.6.3 斯特靈公式的近似

米爾迦一邊《講課》，一邊在我的筆記本上連續不斷書寫。

斯特靈公式的近似，常用在 $n!$ 的估算。

斯特靈公式的近似

當 n 非常大的時候，$n!$ 可以近似 $\sqrt{2\pi n}\left(\frac{n}{e}\right)^n$ 可表示為：

$$n! \sim \sqrt{2\pi n}\left(\frac{n}{e}\right)^n$$

這個式子表示在 $n \to \infty$ 時兩邊的比的極限值等於 1。亦即：

$$\lim_{n \to \infty} \frac{n!}{\sqrt{2\pi n}\left(\frac{n}{e}\right)^n} = 1$$

以下使用的不等式有關斯特靈公式的近似。

$$n! \leqq \sqrt{2\pi n} \left(\frac{n}{e}\right)^n e^{\frac{1}{12n}} \qquad \text{從上的估算上界 (U)}$$

$$n! \geqq \sqrt{2\pi n} \left(\frac{n}{e}\right)^n \qquad \text{從下的估算下界 (L)}$$

好，來使用不等式（U）與（L），估算 $\binom{3m}{m}$ 的下界。從定義可以使用階乘來寫 $\binom{3m}{m}$。

$$\binom{3m}{m} = \frac{(3m)!}{(1m)!\,(2m)!}$$

為了看規則性，將 m 寫成 $1m$。因為是估算 $\binom{3m}{m}$ 的下界，所以分母估算較大；分子估算較小。也就是 $(1m)!$ 與 $(2m)!$ 使用估算上界（U）；$(3m)!$ 估算下界（L）。

$$(1m)! \leqq \sqrt{2\pi \cdot 1m} \left(\frac{1m}{e}\right)^{1m} e^{\frac{1}{12 \cdot 1m}} \qquad \text{因為 (U)}$$

$$(2m)! \leqq \sqrt{2\pi \cdot 2m} \left(\frac{2m}{e}\right)^{2m} e^{\frac{1}{12 \cdot 2m}} \qquad \text{因為 (U)}$$

$$(3m)! \geqq \sqrt{2\pi \cdot 3m} \left(\frac{3m}{e}\right)^{3m} \qquad \text{因為 (L)}$$

▶ 估算 $\frac{(3m)!}{(1m)!\,(2m)!}$ 的分母

$$(1m)!\,(2m)! \leqq \sqrt{2\pi \cdot 1m} \left(\frac{1m}{e}\right)^{1m} e^{\frac{1}{12 \cdot 1m}} \cdot \sqrt{2\pi \cdot 2m} \left(\frac{2m}{e}\right)^{2m} e^{\frac{1}{12 \cdot 2m}}$$

$$= 2\pi \cdot \sqrt{2} \cdot m \cdot 4^m \cdot m^{3m} \cdot e^{-3m} \cdot e^{\frac{1}{12m} + \frac{1}{24m}}$$

▶ 估算 $\frac{(3m)!}{(1m)!\,(2m)!}$ 的**分子**

$$(3m)! \geqq \sqrt{2\pi \cdot 3m}\left(\frac{3m}{e}\right)^{3m}$$

$$= \sqrt{2\pi} \cdot \sqrt{3} \cdot \sqrt{m} \cdot 27^m \cdot m^{3m} \cdot e^{-3m}$$

這樣一來就估算 $\binom{3m}{m}$。

$$\binom{3m}{m} = \frac{(3m)!}{(1m)!\,(2m)!}$$

$$\geqq \frac{\sqrt{2\pi} \cdot \sqrt{3} \cdot \sqrt{m} \cdot 27^m \cdot m^{3m} \cdot e^{-3m}}{2\pi \cdot \sqrt{2} \cdot m \cdot 4^m \cdot m^{3m} \cdot e^{-3m} \cdot e^{\frac{1}{12m}+\frac{1}{24m}}}$$

$$= \frac{\sqrt{3} \cdot 27^m}{\sqrt{2\pi} \cdot \sqrt{2} \cdot \sqrt{m} \cdot 4^m \cdot e^{\frac{1}{8m}}}$$

$$= \frac{\sqrt{3}}{2\sqrt{\pi}} \cdot e^{-\frac{1}{8m}} \cdot \frac{1}{\sqrt{m}} \cdot \left(\frac{27}{4}\right)^m$$

$m = 1, 2, 3, \cdots\cdots, n$ 的時候，使用 $e^{-\frac{1}{8m}} \geqq e^{-\frac{1}{8}}$。

$$\geqq \underbrace{\frac{\sqrt{3}}{2\sqrt{\pi}} \cdot e^{-\frac{1}{8}}}_{\text{常數}} \cdot \frac{1}{\sqrt{m}} \cdot \underbrace{\left(\frac{27}{4}\right)^m}_{\text{冪次}}$$

常數統整為 C。

$$C = \frac{\sqrt{3}}{2\sqrt{\pi}} \cdot e^{-\frac{1}{8}}$$

來估算 $\binom{3m}{m}$ 吧。

$$\binom{3m}{m} \geqq \frac{C}{\sqrt{m}}\left(\frac{27}{4}\right)^m$$

回到 $Q(m)$ 的估算。

$$Q(m) \geqq \frac{1}{3} \left(\frac{2}{27} \right)^m \cdot \underset{\underset{\sim\sim\sim}{}}{\binom{3m}{m}}$$

$$\geqq \frac{1}{3} \left(\frac{2}{27} \right)^m \cdot \underset{\underset{\sim\sim\sim\sim\sim\sim\sim\sim}{}}{\frac{C}{\sqrt{m}} \left(\frac{27}{4} \right)^m}$$

$$= \frac{C}{3} \frac{1}{\sqrt{m}} \left(\frac{2}{27} \cdot \frac{27}{4} \right)^m$$

$$= \frac{C}{3} \frac{1}{\sqrt{m}} \left(\frac{1}{2} \right)^m$$

令 $C' = \frac{c}{3}$。

$$= \frac{C'}{\sqrt{m}} \left(\frac{1}{2} \right)^m$$

這樣一來，就能估算迴圈的成功機率的下界。

《迴圈的成功機率》

$$= \sum_{m=0}^{n} 《\ 最初的距離是\ m\ 的機率\ 》\cdot Q(m)$$

$$= \sum_{m=0}^{n} \frac{1}{2^n} \binom{n}{m} \cdot Q(m)$$

$$\geqq \sum_{m=1}^{n} \frac{1}{2^n} \binom{n}{m} \cdot \frac{C'}{\sqrt{m}} \left(\frac{1}{2}\right)^m + \frac{1}{2^n} \binom{n}{o} \cdot Q(o)$$

$$\geqq \frac{C'}{\sqrt{n}} \frac{1}{2^n} \sum_{m=0}^{n} \binom{n}{m} \left(\frac{1}{2}\right)^m \qquad \frac{1}{\sqrt{m}} \geqq \frac{1}{\sqrt{n}} \ 且\ Q(0)=1$$

$$= \frac{C'}{\sqrt{n}} \frac{1}{2^n} \sum_{m=0}^{n} \binom{n}{m} 1^{n-m} \left(\frac{1}{2}\right)^m \qquad 準備使用二項式定理$$

$$= \frac{C'}{\sqrt{n}} \frac{1}{2^n} \left(1 + \frac{1}{2}\right)^n \qquad 用了二項式定理$$

$$= \frac{C'}{\sqrt{n}} \left(\frac{1}{2} \cdot \frac{3}{2}\right)^n$$

$$= \frac{C'}{\sqrt{n}} \left(\frac{3}{4}\right)^n$$

迴圈的成功機率，如以下所示，可以估算下界。

$$《\ 迴圈的成功機率\ 》 \geqq \frac{C'}{\sqrt{n}} \left(\frac{3}{4}\right)^n$$

取右邊的倒數：

$$\frac{\sqrt{n}}{C'} \left(\frac{4}{3}\right)^n$$

就會變這樣，可估算迴圈數的指數函數部分：

$$《\ 迴圈數的函數指數部分\ 》\leqq \left(\frac{4}{3}\right)^n = (1.333\cdots)^n < 1.334^n$$

結果，迴圈數的指數函數部分至多可以估算為：

$$1.334^n$$

比你所估算的 1.5^n 還小。

　　這樣就完成一項工作了。

　　「這樣就完成一項工作了，跟著論文走也很有趣呢。」

　　「這是斯特靈公式的近似……」我說。

估算《迴圈數的指數函數部分》的底的《旅行地圖》

隨機漫步的開始，

假設為距離正確賦值 $a*m$ 步。

使用鋼琴問題來求路徑數，

視為擲硬幣估算機率。

$\downarrow$ 《從距離 m，遠離 i 步，到達 a 的機率》

估算 $P(m,i)$。

$$P(m,i) \geqq \underbrace{\frac{m}{m+2i}\binom{m+2i}{i}}_{\text{路徑數}} \underbrace{\left(\frac{2}{3}\right)^i}_{\text{遠離的量}} \underbrace{\left(\frac{1}{3}\right)^{m+i}}_{\text{靠近的量}}$$

$\downarrow$ 《從距離 m 到達 a^* 的機率》 估算 $Q(m)$

$$Q(m) = \sum_{i=0}^{m} P(m,i) \geqq \frac{1}{3}\left(\frac{2}{27}\right)^m \underwave{\binom{3m}{m}}$$

$\downarrow$ 用斯特靈公式的近似來估算 $\binom{3m}{m}$

$$\binom{3m}{m} = \frac{(3m)!}{(1m)!\,(2m)!} \geqq \frac{C}{\sqrt{m}}\left(\frac{27}{4}\right)^m$$

$\downarrow$ 用二項式定理估算《迴圈的成功機率》

$$\text{《迴圈的成功機率》} = \sum_{m=0}^{n} \frac{1}{2^n}\binom{n}{m} \cdot Q(m) \geqq \frac{C'}{\sqrt{n}}\left(\frac{3}{4}\right)^n$$

$\downarrow$ 取倒數估算《迴圈數的指數函數部分》。

$$\text{《迴圈數的指數函數部分》} \leqq \left(\frac{4}{3}\right)^n < \underwave{1.334^n}$$

「我——武器還很弱……」蒂蒂慢慢地說，「不僅是式子的變形，估算各因子的大小，用斯特靈公式的近似估算組合數，估算下界，估算上界，迴圈的成功機率的估算，失敗機率的估算，隨機演算法看漏的機率估算……我覺得自己可以憑藉的是——對於數與式子的廣泛知識與感覺，還有體力。」

「是啊……哎呀，差不多是瑞谷女士的登場時間了。」我說。

「那個……今天我們要不要來個與往常不同的方式呢？」蒂蒂說。總覺得她一副搗蛋鬼的表情。

「什麼是與往常不同的方式？」米爾迦問。

「是這樣的……」蒂蒂小聲地向我們說明。

不久後，戴著深色眼鏡，身上穿著緊身裙的瑞谷老師，出現在圖書管理員室。她順著與平常完全一樣的路線，站在圖書室的中央，就在——即將宣布時。

「放學時間到了！」

我們齊聲宣布，連麗莎也加入一起小聲宣布。

瑞谷女士毫不動搖地大聲說：

「放學時間到了。」

9.7　歸途

9.7.1　奧林匹克

我們一如往常走小路往車站前進。每天重複，所我們的步伐也算是隨機漫步。走路的時候，會到什麼特別的地去呢？

「對了，為什麼內側的迴圈是 $3n$ 次呢？」蒂蒂問，「出現 $3n$ 這個特別的值，理由是什麼？」

「估算的時候，會討論《遠離 i 步》的情況，此時的步數是 $m + 2i$。i 的最大值是 m，m 的最大值是 n，所以即使遠離 i 步，在 1 個迴圈內，為了準確到達 a^*，至少需要 $m + 2i \leqq n + 2n = 3n$ 圈。」

「啊，是為了這個啊！……關於內側的迴圈，我還有另一個在意的地方。我們都只在意外側迴圈數的估算，可是，用文字來寫很費事吧！譬如<隨機 n 個變數的賦值>這種程序。」

「很費事，不過這是多項式級數的工夫……。因為<隨機 n 個變數的賦值>並代入 n 個變數就是 $O(n)$；而檢查是否<賦值 a 滿足邏輯式 f>的程序，是子句個數的級數。如果不允許同一子句重覆，子句的個數就能用變數個數的多項式的級數來控制，因此沒有問題。」

「原來是這樣啊……好像是奧林匹克。」蒂蒂說。

「什麼？」我說。

「3-SAT 啊。它要降低級數來競爭，100m 賽跑的世界紀錄大家都來挑戰……這樣像不像奧林匹克？」

「費馬最後定理，也是在競爭誰最先證明。」

「啊，是啊。」

「思考級數小的演算法，再分析寫論文。」米爾迦說，「讀其他研究者的論文，再改良寫論文。這樣一來人類的知識就會前進。我讀的是 Uwe Schöning 寫的 "A Probabilistic Algorithm for k-SAT and Constraint Satisfaction Problems" 這篇 1999 年的論文[28]。在這篇論文提出的時候，1.334^n 是 3-SAT 的世界紀錄。」

「是英文寫的吧。」

「當然，不用英文寫就不能傳達給全世界。」米爾迦說。

「將有傳達價值的事，正確傳達地書寫——這就是論文的本質。」蒂蒂說。

9.8 家

9.8.1 邏輯

「可滿足性問題——」由梨說。

平常的週末、平常的我房間、平常與由梨的對話。

──不過，她的氣息與平常不同。

「由梨──這條髮帶是？」

「呃……你不知道嗎，哥哥。」

「是很漂亮的髮帶──跟妳很相配呢。」

「謝謝。」由梨笑嘻嘻地說，「研究問題的難度很有趣吧，不只是解問題，而是製作解問題的演算法的問題。關於問題的問題啊──」

「定量估算很重要，不等式很活躍。」

「嗯……邏輯的話題變成不等式的話題了。」

「數學就是全部都有關聯。」

「電腦也好像很有趣呢──」

「對啊，我們在圖書室說話的時候，是麗莎幫我們的。」

「麗莎？」由梨一臉疑惑，「那是誰！……是女生？」

「嗯，紅色頭髮，擅長電腦，現在高一。」

由梨稍微想了一下。

「是懂得《斐波那契手勢》的人？」

「嗯，她懂啊。」我說，「不過是二進位法的斐波那契手勢。麗莎是雙倉圖書館的小孩，對了對了，那裡最近要辦研討會。」

我拿麗莎給的簡章給由梨看，告訴她有關研討會的事。電腦科學的小型國際會議，有國中生導向的研討會，

「啊！米爾迦大小姐是演講者？」

「不，是蒂蒂代打發表。」

「好可惜……國中生導向？啊！對了──！」

「怎麼了？」

「嗯喵，什麼都沒有──」

「？」

「蒂德菈同學發表嗎……她在台上老是一副快跌倒的樣子喵。」

「這次……不會跌倒吧。」

在電腦科學中，最有名的未解決問題，
就是找出判斷給予的布林函數是可以滿足還是不可滿足
的有效率方法。

......

第一次聽到這個問題時，
你說不定會想像以下反問。
「什麼？這麼單純的事情要怎麼做，
電腦科學家竟然還不知道，
你是認真的嗎？」

——高德納[22]

第 10 章

隨機演算法

只要有人協助與工具，只花一點點功夫就能完成的事，
當必需一個人空手來做，
就要花龐大的勞力與極長的時間。
——《魯賓遜漂流記》

10.1 家庭餐廳

10.1.1 雨

「真的很抱歉。」蒂蒂說。

「沒關係。」我回答。

「……」麗莎無言。

這裡是車站附近的家庭餐廳，外面下雨，現在是傍晚——該這麼說嗎，其實已經很晚。蒂蒂與我，還有麗莎三人，我們在放學回家路上一起吃晚餐。

今天放學後，我一直在給蒂蒂意見。對，就是為了準備兩週後在雙倉圖書館召開的研討會。作為國中生導向的發表，蒂蒂選的題材是——演算法。她很努力地統整發表的內容，這樣是很好……不過量可不算少。她用完一整本，筆記本寫了大量的文章，還想再寫多一點。

「不可能把這麼多分量全部講完。」我覺得很疲憊，一邊吃著義大利麵，一邊愛理不理地說。

「可是，我無論如何都想全部放進去，所以必須統整起來講才行。」蒂蒂一邊夾蛋包飯，一邊說。

「發表的時間根本就不夠呀。」

「可以增加時間嗎——？」蒂蒂看隔壁的麗莎。

「不行。」麗莎一邊喝冰紅茶，一邊說。幫忙事務的她，對內部情況很了解。

「如果不清楚說明，聽的人會誤解的。」

「再怎麼說明，都會有人聽不懂，這也沒辦法。」

「所以我要好好準備……」

「自我滿足。」麗莎說。

我與蒂蒂一起看麗莎。她面無表情地含著吸管。自我滿足……真嚴厲的說法呢。

「我、我只是想要說清楚而已。」蒂蒂對麗莎說，「畢竟，我不想發表完以後，別人才說說什麼《我還是不懂啊》。」

「明哲保身。」麗莎說。

「才、才不是。」蒂蒂一臉不高興。這對她來說是很少見的表情。「我只是把該說的事先寫好——」

「浪費。」麗莎瞥了我一眼說，「考生的時間。」

考生是在說我吧。

「這……我佔用了學長的時間，很抱歉。」蒂蒂放低聲音，「可是，我想準備得完美。」

「來談現實的事吧。」我調停兩人，「實際上，不管是發表的時間還是準備的時間，都是不夠的，因此，不如集中在排序的兩個例子上。」

「……好。」蒂蒂很不情願地回應。

「譬如介紹泡沫排序與另一個代表性的排序——」

「**快速排序**。」麗莎說。

「就是這個！村木老師的卡片上也有！」

蒂蒂打開包包。

「不好意思。」我說，「我今天已經筋疲力盡了，如果要現在看，我會一直去想，所以剩下的就明天——不，後天放學後再說吧。」

「真的很不好意思。」蒂蒂說。

麗莎什麼也沒說，只是擺弄著自己的紅色頭髮。

10.2 學校

10.2.1 中午

兩天後的午休，我正在教室與米爾迦說話。

「⋯⋯蒂蒂真是幹勁十足。」我說。

「嗯。」米爾迦說著咬了口奇巧巧克力，「麗莎呢？」

「麗莎？——呃，雖然她說了相當嚴厲的話，不過等蒂蒂的內容統整好，她說會幫忙做簡報的檔案。」

「真是那孩子的作風呢。」米爾迦說。

「所以⋯⋯你會去研討會嗎？」米爾迦說。

「去雙倉圖書館？嗯，當然會去，我也打算邀由梨。米爾迦妳不在日本吧。」

「不在。」

「這次是去做什麼？」

「那邊有個數論的聚會，好像很有趣，我就去了。一個禮拜會回來，回國日期是研討會的隔天。」

10.2.2 快速排序演算法

放學後，我一到圖書室，就發現麗莎與蒂蒂已經在等我。

「學長！請聽我說快速排序，雖然我還有地方不懂，但是和小麗莎兩個人認真準備好了！」

「妳們可真用心呢⋯⋯」我說。

「那麼馬上就從輸入與輸出開始。」蒂蒂打開筆記本。

◎ ◎ ◎

那麼馬上就從輸入與輸出開始。

快速排序演算法（輸入與輸出）

輸入

- 數列 $A = \langle A[1], A[2], A[3], \ldots, A[n] \rangle^{*1}$
- 排序的範圍 L 與 R

輸出

排序從 $A[L]$ 到 $A[R]$ 範圍的數列

快速排序，如以下所示，用格子來表示輸入的數列 A，排序範圍為從 L 到 R，範圍外則保持原狀。若全部排序完畢，令 $L = 1, R = n$。

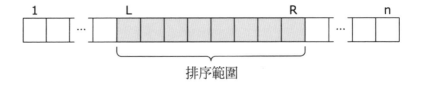

排序範圍

快速排序的程序如下：

---

1 在以後的分析中，數列的所有元素都視為彼此不同。

快速排序演算法（程序）

```
R1:    procedure QUICKSORT(A, L, R)
R2:        if L < R then
R3:            p ← L
R4:            k ← L + 1
R5:            while k ≤ R do
R6:                if A[k] < A[L] then
R7:                    A[p + 1] ↔ A[k]
R8:                    p ← p + 1
R9:                end-if
R10:               k ← k + 1
R11:           end-while
R12:           A[L] ↔ A[p]
R13:           A ← QUICKSORT(A, L, p − 1)
R14:           A ← QUICKSORT(A, p + 1, R)
R15:       end-if
R16:       return A
R17:   end-procedure
```

「呃。」我說，「L 是"left（左）"，R 是"right（右）"的意思吧？」

「"right（對）"。」蒂蒂說，「……我花了昨天一整天，努力研究這個演算法。小麗莎也幫我很多忙，為了盡量不佔用學長的時間，我拼命整理出來的。」

蒂蒂指著手邊成束的報告用紙。

「首先用圖來表示快速排序的進行。

◎　◎　◎

這張圖是 QUICKSORT 給予輸入值 $A = < 5, 1, 7, 2, 6, 4, 8, 3 >$, $L = 1$, $R = 8$ 時，畫出來的樣子。

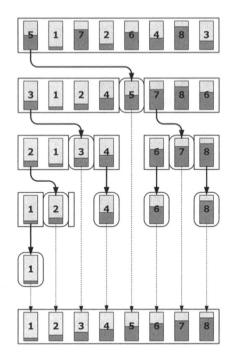

快速排序

　　一開始選擇軸（pivot）元素，軸是用來分類大小的基準值。在 QUICKSORT，最左端的元素就作軸。

　　圖上最初選擇作軸的是 5，比軸小的數就往左移動，軸以上的數則往右移動，在分界線上則移動軸，這個操作稱為《依軸分割》。以圖來說，< 3, 1, 2, 4 >、< 7, 8, 6 >之間夾著做為軸的 5。

　　將如此分割做出的兩個數列，再次快速排序，這個操作稱為《部分數列的排序》。

　　快速排序是：

- 依軸分割數列（從 R3 到 R12）
- 部分數列的排序（R13 與 R14）

重複這兩者所構成。接著來依序說明吧！

10.2.3 依軸分割數列——兩只翅膀

現在進行《依軸分割數列》。

將最左側的格子 $A[L]$ 的內容當作軸,圖上以=(等於)來表示等於軸。

軸與其他元素的大小關係,檢查前並不知道,未確認大小關係則以?(問號)來表示。

變數 p 與 k 在 $R3$ 與 $R4$ 被初始化,如圖所示。

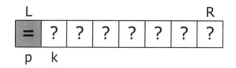

將 $A[L]$ 的值作為軸

在 $R6$ 的 if 句子,一個元素與軸做比較。

從 $R5$ 到 $R11$ 的 while 句子,重複處理。

$$\vdots$$

```
R5:    while k ≤ R do
R6:        if A[k] < A[L] then
R7:            A[p + 1] ↔ A[k]
R8:            p ← p + 1
R9:        end-if
R10:       k ← k + 1
R11:   end-while
```

$$\vdots$$

■$A[2]$<軸的情況

$A[2]$ 比軸小,因此會執行 $R7$ 到 $R10$。從 $R11$ 回到 $R5$ 時,會呈現以下狀態。

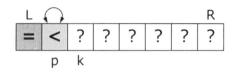

　　A[2] 值是 1，軸值是 5，所以可確認 A[2] 的值《比軸小》，在圖上以＜（小於）表示。

　　在 R7 的 A[p + 1]↔A[k] 交換元素。現在與 A[2] 同類的交換是白費工夫，因為剛好是 p + 1 = k；如果是 p + 1 ⧧ k 時，分割就會是有意義的交換。

■A[2]≧軸的情況

　　A[2] 值在軸以上的情況，p 不變，只會增加 k。

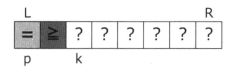

　　……那麼，在滿足 R5 的條件 k≦R 時，就會重覆與剛才一樣的事。結果會根據是否比軸小，逐次分類各元素。分類狀態如下面圖示。

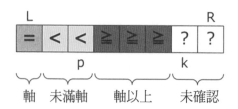

這張圖表示現在分類的狀況。

- 《未滿軸》元素在 L + 1 以上、p 以下處。
- 《軸以上》元素在 p + 1 以上、k − 1 以下處。
- 《未確認》的元素在 k 以上處。

變數 p 指的是《未滿軸》與《軸以上》元素的分界線,變數 k 指的則是分類的最前線。

那麼,k 變大後,$k \leq R$ 不成立,**while** 句子結束。迴圈結束。

$$
\begin{array}{ll}
\quad\vdots & \\
R3: & p \leftarrow L \\
R4: & k \leftarrow L + 1 \\
R5: & \textbf{while } k \leq R \textbf{ do} \\
\quad\vdots & \qquad\vdots \\
R11: & \textbf{end-while} \\
R12: & A[L] \leftrightarrow A[p] \\
\quad\vdots &
\end{array}
$$

迴圈結束來到 $R12$ 時,一般會呈現以下形式。

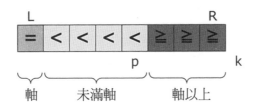

在 $R12$ 交換 $A[L]$ 與 $A[p]$。

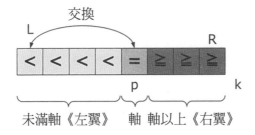

《兩只翅膀》

　　我們把在軸左側的這些元素稱為《左翼》，在軸右側的這些元素稱為《右翼》。

　　數列依軸分割成《兩只翅膀》！

《左翼》＝《未滿軸的元素集合》

《右翼》＝《軸以上的元素集合》

　　只不過——我被小麗莎指出——軸可能在左端或右端，這時單邊的翅膀就消失了。

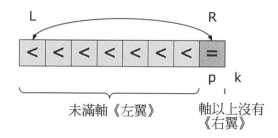

軸在右端的情況《右翼》消失

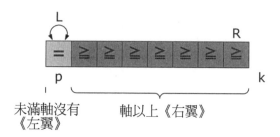

軸在左端的情況《左翼》消失

　　以上是《依軸分割數列》的說明。

10.2.4 部分數列的排序──遞迴

接著說明《部分數列的排序》。

現在我們眼前有《左翼》與《右翼》兩部分的數列，要各自排序成左邊的在左、右邊的在右。這麼做，全部就排序完成！

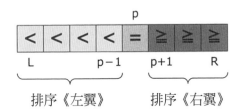

各自排序《兩只翅膀》

《左翼》是 L 以上，$p-1$ 以下的範圍；《右翼》則是 $p+1$ 以上，R 以下的範圍。在 $R13$ 與 $R14$ 排序這個範圍。

$$
\begin{aligned}
&\vdots \\
R13: \quad & A \leftarrow \mathrm{QUICKSORT}(A, L, p-1) \\
R14: \quad & A \leftarrow \mathrm{QUICKSORT}(A, p+1, R) \\
&\vdots
\end{aligned}
$$

像這樣為了定義 QUICKSORT，使用 QUICKSORT 本身的這種方法──就稱為"recursion"──遞迴，這也是小麗莎教我的……和數學的遞迴關係式有點類似。

10.2.5 執行步驟數的分析

「原來如此，很有趣呢。先分割成《左翼》與《右翼》，再各自排序。」

「分治法。」麗莎說。

「這不只是檢查快速排序的程序而已喔。」蒂蒂說，「也會進行執

行步驟數的分析喔！」

蒂蒂露出同意的微笑，紅髮的少女也無言地點頭。

「像平常一樣，計算各行的執行次數。」蒂蒂說。

	執行次數 ($L \geq R$)	執行次數 ($L < R$)	快速排序
$R1$:	1	1	**procedure** QUICKSORT(A, L, R)
$R2$:	1	1	**if** $L < R$ **then**
$R3$:	0	1	$p \leftarrow L$
$R4$:	0	1	$k \leftarrow L + 1$
$R5$:	0	$R - L + 1$	**while** $k \leq R$ **do**
$R6$:	0	$R - L$	**if** $A[k] < A[L]$ **then**
$R7$:	0	W	$A[p + 1] \leftrightarrow A[k]$
$R8$:	0	W	$p \leftarrow p + 1$
$R9$:	0	W	**end-if**
$R10$:	0	$R - L$	$k \leftarrow k + 1$
$R11$:	0	$R - L$	**end-while**
$R12$:	0	1	$A[L] \leftrightarrow A[p]$
$R13$:	0	T_{left}	$A \leftarrow$ QUICKSORT$(A, L, p - 1)$
$R14$:	0	T_{right}	$A \leftarrow$ QUICKSORT$(A, p + 1, R)$
$R15$:	0	1	**end-if**
$R16$:	1	1	**return** A
$R17$:	1	1	**end-procedure**

程序 QUICKSORT 的分析

在執行次數的欄內，有些部分變成若干變數。

- R 與 L 是輸入的值。
- W 是 $R7$ 發生的交換次數……不過尚未知，因為 W 會依據輸入數列而變化……
- T_{left} 是《左翼》排序的執行步驟數。
- T_{right} 是《右翼》排序的執行步驟數。

T_{left} 與 T_{right} 都會依據輸入而變化，所以該怎麼思考，我並不太清楚——可是，我們會的地方已經說明完畢了。

將《QUICKSORT 的執行步驟數（從 L 到 R）》當作

$$T_Q(R-L+1)$$

$$
\begin{aligned}
T_Q(R-L+1) &= R1 + R2 + R3 + R4 + R5 + R6 + R7 + R8 + R9 \\
&\quad + R10 + R11 + R12 + R13 + R14 + R15 + R16 + R17 \\
&= 1 + 1 + 1 + 1 + (R-L+1) + (R-L) + W + W + W \\
&\quad + (R-L) + (R-L) + 1 + T_{left} + T_{right} + 1 + 1 + 1 \\
&= 9 + 4R - 4L + 3W + T_{left} + T_{right}
\end{aligned}
$$

啊，上面的式子是在 $L < R$ 時。$L \geq R$ 時——實際上是 $R - L + 1 = 0$（大小是 0）或 $R - L + 1 = 1$（大小是 1）時——這樣。

$$T_Q(0) = R1 + R2 + R16 + R17 = 1 + 1 + 1 + 1 = 4$$
$$T_Q(1) = R1 + R2 + R16 + R17 = 1 + 1 + 1 + 1 = 4$$

學長，完成了。

這個式子是我和小麗莎好不容易一起完成的！

（根據蒂蒂與麗莎的快速排序分析）

從 R 到 L，用 QUICKSORT 來排序的執行步驟數：

$$T_Q(R-L+1) = 9 + 4R - 4L + 3W + T_{left} + T_{right}$$

（$L < R$ 時）。不過，

- W 是表示在 $R7$ 的元素交換次數。
- T_{left} 是表示《左翼》的執行步驟數。
- T_{right} 是表示《右翼》的執行步驟數。

10.2.6 區分情況

「這個式子是我和小麗莎好不容易一起完成的！」

$$T_Q(R - L + 1) = 9 + 4R - 4L + 3W + T_{left} + T_{right}$$

配合蒂蒂的宣言，麗莎輕輕點頭。她沒打開平常的紅色電腦，而是將注意力集中在我們的話題。

我一邊聽蒂蒂的說明，一邊感到興味盎然。這個式子要怎麼估算才好呢？

「真有趣，首先來減少文字。」我說。

「什麼意思？」

「排序 L 到 R 時，元素個數就是 $R - L + 1$。我想蒂蒂是意識到這個，才想到 $T_Q(R - L + 1)$ 的。」

「對，沒錯。因為：

$$《元素數》＝《右端》－《左端》＋1$$

。」

「將元素個數設為 n，$T_Q(R - L + 1)$ 就能寫成 $T_Q(n)$。既然如此，T_{left} 與 T_{right} 也能寫成 $T_Q(\cdots\cdots)$ 的形式嗎？」

「可以。因為《左翼》的排序是 QUICKSORT$(A, L, p - 1)$，

$$《左翼的元素數》＝《右端》－《左端》＋1＝(p-1)-L+1＝p-L$$

就是這樣。《右翼》的部分，因為是 QUICKSORT$(A, p + 1, R)$，

$$《右翼的元素數》＝《右端》－《左端》＋1＝R-(p+1)+1＝R-p$$

所以是這樣……所以，下式成立！」

$$\begin{cases} T_{left} & = T_Q(p - L) \\ T_{right} & = T_Q(R - p) \end{cases}$$

「是這樣⋯⋯嗎？」我好像有點被騙了。

「是啊，這樣就能減少變數了。」蒂蒂說。

$$T_Q(R - L + 1) = 9 + 4R - 4L + 3W + T_{left} + T_{right}$$
$$T_Q(n) = 9 + 4R - 4L + 3W + T_Q(p - L) + T_Q(R - p)$$

「不會減少。」麗莎說。

「哎呀？$R, L, W, T_{left}, T_{right}$ 只是變成 n, R, L, W, p 而已⋯⋯」

「$9 + 4R - 4L$ 統整成 $R - L + 1$，就可以用 n 來表示。」我說。

$$T_Q(n) = 9 + 4R - 4L + 3W + T_Q(p - L) + T_Q(R - p)$$
$$= 4(\underline{R - L + 1}) + 5 + 3W + T_Q(p - L) + T_Q(R - p)$$
$$= 4\underline{n} + 5 + 3W + T_Q(p - L) + T_Q(R - p)$$

「W 怎麼辦？」

「怎麼辦⋯⋯嗯，因為現在想估算執行步驟數，就試著把 W 估算得比較大吧。W 是交換的次數。由於在 $R6$ 的 **if** 句子有 $R - L$ 次，所以 W 的執行次數至多是 $R - L$ 次。」

	執行次數 ($L \geq R$)	執行次數 ($L < R$)	快速排序
⋮			
$R6$:	0	$R - L$	**if** $A[k] < A[L]$ **then**
$R7$:	0	W	$A[p + 1] \leftrightarrow A[k]$
$R8$:	0	W	$p \leftarrow p + 1$
$R9$:	0	W	**end-if**
⋮			

「原來如此。」

「所以，估得比較大，估算為 $W = R - L = n - 1$。」

$$T_Q(n) = 4n + 5 + 3\underline{W} + T_Q(p - L) + T_Q(R - p)$$
$$= 4n + 5 + 3\underline{(R - L)} + T_Q(p - L) + T_Q(R - p)$$
$$= 4n + 5 + 3\underline{(n - 1)} + T_Q(p - L) + T_Q(R - p)$$
$$= 7n + 2 + T_Q(p - L) + T_Q(R - p)$$

「哇……變得好簡化。」

$$T_Q(n) = 7n + 2 + T_Q(p - L) + T_Q(R - p)$$

「因為現在估算得比較大，嚴格來說 $T_Q(n)$ 是表示效率較差的演算法執行步驟數。不過，比起這個——」我說出從剛才就感覺到的違和感：「所謂的 p 是放軸的地方吧，因此，p 依存於輸入的數列 A。這樣……對嗎？」

「你的意思是，p 會是各種值嗎？」

「對。當然我知道 p 的取得範圍是 $L \leqq p \leqq R$。因此 $p - L$ 的範圍是——

$$0 \leqq p - L \leqq R - L = n - 1$$

——同樣地 $R - p$ 的範圍也是——

$$0 \leqq R - p \leqq R - L = n - 1$$

——如此。不過呢。」

「實際上究竟是哪一個就不知道了。」

「對。區分情況很麻煩。」

「我喜歡。」麗莎說。

「妳說喜歡——是指區分情況嗎？」蒂蒂問。

麗莎點頭。

「好吧，先不談喜歡討厭。」我說，「必須想辦法先區分情況，再來決定 n，不決定 p 的話，$T_Q(n)$ 就不能定為一個值會很傷腦筋。

$0 \leqq p - L \leqq n - 1$，意思就是 $p - L$ 有 n 種情況，遞迴關係式依存於軸的位置。」

「是啊。」

「現在該在樹枝上綁《線索緞帶》來防企迷路了，我們先來寫出遞迴關係式吧。」

QUICKSORT 的《線索緞帶》

$$\begin{cases} T_Q(0) & = 4 \\ T_Q(1) & = 4 \\ T_Q(n) & = 7n + 2 + T_Q(p - L) + T_Q(R - p) \qquad (n = 2, 3, 4, \ldots) \end{cases}$$

（可是，變數 p 還在啊……）

10.2.7　最大執行步驟數

「依據不同的 p，不用區分情況也可以。」蒂蒂說。

「嗯，沒錯。」

「學長……我想到了一個東西。就像剛才把 W 決定為《至多 $R - L$》估算一樣，來考慮最大的情況怎麼樣？讓分割後每次都——《軸在左端》，這時一定是 $p = L$ 了吧！」

「原來如此。那麼這時 $T_Q(n)$ 就寫成 $T_Q'(n)$ 吧。」我說。

$$T_Q'(n) = 《QUICKSORT 的最大執行步驟數》$$

蒂蒂趕緊變形式子。

$$
\begin{aligned}
T'_Q(n) &= 7n + 2 + T'_Q(p - L) + T'_Q(R - p) \\
&= 7n + 2 + T'_Q(L - L) + T'_Q(R - L) \qquad \text{假設 } p = L \\
&= 7n + 2 + T'_Q(0) + T'_Q(n - 1) \qquad \text{計算} \\
&= 7n + 2 + 4 + T'_Q(n - 1) \qquad \text{使用 } T'_Q(0) = 4 \\
&= T'_Q(n - 1) + 7n + 6 \qquad \text{變更順序}
\end{aligned}
$$

「……就變成這樣的遞迴關係式。」

$$
\begin{cases}
T'_Q(0) & = 4 \\
T'_Q(1) & = 4 \\
T'_Q(n) & = T'_Q(n - 1) + 7n + 6 \qquad (n = 2, 3, 4, \dots)
\end{cases}
$$

「嗯！這是馬上就能解開的遞迴關係式，蒂蒂。」我說。

◎　◎　◎

$n, n - 1, n - 2, \dots$ 只要能縮小，就可以馬上找到規則。

$$
\begin{aligned}
T'_Q(n) &= T'_Q(n - 1) + 7n + 6 \\
&= T'_Q(n - 2) + 7(n - 1) + 6 + 7n + 6 \\
&= T'_Q(n - 2) + \big(7(n - 1) + 6\big) + (7n + 6) \\
&= T'_Q(n - 3) + 7(n - 2) + 6 + \big(7(n - 1) + 6\big) + (7n + 6) \\
&= T'_Q(n - 3) + \big(7(n - 2) + 6\big) + \big(7(n - 1) + 6\big) + (7n + 6)
\end{aligned}
$$

若將 n 寫成 $n - 0$，模式就顯而易見了。

$$
T'_Q(n) = T'_Q(n - 3) + \big(7(n - 2) + 6\big) + \big(7(n - 1) + 6\big) + \big(7(n - 0) + 6\big)
$$

使用 Σ 來寫吧。

$$= T'_Q(n-3) + \sum_{j=n-2}^{n-0} \left(7j + 6\right)$$

$n-4, n-5, \cdots$縮小直到 $n-k$。

$$T'_Q(n) = T'_Q(n-k) + \sum_{j=n-k+1}^{n} \left(7j + 6\right)$$

最後是 $n-(n-1)$，也就是縮小到 1。

$$T'_Q(n) = T'_Q(1) + \sum_{j=2}^{n} \left(7j + 6\right)$$

$$= 4 + \sum_{j=2}^{n} \left(7j + 6\right) \qquad （使用 T'_Q(1) = 4）$$

為了將 Σ 從 $j = 1$，開始做調整。

$$T'_Q(n) = 4 - (7 \cdot 1 + 6) + \sum_{j=1}^{n} \left(7j + 6\right)$$

$$= -9 + \sum_{j=1}^{n} 7j + \sum_{j=1}^{n} 6$$

$$= -9 + 7 \sum_{j=1}^{n} j + 6n$$

$$= 6n - 9 + 7 \sum_{j=1}^{n} j$$

$$= 6n - 9 + \frac{7n(n+1)}{2} \qquad （使用 1 + 2 + 3 + \cdots + n = \frac{n(n+1)}{2}）$$

針對 n 整理式子，就得到以下式子：

$$T'_Q(n) = \frac{7}{2}n^2 + \frac{19}{2}n - 9$$

◎　◎　◎

「換成 O 符號就是這樣。」我統整。

$$T'_Q(n) = O(n^2)$$

「奇怪？如果至多是 n^2 量階數⋯⋯不就和泡沫排序一樣？」蒂蒂說。

「嗯，因為這有附加條件《軸在左端》。」

「學長，好不可思議喔！因為選左端當作軸，所謂的《每次軸是最小》，意思就是左端總是最小——也就是說，輸入的就是排序完成的數列。」

「喔！的確是！」

「要是給排序完成的數列，快速排序的最大執行步驟數就是 $O(n^2)$ 了。」

$$T'_Q(n) = O(n^2)$$

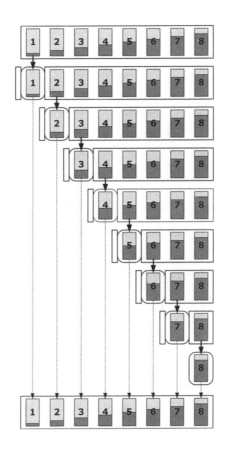

快速排序已排序完成的數列

　　「陷入僵局了呢。如果決定軸的位置，我覺得就不用區分情況了
……」蒂蒂拉著自己軟綿綿的臉頰。「軸的地方從 1 到 n 有 n 種，這麼
多值，又不可能全部算一遍。」

　　「對啊，而且因為有 n 種，就必須思考如何一般化。」

　　「許多的值、許多的值。」蒂蒂誦念著。

　　「嗯？什麼？」

　　「米爾迦學姊說過……

許多的值登場的時候，

自然就會想把它們一起做總結。

……只要能把許多值 "summarize" 就可以了。」

「米爾迦說過這種話，那應該說的是平均——」

「啊！」蒂蒂大叫。

「對喔！」我也大叫。

「就是平均 $\begin{Bmatrix} 吧 \\ 啊 \end{Bmatrix}$！」我與蒂蒂同時大聲說。

「……！」麗莎無言。

「來改變目標吧。」我說，「不是一般的執行步驟數，而是求平均執行步驟數！」

10.2.8　平均執行步驟數

「接下來思考快速排序的平均執行步驟數。針對快速排序，求大小是 n 的所有可能輸入的執行步驟數之平均。名稱就訂為 $\bar{T}_Q(n)$ 吧。」

$$\bar{T}_Q(n) = 《平均執行步驟數》$$

「從我們的《線索緞帶》開始重做。」我說，「建立平均執行步驟數的遞迴關係式。」

「可是學長，n 的輸入有無限個，因為數列的元素沒有限制範圍，可以是 < 5, 1, 7, 2, 6, 4, 8, 3 >，也可以是 < 500, 100, 700, 200, 600, 400, 800, 300 >，所以平均？」

「不不不，現在可以不用想元素本身的值，只要想元素之間的大小關係就可以了。為了簡化分析，只要假設元素全都相異，思考排序 1, 2, 3,……, n 這 n 個數就行了。」

「可是可是，平均要怎麼求？」

「這並不難。大小是 n 的輸入，就是這 n 個數的所有排列（n! 種）。因為思考所有排列，所以軸的位置從 1 到 n 都一樣。因此思考的是在 $p = L, L + 1, L + 2,……R - 1, R$ 的範圍移動 p。p 的位置是 $R - L + 1$，也就是有 n 種。因為是平均，只要把它們全部加總再除以 n。全部加總

除以全部個數 n，就可以做出遞迴關係式。」

◎　◎　◎

全部加總除以全部個數 n，就可以做出遞迴關係式。

QUICKSORT 的遞迴關係式 $\bar{T}_Q(n)$ 是平均執行步驟數）

$$\begin{cases} \bar{T}_Q(0) = 4 \\ \bar{T}_Q(1) = 4 \\ \bar{T}_Q(n) = \dfrac{1}{n} \sum_{p=L}^{R} \left(7n + 2 + \bar{T}_Q(p - L) + \bar{T}_Q(R - p) \right) \quad (n = 2, 3, 4, \ldots) \end{cases}$$

設 $j = p - L + 1$，式子就淺顯易懂了。因為 $p - L = j - 1$，$R - p = R - (j + L - 1) = (R - L + 1) - j = n - j$。

$$\bar{T}_Q(n) = \frac{1}{n} \sum_{j=1}^{n} \left(7n + 2 + \bar{T}_Q(j - 1) + \bar{T}_Q(n - j) \right)$$

首先，消去 Σ，做成式 $\bar{T}_Q(n)$ 的遞迴關係式。

一開始將不依存於 j 的式子 $7n + 2$ 提到 Σ 的外面。因為這個式子是根據 Σ 加上從 1 到 n 的 n 次，所以提到外面時必須乘以 n 倍，而且乘以 $1/n$ 以後，就會馬上消去 n。

$$\bar{T}_Q(n) = \frac{1}{n} \sum_{j=1}^{n} \left(\underline{7n+2} + \bar{T}_Q(j-1) + \bar{T}_Q(n-j) \right)$$

$$= \frac{1}{\not{n}} \cdot \not{n} \cdot \underline{(7n+2)} + \frac{1}{n} \sum_{j=1}^{n} \left(\bar{T}_Q(j-1) + \bar{T}_Q(n-j) \right)$$

$$= 7n+2 + \frac{1}{n} \sum_{j=1}^{n} \left(\bar{T}_Q(j-1) + \bar{T}_Q(n-j) \right)$$

$$= 7n+2 + \frac{1}{n} \sum_{j=1}^{n} \bar{T}_Q(j-1) + \frac{1}{n} \sum_{j=1}^{n} \bar{T}_Q(n-j)$$

這裡出現的兩個 Σ 的結果相等，原因是這兩個只是相加的順序相反，寫成以下的樣子就會很清楚。

$$\begin{cases} \sum_{j=1}^{n} \bar{T}_Q(j-1) & = \bar{T}_Q(0) + \bar{T}_Q(1) + \bar{T}_Q(2) + \cdots + \bar{T}_Q(n-1) \\ \sum_{j=1}^{n} \bar{T}_Q(n-j) & = \bar{T}_Q(n-1) + \cdots + \bar{T}_Q(2) + \bar{T}_Q(1) + \bar{T}_Q(0) \end{cases}$$

意思就是這兩個Σ可以統整成一個。

$$\bar{T}_Q(n) = 7n+2 + \frac{1}{n} \sum_{j=1}^{n} \bar{T}_Q(j-1) + \frac{1}{n} \sum_{j=1}^{n} \bar{T}_Q(n-j)$$

$$= 7n+2 + \frac{2}{n} \sum_{j=1}^{n} \bar{T}_Q(j-1) \quad （統整，係數乘以 2 倍）$$

因為很在意 $\frac{2}{n}$，所以兩邊乘以 n，消去分母 n。

$$n \cdot \bar{T}_Q(n) = 7n^2 + 2n + 2 \sum_{j=1}^{n} \bar{T}_Q(j-1)$$

嗯，變得相當整潔了呢。

想探索 $\bar{T}_Q(n)$ ，就得想辦法處理右邊的 Σ。

呃，該怎麼做才好呢……

嗯，來使用解遞迴關係式時的慣用手法《差分》吧。

計算 $(n+1) \cdot \bar{T}_Q(n+1) - n \cdot \bar{T}_Q(n)$ ，這是為了消去 Σ。

$(n+1) \cdot \bar{T}_Q(n+1) - n \cdot \bar{T}_Q(n)$

$$= \left(7(n+1)^2 + 2(n+1) + 2 \sum_{j=1}^{n+1} \bar{T}_Q(j-1) \right) - \left(7n^2 + 2n + 2 \sum_{j=1}^{n} \bar{T}_Q(j-1) \right)$$

$$= \left(7n^2 + 14n + 7 + 2n + 2 + 2 \sum_{j=1}^{n+1} \bar{T}_Q(j-1) \right) - \left(7n^2 + 2n + 2 \sum_{j=1}^{n} \bar{T}_Q(j-1) \right)$$

$$= 14n + 9 + 2 \left(\sum_{j=1}^{n+1} \bar{T}_Q(j-1) - \sum_{j=1}^{n} \bar{T}_Q(j-1) \right)$$

$$= 14n + 9 + 2 \cdot \bar{T}_Q((n+1)-1)$$

$$= 14n + 9 + 2 \cdot \bar{T}_Q(n)$$

在消去最後的 Σ 處：

$$\sum_{j=1}^{n+1} \bar{T}_Q(j-1) = \underbrace{\bar{T}_Q(0) + \bar{T}_Q(1) + \cdots + \bar{T}_Q(n-1)}_{\sum_{j=1}^{n} \bar{T}_Q(j-1)} + \bar{T}_Q(n)$$

從 $j = 1, \cdots, n, n+1$ 的和，只要減掉 $j = 1, \cdots, n$ 的和，就會只剩下 $j = n + 1$。

因為兩邊都有包含 $\bar{T}_Q(n)$ 的項，就把 $n \cdot \bar{T}_Q(n)$ 移項到右邊吧。

$$(n+1) \cdot \bar{T}_Q(n+1) - n \cdot \bar{T}_Q(n) = 14n + 9 + 2 \cdot \bar{T}_Q(n)$$
$$(n+1) \cdot \bar{T}_Q(n+1) = n \cdot \bar{T}_Q(n) + 14n + 9 + 2 \cdot \bar{T}_Q(n)$$
$$(n+1) \cdot \bar{T}_Q(n+1) = (n+2) \cdot \bar{T}_Q(n) + 14n + 9$$

到這裡 $n = 2, 3, \cdots\cdots$，可明白以下的遞迴關係式成立了。妳看，透過差分，Σ 消失了。

$$(n+1) \cdot \bar{T}_Q(n+1) = (n+2) \cdot \bar{T}_Q(n) + 14n + 9$$

對了，必須檢查 $n = 2$ 時。

$$\bar{T}_Q(n) = \frac{1}{n} \sum_{j=1}^{n} \left(7n + 2 + \bar{T}_Q(j-1) + \bar{T}_Q(n-j) \right)$$
$$\bar{T}_Q(2) = \frac{1}{2} \sum_{j=1}^{2} \left(7 \cdot 2 + 2 + \bar{T}_Q(j-1) + \bar{T}_Q(2-j) \right)$$
$$= \frac{1}{2} \left(\left(7 \cdot 2 + 2 + \bar{T}_Q(0) + \bar{T}_Q(1) \right) + \left(7 \cdot 2 + 2 + \bar{T}_Q(1) + \bar{T}_Q(0) \right) \right)$$
$$= 14 + 2 + \bar{T}_Q(0) + \bar{T}_Q(1)$$
$$= 14 + 2 + 4 + 4$$
$$= 24$$

就從這裡進行漸近解析吧。

◎　◎　◎

「就從這裡進行漸近解析吧。」我說。

「我、我筋疲力盡了。學長……你只要一寫起算式，就會精神百倍嗎？」蒂蒂說。

「應該是吧。」

「這個 $\bar{T}_Q(n)$ ——快速排序的平均執行步驟數是多少呢？」

「快速排序是比較排序……所以至少是 $n \log n$ 的級數。上界可能

也不會被 $n \log n$ 的級數控制吧。」

「放學時間到了。」瑞谷老師說。

問題 10-1（快速排序的平均執行步驟數）

QUICKSORT 的平均執行步驟數 $\bar{T}_Q(n)$ 滿足以下的遞迴關係式。

$$\begin{cases} \bar{T}_Q(0) & = 4 \\ \bar{T}_Q(1) & = 4 \\ \bar{T}_Q(2) & = 24 \\ (n+1) \cdot \bar{T}_Q(n+1) & = (n+2) \cdot \bar{T}_Q(n) + 14n + 9 \quad (n = 2, 3, 4, \ldots) \end{cases}$$

這時以下式子成立嗎？

$$\bar{T}_Q(n) = O(n \log n)$$

10.2.9　歸途

「妳要講泡沫排序與快速排序嗎？」我問道。

平常的歸途，我與蒂蒂以及麗莎三人往車站走。

「對，沒錯。我想在研討會發表傳達自己分析的樂趣……雖這麼說，麗莎和學長幫了我很多忙。」

話說回來，雖然早就發現《蒂蒂意外地很頑固》，不過《麗莎意外地好幫助人》也是個發現。雖然她不太說話，麗莎卻正在援助蒂蒂。

「米爾迦學姊今天——」蒂蒂說。

「她不在，我想可能有什麼事吧。」

「研討會當天也不在……？」

「嗯，她是這麼說的，據說她今年要去美國幾次。」

「這樣啊。」蒂蒂說。

麗莎什麼也沒說。

10.3 自家

10.3.1 改變形式

星期六，我和來我房間念書的由梨，討論估算快速排序的執行步驟數。

問題 10-1（快速排序的平均執行步驟數）

QUICKSORT的平均執行步驟數 $\bar{T}_Q(n)$ 滿足以下的遞迴關係式。

$$\begin{cases} \bar{T}_Q(0) & = 4 \\ \bar{T}_Q(1) & = 4 \\ \bar{T}_Q(2) & = 24 \\ (n+1) \cdot \bar{T}_Q(n+1) & = (n+2) \cdot \bar{T}_Q(n) + 14n + 9 \quad (n = 2,3,4,\ldots) \end{cases}$$

這時以下式子成立嗎？

$$\bar{T}_Q(n) = O(n \log n)$$

「這種遞迴關係式，很快就能解開嗎？」由梨問。

「譬如 $f(n)$ 這種單純的形式⋯⋯

$$\begin{cases} f(1) & = 《式子》 \\ f(n+1) & = f(n) + 《式子》 \quad (n = 1,2,3,\ldots) \end{cases}$$

⋯⋯只要縮小函數 $f(n)$ 這的 n，就有頭緒了。畢竟這次的遞迴關係式，混雜 $\bar{T}_Q(n)$ 與 n 的式子。」

「包含 n 的式子如果是問題，那就消掉不就好了嗎。」

「要是能一下子消掉就不用這麼麻煩了——奇怪？」

「怎麼了？」

「不對，或許可以消掉。兩邊除以 $(n+1)(n+2)$ ——妳看！」

$$(n+1) \cdot \bar{T}_Q(n+1) = (n+2) \cdot \bar{T}_Q(n) + 14n + 9 \qquad \text{由於遞迴關係式}$$

$$\frac{\bar{T}_Q(n+1)}{n+2} = \frac{\bar{T}_Q(n)}{n+1} + \frac{14n+9}{(n+1)(n+2)} \qquad \text{兩邊除以} (n+1)(n+2)$$

「喔喔！……我不太懂，式子好凌亂！」

「只要使用定義式就可以了，由梨。譬如：

$$F(n) = \frac{\bar{T}_Q(n)}{n+1}$$

用這個來定義吧。這樣一來就可以用 $f(n)$ 來表示。」

$$\frac{\bar{T}_Q(n+1)}{n+2} = \frac{\bar{T}_Q(n)}{n+1} + \frac{14n+9}{(n+1)(n+2)} \qquad \text{在上面得到的式子}$$

$$F(n+1) = F(n) + \frac{14n+9}{(n+1)(n+2)} \qquad \text{用F(n)來表示}$$

「喔喔！……我還是不太懂，有奇怪的分數！」

「分數 $\frac{14n+9}{(n+1)(n+2)}$ 可以分解成和的形式，假設——」

◎　◎　◎

假設應用 a 與 b 可以分解成以下這種和。

$$\frac{14n+9}{(n+1)(n+2)} = \frac{a}{n+1} + \frac{b}{n+2}$$

只要計算這個——

$$\frac{a}{n+1} + \frac{b}{n+2} = \frac{(a+b)n + (2a+b)}{(n+1)(n+2)}$$

——就是這樣。換句話說，以下式子成立。

$$\frac{\boxed{14}\, n + \boxed{9}}{(n+1)(n+2)} = \frac{(\boxed{a+b})n + (\boxed{2a+b})}{(n+1)(n+2)}$$

因此，只要解 $\begin{cases} a+b & = 14 \\ 2a+b & = 9 \end{cases}$ 這個聯立方程式即可。

解開這個的答案是 $(a, b) = (-5, 19)$，就得到以下式子。

$$\frac{14n+9}{(n+1)(n+2)} = \frac{-5}{n+1} + \frac{19}{n+2}$$

這裡回到 $F(n+1)$ 的式子。

$$F(n+1) = F(n) + \frac{14n+9}{(n+1)(n+2)}$$

分數部分變成和。

$$F(n+1) = F(n) + \frac{-5}{n+1} + \frac{19}{n+2}$$

使用遞迴關係式，將 $F(n)$ 以單純的式子替換，可以找到模式。

$$F(n) = \underline{F(n-1)} + \frac{-5}{n-0} + \frac{19}{n+1}$$

$$= \underline{F(n-2) + \frac{-5}{n-1} + \frac{19}{n-0}} + \frac{-5}{n-0} + \frac{19}{n+1}$$

$$= F(n-2) + \frac{-5}{n-1} + \left(\frac{19}{n-0} + \frac{-5}{n-0}\right) + \frac{19}{n+1}$$

$$= \underline{F(n-2)} + \frac{-5}{n-1} + \frac{14}{n-0} + \frac{19}{n+1}$$

$$= \underline{F(n-3) + \frac{-5}{n-2} + \frac{19}{n-1}} + \frac{-5}{n-1} + \frac{14}{n-0} + \frac{19}{n+1}$$

$$= F(n-3) + \frac{-5}{n-2} + \left(\frac{19}{n-1} + \frac{-5}{n-1}\right) + \frac{14}{n-0} + \frac{19}{n+1}$$

$$= \underline{F(n-3)} + \frac{-5}{n-2} + \frac{14}{n-1} + \frac{14}{n-0} + \frac{19}{n+1}$$

$$= \underline{F(n-4) + \frac{-5}{n-3} + \frac{19}{n-2}} + \frac{-5}{n-2} + \frac{14}{n-1} + \frac{14}{n-0} + \frac{19}{n+1}$$

$$= F(n-4) + \frac{-5}{n-3} + \left(\frac{19}{n-2} + \frac{-5}{n-2}\right) + \frac{14}{n-1} + \frac{14}{n-0} + \frac{19}{n+1}$$

$$= F(n-4) + \frac{-5}{n-3} + \underbrace{\frac{14}{n-2} + \frac{14}{n-1} + \frac{14}{n-0}}_{\text{發現模式!}} + \frac{19}{n+1}$$

提出 14。

$$= F(n-4) + \frac{-5}{n-3} + 14\left(\frac{1}{n-2} + \frac{1}{n-1} + \frac{1}{n-0}\right) + \frac{19}{n+1}$$

以 Σ 來表示。

$$= F(n-4) + \frac{-5}{n-3} + 14\sum_{j=n-2}^{n}\frac{1}{j} + \frac{19}{n+1}$$

右邊的 $F(n-4)$ 在變成 $F(2)$ 以前繼續替換。

$$F(n) = F(n-(n-2)) + \frac{-5}{n-(n-2)+1} + 14 \sum_{j=n-(n-2)+2}^{n} \frac{1}{j} + \frac{19}{n+1}$$

$$= F(2) + \frac{-5}{3} + 14 \sum_{j=4}^{n} \frac{1}{j} + \frac{19}{n+1}$$

$$= F(2) + \frac{-5}{3} - 14 \left(\frac{1}{1} + \frac{1}{2} + \frac{1}{3} \right) + 14 \sum_{j=1}^{n} \frac{1}{j} + \frac{19}{n+1}$$

使用 $F(2) = \frac{\bar{T}_Q(2)}{2+1} = \frac{24}{3} = 8$。

$$F(n) = \underbrace{8 + \frac{-5}{3} - 14 \left(\frac{1}{1} + \frac{1}{2} + \frac{1}{3} \right)}_{\text{常數部分}} + 14 \sum_{j=1}^{n} \frac{1}{j} + \frac{19}{n+1}$$

$$= K + 14 \sum_{j=1}^{n} \frac{1}{j} + \frac{19}{n+1}$$

這裡將常數部分設為 K。

$$K = 8 + \frac{-5}{3} - 14 \left(\frac{1}{1} + \frac{1}{2} + \frac{1}{3} \right)$$

然後回到 $F(n)$。

$$F(n) = K + \frac{19}{n+1} + 14 \sum_{j=1}^{n} \frac{1}{j}$$

$$= K + \frac{19}{n+1} + 14 H_n$$

◎　◎　◎

「等一下等一下！哥哥！Σ 怎麼忽然變成 H_n 了！」

「這個 H_n 是我們的朋友。這是 harmonic number（調和數），定義是這樣。」

$$H_n = \frac{1}{1} + \frac{1}{2} + \frac{1}{3} + \cdots + \frac{1}{n} = \sum_{j=1}^{n} \frac{1}{j}$$

「嗯——」

「之後是機械式的計算。」

$$F(n) = \frac{\bar{T}_Q(n)}{n+1}$$

「所以，可以用 $F(n)$ 來表示 $\bar{T}_Q(n)$。」

$$\begin{aligned}
\bar{T}_Q(n) &= (n+1) \cdot F(n) \\
&= (n+1) \cdot \left(K + \frac{19}{n+1} + 14H_n \right) \\
&= K \cdot (n+1) + 19 + 14(n+1)H_n \\
&= \underbrace{14n \cdot H_n}_{\text{漸近的大項}} + K \cdot n + 14H_n + K + 19 \\
&= O(n \cdot H_n)
\end{aligned}$$

「這樣就完成了！」

$$\bar{T}_Q(n) = O(n \cdot H_n)$$

QUICKSORT 的平均執行步驟數 $\bar{T}_Q(n)$ 滿足以下式子。

$$\bar{T}_Q(n) = O(n \cdot H_n)$$

但是，H_n 為以下定義的調和數。

$$H_n = \frac{1}{1} + \frac{1}{2} + \frac{1}{3} + \cdots + \frac{1}{n}$$

「咦……不是還沒完成嗎！又不是 $\bar{T}_Q(n) = O(n \cdot H_n)$，要檢查 $\bar{T}_Q(n) = O(n \log n)$ 吧？」

「嗯，是這樣沒錯，不過在漸近上來說，本來調和數就和對數函數是一樣的級數，所以：

$$H_n = O(\log n) \quad \text{或} \quad n \cdot H_n = O(n \log n)$$

成立。因此可以說 $\bar{T}_Q(n) = O(n \log n)$ 也成立。」

解答 10-1（快速排序的平均執行步驟數）
關於 QUICKSORT 的平均執行步驟數 $\bar{T}_Q(n)$ 成立以下式子。

$$\bar{T}_Q(n) = O(n \log n)$$

10.3.2　H_n 與 log n

「喂，哥哥，所謂的調和數，是把 $\frac{1}{1}, \frac{1}{2}, \frac{1}{3}, \dots, \frac{1}{n}$ 加起來——這由梨懂，可是，我忽然聽到 $\log n$ 什麼的就不太懂了——」

「妳是說剛才的 $H_n = O(n \log n)$ 嗎？」

「對——學校還沒教，我覺得你好狡猾。」

「才不狡猾呢。這全是數學，學校有沒有教，和數學沒有直接關係。H_n 之所以可以用 $\log n$ 來控制，可以用 $\sum \frac{1}{k}$ 會被 $\int \frac{1}{x} dx$ 控制來證明，不過會出現積分。」

「你說積分我就更不懂……」

「用圖表來掌握概念就行了。左圖是調和數，右圖是對數函數。」

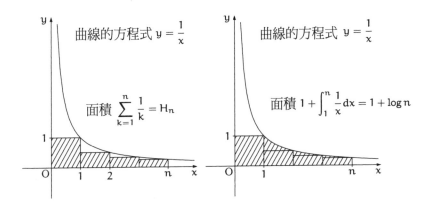

《調和數》與《對數函數》

「你是說右邊比左邊的面積大？」

「對啊，在這裡，面積就是積分的值，所以用面積的大小關係，就會明白不等式成立。」

「積分與面積——總覺得還是不甘心啊，嗚嗚！」

「過幾天來學吧。」

「嗯……對了，哥哥，前提條件是？」

「什麼前提條件？」

「你想想，《設定明確前提條件的定量估算》很重要吧？估算快速排序的平均執行步驟數時，沒有前提條件嗎喵？」

「沒有前提條件喔，因為只是平均。」我說。

10.4　圖書室

10.4.1　米爾迦

「有個大前提條件。」米爾迦說。

星期一的圖書室，我和平時的成員們談論快速排序的平均執行步

驟數 $\bar{T}_Q(n)$ 的結果。

$$\bar{T}_Q(n) = O(n \log n)$$

「大前提條件……有嗎？」我說。

「你取執行步驟數的平均，那時候：

《所有可能給予的輸入機率相等》

假設了這件事，這就是前提條件。你設了前提條件，輸入的機率分布是均勻分布。」

「啊……」

「因此可以主張軸的位置在 1 到 n 各處都一樣，只要執行步驟數的總和除以 n，就可以求平均了。」

「的確是這樣吧。」我承認。

「可、可是……」蒂蒂說，「均勻分布——全部的輸入機率相等，是非常自然的，並非不好吧。」

「我的意思並非均勻分布不好，蒂德菈，我想說的是不可以忘記前提條件。主張快速排序的平均執行步驟數是 $O(n \log n)$ 的時候，要加上《輸入按照均勻分布》的但書。」米爾迦用手指梳著長髮說。

「啊……」

「譬如把排序完成的數列用快速排序處理，這時平均執行步驟數是 $O(n \log n)$ 的主張就錯了。」

「的確……排序完成的話，就是 $O(n^2)$ 吧。」蒂蒂也承認。

「那麼，演算法的前提條件愈少愈好吧。」我說。

「要看《好》的定義是什麼。」米爾迦回答，「好吧，的確沒有一定要《輸入按照均勻分布》，《輸入的機率分布是任意》的適用範圍比較廣。」

「等一下，米爾迦。」我打斷她的話，「輸入的機率分布任意——這種狀況可以分析執行步驟數嗎？」

「只要用隨機演算法就能順利處理了。」米爾迦說，「隨機演算法

的分析，有時候可以用在不依存於輸入的機率分布的估算。前幾天的 RANDOM-WALK-3-SAT 這個隨機演算法也是這樣。不考慮輸入的邏輯式的機率分布如何，可以估算成功機率，也可以漸近地解析執行步驟數。」

「米爾迦學姊，可是……」蒂蒂抱頭說，「隨機漫步與排序不是完全不同嗎？為什麼明明排序是排列散亂的東西，卻可以用隨機演算法呢？」

「在排序用隨機演算法？當然可以用，譬如──」

米爾迦豎起手指微笑。

「隨機快速排序。」

10.4.2 隨機快速排序

「隨機快速排序會隨機決定軸。不管選哪個軸，執行步驟數雖然會變化，但一定可以排列。因此，使用亂數來選擇軸在排序上也不成問題。」

「啊……是這樣啊。」

「只要改變快速排序選擇軸的方法，就是隨機快速排序。」

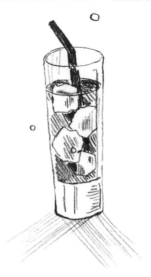

隨機快速排序演算法（程序）

▶ **R1a**: procedure RANDOMIZED-QUICKSORT(A, L, R)
　　R2:　　if L < R then
▶ **R2a**:　　　　r ← RANDOM(L, R)
▶ **R2b**:　　　　A[L] ↔ A[r]
　　R3:　　　　p ← L
　　R4:　　　　k ← L + 1
　　R5:　　　　while k ≦ R do
　　R6:　　　　　if A[k] < A[L] then
　　R7:　　　　　　A[p + 1] ↔ A[k]
　　R8:　　　　　　p ← p + 1
　　R9:　　　　　end-if
　　R10:　　　　k ← k + 1
　　R11:　　　end-while
　　R12:　　　A[L] ↔ A[p]
▶ **R13a**:　　　A ← RANDOMIZED-QUICKSORT(A, L, p − 1)
▶ **R14a**:　　　A ← RANDOMIZED-QUICKSORT(A, p + 1, R)
　　R15:　　end-if
　　R16:　　return A
　　R17: end-procedure

「為了變成 RANDOMIZED-QUICKSORT，追加了 *R2a* 與 *R2b*，是本質上的變更。在 *R2a* 隨機 1 個 L 以上 R 以下的整數 r，在 *R2b* 交換 A[L] 與 A[r]。」

「差別只有這樣嗎？」

「除了變更名稱，其他的與 QUICKSORT 一樣。」米爾迦說。

「如果變更只有這樣，想必遞迴關係式的差異也不大吧。」我說。

RANDOMIZED-QUICKSORT 的遞迴關係式

$$\begin{cases} \bar{T}_R(0) &= 4 \\ \bar{T}_R(1) &= 4 \\ \bar{T}_R(n) &= \dfrac{1}{n} \displaystyle\sum_{p=L}^{R} \left(7n + \underset{\sim}{4} + \bar{T}_R(p-L) + \bar{T}_R(R-p) \right) \end{cases}$$

$$(n = 2, 3, 4, \ldots)$$

我又說：

「取代 $p = L, L+1, \cdots\cdots, R-1, R$，換成 $j = 1, 2, \cdots\cdots, n-1, n$ 的話，遞迴關係式就能改寫為以下的樣子。」

$$\begin{cases} \bar{T}_R(0) &= 4 \\ \bar{T}_R(1) &= 4 \\ \bar{T}_R(n) &= 7n + 4 + \dfrac{1}{n} \displaystyle\sum_{j=1}^{n} \left(\bar{T}_R(j-1) + \bar{T}_R(n-j) \right) \qquad (n = 2, 3, 4, \ldots) \end{cases}$$

「所以。」我繼續說，「隨機快速排序的平均執行步驟數的級數，還是——

$$\bar{T}_R(n) = O(n \log n)$$

——對吧。」

「對，不過意義變了。」米爾迦回答，「$\bar{T}_R(n)$ 不是對於按照均勻分布的輸入的平均。因為隨機決定軸，執行步驟數不依存於輸入。即使一樣的輸入，每次執行隨機快速演算法時，執行步驟數都有可能改變。$\bar{T}_R(n)$ 是執行步驟數的期望值。如果大小是 n，不管給怎樣的輸入，都可以期望是 $\bar{T}_R(n)$ 的執行步驟數。而且，這個期望值至多是 $n \log n$ 的量階。」

■ $\bar{T}_Q(n) = O(n \log n)$

快速排序的時候，

對於按照均勻分布的輸入，

平均執行步驟數至多是 $n \log n$ 量階。

■ $\bar{T}_R(n) = O(n \log n)$

隨機快速排序的時候，

不管對怎樣的輸入，

執行步驟數的期望值至多是 $n \log n$ 量階。

「隨機決定軸比較能讓前提條件變自由──這真是不可思議呢。」蒂蒂說。

10.4.3　比較的觀察

米爾迦閉上眼睛，就這樣用食指在空中畫不可思議的圖形。我們沉默地看著圖形。

「我們──」米爾迦睜開眼睛慢慢開始說話，「知道快速排序這個演算法，重複根據軸來分割並排序。以分割將《未滿軸的元素》集中到左邊；《軸以上的元素》集中到右邊。」

「對，就是《左翼》與《右翼》吧！」

「對，可以做出《兩只翅膀》。另外我們對於分割基礎的《元素的比較》應該相當了解了吧──那麼來個小測驗。」

「好！」蒂蒂回應。

「用隨機快速排序來排序數列 $< 1, 2, 3, \cdots\cdots, n >$ 時──

在什麼時候會比較元素 j 與元素 k？

──假設 $1 \leqq j < k \leqq n$。」

「呃……要看狀況吧。」蒂蒂馬上說。

「看狀況，沒錯。」米爾迦說。

「兩個元素 j 與 k……有可能不比較，也有可能比較很多次。」

「是嗎？」米爾迦開玩笑似地說。

一邊聽著兩人的話，我一邊思考。

在隨機快速排序，兩個元素 j 與 k 什麼時候會拿來比較呢……當然不一定會比較。譬如將 $< 1, 2, 3 >$ 輸入隨機快速排序，隨機選了 2 當作軸。分割的時候，《1 與 2》加上《2 與 3》各自就會比較 1 次。分割結束時，《左翼》的元素只有 1，《右翼》的元素則只有 3，結果《1 與 3》就沒比較。那麼一般而言，在 $< 1, 2, 3, ……, n >$，j 與 k 什麼時候會拿來比較呢……

◎　◎　◎

將翅膀當作數的集合吧。

譬如輸入以下 8 個數。

$$\{1, 2, 3, 4, 5, 6, 7, 8\}$$

隨機選 5 作為軸，《兩只翅膀》如下。

$$\underbrace{\{1, 2, 3, 4\}}_{《左翼》} \quad \underbrace{5}_{軸} \quad \underbrace{\{6, 7, 8\}}_{《右翼》}$$

為了做這個《兩只翅膀》，比較的元素是哪個和哪個呢？

要回答這個並不難。《左翼》的元素都比軸小，這是把軸的 5 與 1, 2, 3, 4 比較的結果。此外，《右翼》的元素全在軸以上。這是把軸的 5 與 6, 7, 8 比較的結果。

換句話說，在 1 次的分割——

《比較是在「軸」與「軸以外的元素」之間進行》

這樣就明白了。1 次的分割，軸以外的元素之間不會比較。

然後，左右翼各自被遞迴排序。可是，現在用於分割的軸 5，不會

放入任一邊的翅膀。亦即曾被選為軸的元素，就不會再被選為軸。

比較的兩元素，有一邊一定是軸，曾被選為軸的元素，則不會再被選上。換句話說，在 1 次的快速排序——

《兩個元素間的比較至多進行 1 次》

這樣就明白了。元素 j 與元素 k 的比較次數至多為 1——也就是 0 次或 1 次。

再觀察一下剛才做的《兩只翅膀》吧。

$$\underbrace{\{1, 2, 3, 4\}}_{《左翼》} \quad \underbrace{5}_{軸} \quad \underbrace{\{6, 7, 8\}}_{《右翼》}$$

《左翼》與《右翼》各自被遞迴排序。這個過程，絕對不會在《左翼》的各元素 1, 2, 3, 4，以及《右翼》的各元素 6, 7, 8 之間進行比較。也就是——

《不會有任何橫跨左右翼的比較》

——可以這麼說。

◎　◎　◎

「不會有任何橫跨左右翼的比較。」米爾迦說。

「的確、的確、的確是這樣！」蒂蒂說。

「原來如此。」我說，「說起來是理所當然，但在練習算式的時候卻沒發現呢。」

「意思就是，比較——一定要在翅膀中進行，從翅膀中選軸，然後與這個軸做比較的，只有翅膀剩下的元素。這就是《不會有任何橫跨左右翼的比較》的意思。」

「沒錯——那麼從這裡開始。」米爾迦站起來，「關於比較，既然說到這裡，在快速排序時——

元素 j 與元素 k 會在什麼時候比較呢？

就能回答這個問題了。」

「j 或 k 單方是軸的時候！」蒂蒂說。

「這不正確。」我說。

「是、是嗎？」

「你想想剛才的例子就懂了。假設分割第 1 次的軸是 5，分割第 2 次的軸是 3。3 與 7 會被比較嗎？雖然 3 是分割第 2 次的軸，不過 3 與 7 不會被比較。」

「啊，也對……在最初分割時，j 與 k 就已經被《分開》成兩只翅膀！」

「元素 j 與元素 k 在什麼時候會比較？」米爾迦問。

「要明確說出比較條件的意思。」我說。

「j 與 k 不是《分開》的，呃，j 與 k 的其中一個是軸的時候……對吧？」

「這樣應該對。」我說，「在 $j \leq \bigcirc \leq k$ 這個範圍，j 或 k 是最初的軸——只有這時候，元素 j 與元素 k 會被比較。」

「呃……是嗎？我不太懂。」蒂蒂說。

「只要思考在怎樣的時候，j 與 k 是否會《分開》就行了。」我說。「j 與 k 會在左右翼變成《分開》的情況，

$$j < p < k$$

要有構成此式子的 p——而且是 p 要比 j 或 k 更先被選上當作軸的情況。j 與 k 不會在左右翼《分開》的情況，只要思考它的否定就行了。要選取任何滿足 $j < p < k$ 的 p 之前，要先選擇 j 或 k 當作軸。」

「原來如此！我懂了！」

「因此，米爾迦的小測驗《元素 j 與元素 k，在什麼時候會比較？》，對此問題：

《在 j 以上、k 以下的元素中，
j 或 k 是最先被選為軸元素的時候》

答案就是這個。」

我如此說著看米爾迦。

「這理解正確。」黑髮才女輕輕點頭,「關於元素 j 與元素 k 的比較,你的理解很先進。而且,比較次數是 0 次或 1 次已經確認過了。此外──你說到《元素 j 與元素 k 的比較次數是 0 次或 1 次》,讓我很開心。」

「為什麼?」蒂蒂問。

「因為我想起計算數量的道具。」

「指示?」麗莎說。

「指示!」蒂蒂放聲說。

「指示!」我說,「這的確是取 0 或 1 的值的變數。」

「正確來說,是指示隨機變數。」米爾迦繼續,「《元素 j 與元素 k 的比較次數》雖然可能在每次試行時改變,但只限於 0 或 1 的其中之一。也就是指示隨機變數,就把它設為 $X_{j,k}$ 吧。」

$$X_{j,k} = \begin{cases} 1 & \text{元素 } j \text{ 與元素 } k \text{ 比較的時候} \\ 0 & \text{元素 } j \text{ 與元素 } k \text{ 不比較的時候} \end{cases}$$

「指示隨機變數……呃,在算擲硬幣出現正面次數時,曾經出現過。」

「對,指示隨機變數是計算數量很方便的道具。根據目前為止的理解,我們用不著解遞迴關係式,就能估算《總比較次數的期望值》。原因是總比較次數,可以用兩個元素的比較次數總和來表示──在這裡,

《和的期望值是期望值的和》

就輪到它上場了。」米爾迦說。

「期望值的線性。」麗莎回應。

10.4.4 期望值的線性

米爾迦繼續說，

「設表示《元素的總比較次數》的隨機變數是 X，表示《元素 j 與元素 k 的比較次數》的指示隨機變數是 $X_{j,k}$ 。接著 X 就可以分解成 $X_{j,k}$ 的和。這就是滿足 $1 \leqq j < k \leqq n$，對於全部 j, k 配對的和。」

$$X = \sum_{j=1}^{n-1} \sum_{k=j+1}^{n} X_{j,k} \qquad \text{將 X 用 } X_{j,k} \text{ 的和來表示}$$

$$E[X] = E\left[\sum_{j=1}^{n-1} \sum_{k=j+1}^{n} X_{j,k}\right] \qquad \text{取兩邊的期望值}$$

$$= \sum_{j=1}^{n-1} E\left[\sum_{k=j+1}^{n} X_{j,k}\right] \qquad \text{因為期望值的線性}$$

$$= \sum_{j=1}^{n-1} \sum_{k=j+1}^{n} E[X_{j,k}] \qquad \text{因為期望值的線性}$$

「像這樣 $E[X]$ 可以用 $E[X_{j,k}]$ 的和來表示。因此我們只要檢查 $X_{j,k}$ 的期望值就行了。在這裡 $X_{j,k}$ 是有用的指示隨機變數，原因是：

《指示隨機變數的期望值等於機率》。」

10.4.5 指示隨機變數的期望值等於機率

指示隨機變數的期望值等於機率——這從期望值的定義可以馬上明白。

$$E[X_{j,k}] = 0 \cdot \Pr(X_{j,k} = 0) + 1 \cdot \Pr(X_{j,k} = 1) \qquad \text{期望值的定義}$$
$$= \Pr(X_{j,k} = 1) \qquad \text{消去乘以 0 的項}$$

也就是說，期望值 $E[X_{j,k}]$ 只會是 $X_{j,k} = 1$ 的機率。 $X_{j,k}$ 是表示會不會比較元素 j 與元素 k 的指示隨機變數，所以：

$$E[X_{j,k}] = \text{《比較元素 } j \text{ 與元素 } k \text{ 的機率》}$$

可以這麼說。

那麼馬上來求《比較元素 j 與元素 k 的機率》吧。其實只要思考《元素 j 與元素 k 在什麼時候會比較？》就能如以下馬上求得。

《比較元素 j 與元素 k 的機率》
= 《在 j 以上、k 以下的元素中，
　　j 或 k 是最先被選為軸元素的時候》

也就是說，從 j 以上、k 以下的 $k - j + 1$ 個元素中，選出 j 或 k 的機率。這很簡單。

$$\underbrace{j, \ j+1, \ \ldots, \ k-1, \ k}_{k-j+1 \text{個}}$$

先寫出數為 $j, \ j+1, \ \ldots, \ k-1, \ k$，來想像一個《$k-j+1$ 角形的輪盤》吧。這個輪盤轉 1 次的時候，是 j 或 k 的機率？答案當然是——

$$\frac{\text{《是 } j \text{ 或 } k \text{ 的情況數(2)》}}{\text{《所有的情況數 } (k-j+1) \text{》}} = \frac{2}{k-j+1}$$

——像這樣，因此以下成立。

$$E[X_{j,k}] = \text{《比較元素 } j \text{ 與元素 } k \text{ 的機率》} = \frac{2}{k-j+1}$$

回到《和的期望值是期望值的和》吧。

$$E[X] = \sum_{j=1}^{n-1} \sum_{k=j+1}^{n} E[X_{j,k}]$$

$$= \sum_{j=1}^{n-1} \sum_{k=j+1}^{n} \frac{2}{k-j+1} \qquad E[X_{j,k}] \text{ 是機率}$$

$$= 2 \sum_{j=1}^{n-1} \sum_{k=j+1}^{n} \frac{1}{k-j+1}$$

k 在 $j+1 \leqq k \leqq n$ 的範圍移動時，因為 $k-j+1$ 在 $2 \leqq k-j+1 \leqq n-j+1$ 的範圍移動，所以設 $m = k-j+1$，可得下式。

$$E[X] = 2 \sum_{j=1}^{n-1} \sum_{m=2}^{n-j+1} \frac{1}{m}$$

$$= 2 \sum_{j=1}^{n-1} \left(\sum_{m=1}^{n-j+1} \frac{1}{m} - \frac{1}{1} \right) \qquad 修改成開始的和$$

$$= 2 \sum_{j=1}^{n-1} \left(H_{n-j+1} - 1 \right) \qquad 用\ H_n\ 表示$$

$$= 2 \sum_{j=1}^{n-1} H_{n-j+1} - 2 \sum_{j=1}^{n-1} 1$$

$$= 2 \sum_{j=1}^{n-1} H_{n-j+1} - 2(n-1)$$

j 在 $1 \leqq j \leqq n-1$ 的範圍移動時，因為 $n-j+1$ 在 $2 \leqq n-j+1 \leqq n$ 的範圍移動，所以設 $\ell = n-j+1$ 可得下式。

$$E\,[X] = 2\sum_{\ell=2}^{n} H_\ell - 2(n-1)$$

$$= 2\,(H_2 + H_3 + \cdots + H_n) - 2n + 2$$

$$\leqq 2\underbrace{\left(H_n + H_n + \cdots + H_n\right)}_{n-1\,個} - 2n + 2$$

$$= 2(n-1)H_n - 2n + 2$$

$$= 2n \cdot H_n - 2H_n - 2n + 2$$

$$= O(n \cdot H_n)$$

$$= O(n \log n)$$

　　這樣可以觀察在隨機快速排序的比較，使用《期望值的線性》與《指示隨機變數的期望值與機率相等》，就能估算總比較次數的期望值級數。

$$E\,[X] = O(n \log n)$$

隨機快速排序的總比較次數的期望值，至多是 $n \log n$ 的級數。

10.5　家庭餐廳

10.5.1　各式各樣的隨機演算法

　　「除了 RANDOM-WALK-3-SAT 和 RANDOMIZED-QUICKSORT，隨機演算法還有其他的嗎？」蒂蒂問。

　　這裡是車站前的家庭餐廳，我們大家一起吃晚餐。

　　「隨機演算法有無數個。」米爾迦回答，「最容易懂的**是用來掌握整體的隨機演算法**。雖然想要掌握整體，但整體太大，想要掌握會有困難，所以要進行隨機抽樣。這是希望以較少勞動時間來掌握整體。」

　　「就像攪拌以後再嚐味道吧。」

「也有為了迴避最糟糕情況的隨機演算法，隨機快速排序就是這種，選擇固定的軸，說不定會陷入最糟的情況，因此要隨機選軸。」

「原來如此。」

「也有一種為了得到許多證據的隨機演算法。譬如機率的質數判定，有輸入位數很大的整數，來判斷是否為質數的演算法。輸出的結果為《確實為合成數》或《大概是質數》。」

「那個……《大概》在數學上可以這麼表示嗎？」

「我想準確估算失敗機率很重要吧。」我說，「也就是說，不僅是《有可能失敗》，還要估算失敗機率在多少以下。」

「若出現《大概是質數》的結果，雖然會花時間，但可以進行嚴謹的質數測試。」米爾迦說，「意思是取得時間與嚴謹度的平衡。這種工學性的探討沒有任何壞處。」

「Trade-off（權衡）。」麗莎說。

10.5.2 準備

「研討會準備的怎麼樣了？」我問蒂蒂。

「是的……我打算介紹泡沫排序與快速排序。」蒂蒂說，「還有米爾迦學姊所說的隨機快速排序！」

「咦！又要增加？這樣發表時間會不夠吧？」

「可以增加時間──嗎？」蒂蒂看隔壁的麗莎。

「不行。」麗莎簡潔地回答。

「就說吧……」

「把報告發給大家。」麗莎說。

「啊，對喔。」我說，「可能有說明不足的部分，以及詳細的式子變形等等，印出來發給會場的人就行了。」

「原來如此！」蒂蒂說，「就像是給聽眾的信！……啊，可、可是，準備會很辛苦。」

「我幫妳。」麗莎說。

「蒂蒂在眾人面前說話的時候不會緊張吧。」我說。

「不會不會！我會非常興奮！可是這次聽的人是十幾個國中生，這種程度我想會沒問題的。」

「場地已經決定了？」米爾迦對麗莎說。

「我現在看。」麗莎馬上打開電腦操作。

「咦，這樣就知道嗎？」蒂蒂問。

「麗莎全部都知道，不是嗎。」米爾迦說。

「Iodine（碘）。」麗莎看著畫面回答。

「嗯……在講堂嗎。」

「講、講堂？」蒂蒂說。

「聽眾增加。」麗莎說。

10.6　雙倉圖書館

10.6.1　碘

研討會當天早上。

天氣預報是晴天，但偏巧下了小雨。

我與蒂蒂，還有由梨三人一進入雙倉圖書館的入口，就看到麗莎已經在等了。

「呃，會場在……」我說。

「這邊。」麗莎引導我們。

「超帥的圖書管理員在哪裡？」由梨問。

「在那裡。」循著麗莎的視線，一位高個子男性正在整理書架。

「瑞谷先生。」麗莎說。

「咦？」我很驚訝，「妳說瑞谷，所以他是瑞谷女士的……」

「弟弟。」麗莎說。

「咦咦咦咦？」我們很驚訝。

「個子也很高呢──」由梨看著瑞谷女士的弟弟（！），「……真是高大的男生。」

由梨如此說著，一邊撫摸自己的額頭。

「話說回來，米爾迦大小姐呢？」由梨說。

「我就說了她不在。」我說，「她明天才回日本。」

「咦──！」由梨很不滿。

「……」蒂蒂從今早開始就不發一語。

「妳很緊張嗎？」我問。

「沒問題……我要說的全部寫好了……」蒂蒂給我看一疊紙。可是，她看起來不像沒問題。

10.6.2　緊張

「碘」會場裡面聚集許多國中生、高中生。

「這麼多……」蒂蒂環視全場說。

這並沒大講堂那麼大。可是，本來打算在小教室進行小發表的蒂蒂似乎受到了衝擊。

在「碘」召開了國高中生導向的研討會。上午的安排，一開始是大學老師講課，接著是蒂蒂的發表。

老師講離散數學的時候，蒂蒂一直冷靜不下來，瀏覽草稿。

前面的螢幕顯示「隨機快速排序」，終於輪到蒂蒂發表了。

她從座位起立，走向前。她在臺上好像快被絆倒摔跤的樣子，讓我不由得嚇了一跳。還好沒跌倒，可是手上拿的一疊草稿掉了。蒂蒂慌張地撿起弄整齊，我捏一把冷汗，都快看不下去了。

她行一個禮，聽眾發出稀稀落落的鼓掌聲。

「今天，我要講的是，隨機快速排序……」

這時蒂蒂的聲音停止。

「………………」

說不出口。

「………………！」

我知道她拚命想說話，可是，卻說不出來。應該是到達她的緊張極限。

原來很安靜的聽眾開始吵嚷起來,瀰漫著(怎麼了啊)的竊竊私語。蒂蒂還是固定在臺上。

我焦急起來。

「哥哥,蒂德菈同學很困窘。」由梨悄聲說。

不用妳說這我也知道,可是,我又不可能去臺上幫她。

然後。

就在此時。

伴隨著柑橘類的香氣——

「蒂德菈才不困窘,麗莎!」聲音傳來。

我回頭看,是米爾迦!

「處理中。」麗莎打開膝蓋上的紅色電腦回答。

——麗莎敲鍵盤。

就在此同時,像音叉的一個聲音,在會場中發出聲響。

——麗莎敲鍵盤。

蒂蒂背後的螢幕刷地一下切換了。

上面顯示著大字《請安靜》。

大家的視線回到螢幕。

吵嚷平息下來,會場一片安靜。

——麗莎再次敲鍵盤。

螢幕恢復原來的畫面。

「蒂德菈小姐!」麗莎用沙啞的聲音呼喚。

「Continue!」

10.6.3　發表

蒂蒂大口深呼吸,重新開始發表。

「失禮了,接下來要談隨機快速排序……」

她的聲音變得冷靜。

我打從心底鬆了口氣。

恢復步調的蒂蒂，很漂亮地說明專門用語以後，依序說明演算法的漸近分析。具體的例子很多，而且算式少，節奏不錯。

一開始困惑的會場學生們，也逐漸被蒂蒂說明間夾帶的關鍵句給吸引了。

《舉例是理解的試金石》
《從理所當然之處開始是好事》
《將變數的導入一般化》
《設定明確前提條件的定量估算》

也有實際展示演算法的運作。

臺上的蒂蒂逐漸露出笑臉。

「因此──

《不會有任何橫跨左右翼的比較》

就可明白。」

蒂蒂這麼一說，大家都大幅點頭，紛紛傳來「原來如此」的聲音，還有人熱衷地寫著筆記。

《期望值的線性》
《和的期望值是期望值的和》
《指示隨機變數的期望值等於機率》
《指示隨機變數是計算的工具》

蒂蒂漸漸緩解了緊張，大眼睛閃閃發光，持續說著話。課堂上的聽眾也很享受活力女孩的講課。

10.6.4　傳達

……就這樣，隨機快速排序的說明結束了。

最後——請、請讓我稍微說說感想。

數學並非只是解答問題。

我想將不懂的、複雜的、曖昧的東西，想辦法解開，這樣的心情很重要。自己提起問題、自己動手、用自己的頭腦思考非常重要。

在這過程中——有時會遇到令人吃驚的事。

產生這種維持秩序的排序演算法，竟然會有隨機選擇登場，我從未想像過，非常驚訝，而且，我想將這份驚訝傳達給各位。

為了今天的發表，很久很久以前的數學家，稍早以前的數學家，學校的老師，學長姐，還有雙倉的小麗莎……多虧許多人的幫忙，謝謝你們。

我、我說了太多對不起。

最後的最後，我想借用我最喜……呃，我非常尊敬的學長，他的話來做結論。

大家知道萊布尼茲先生嗎？他在 17 世紀研究二進位法，但他並不知道 21 世紀會有電腦。像這樣，歷史上有許多數學家研究二進位法，這些都對現代的電腦產生重大的影響。

萊布尼茲先生雖然離開這世上，但數學卻超越時代生存下來，傳給——現代的我們。

《數學是超越時代的》

數學，我們的數學會超越時代生存下去。

今天——我向各位傳遞了這場簡單的報告。

請大家務必將自己學到的數學，傳達給身邊的人。

請將數學的喜悅，學習的喜悅，傳達喜悅的喜悅，傳遞下去。

《數學是超越時代的》

請讓我以這句話為發表作結。

非常感謝各位的聆聽。

◎　◎　◎

蒂蒂在臺上鞠躬。

大家同時鼓掌！

「啊，對了，再說一件事。」臺上的蒂蒂雙手揮動，止住鼓掌。「斐波那契手勢——大家一起來做數學愛好者的手勢吧。」

蒂蒂說著，手大幅度地擺動。

$$1, \quad 1, \quad 2, \quad 3,$$

會場的聽眾紛紛舉手回應。

$$5 \ldots$$

然後再次鼓掌！

在盛大的熱烈氣氛中，蒂蒂的報告結束了。

10.6.5　氧

「哎呀真是的，害我好緊張。」蒂蒂說，「我腦中真的一片空白……」

「練習不足。」麗莎喝著奶茶說。

這裡是雙倉圖書館三樓的咖啡餐廳「氧」（Oxygen）——現在是午餐時間。雨停了，可以看見太陽。

「妳恢復得很快不是嗎。」米爾迦說。

「甚至可以做斐波那契手勢。」我說。

「啊啊！我真的很緊張。下午想再放鬆一下——可是好像有很有趣的研討會呢。」蒂蒂讀著簡章說。

「國中生導向的研討會也還有幾場……」由梨東張西望地說，總覺得她毛躁不安。

　　我們大聲說著話用餐。不斷有陌生人來找蒂蒂搭話，不只有日本的學生，還有中國的青年與瑞典的女生，大家都拿著蒂蒂發的講義。

　　原來——數學不只超越時代，也是超越國境的。

　　女生是金髮藍眼，就像娃娃一樣漂亮，讓我看得入迷。她用英語和蒂蒂說話，蒂蒂漂亮地用英語回答。

　　「蒂蒂好厲害啊。」女生回去以後，我說。

　　「英語雖然可以，數學的理解卻追不上。」蒂蒂臉紅了，「米爾迦學姊，剛才的女生說的 "probabilistic analysis of algorithms" 以及 "analysis of randomized algorithms" 的差別是什麼？」

　　「譬如說。」米爾迦說，「假設輸入的機率分布，分析演算法的執行時間，就稱為《演算法的機率分析（probabilistic analysis of algorithms）》。相對於此，《隨機演算法的分析（analysis of randomized algorithms）》則是沒必要常常假設輸入的機率分布。蒂德菈發表的隨機快速排序也是這樣。」

10.6.6　連結

　　「對了，Iodine 是什麼意思？」

　　「呃……是另一個 i 喔。」蒂蒂微笑。

　　「另一個 i？」

　　「Iodine——就是碘，元素記號是 "I"。」

　　「是啊，原來是這個意思。」

　　蒂蒂的表情忽然很認真。

　　「關於在這世上超越生命傳達思想的方法，米爾迦學姊說過，是《論文》。」蒂蒂說，「可是，我覺得除了論文以外還有別的。譬如教育。教了人，那個人會再教其他的人，這麼做就可以把思想傳達到很久以後了。」

　　「嗯……」米爾迦抱起胳膊。

　　「呼……」由梨嘆了口氣。

　　「怎麼了，由梨，沒精神。」

「傳達思想給人，可以辦到嗎？」由梨肩膀垂下說，「與距離非常遙遠的人心意互通，可以辦到嗎……」

「可以。」蒂蒂說，「距離不是問題，語言絕對有這個力量。」

由梨一臉驚訝抬頭。

環視四周。

有呼喊由梨的聲音。

別桌一個像國中生的男生朝著這裡揮手。

「什麼嘛，原來有來啊──」

由梨說著，站起來跑向那桌。

「那是她額頭啾的對象吧……」蒂蒂小聲說。

「額頭啾？」

10.6.7　庭園

在「氧」用餐結束後，我與米爾迦兩人走到庭園外面。

雨剛停，空氣很清新。

「你的表情就像由梨父母呢。」米爾迦說。

「妳回來了呢。」

「早了一天。」她說著，並用力握著我的手。

無言。

「好冷啊。」米爾迦皺眉。

「啊……」呃，沒話說真糟糕。「呃……我很高興。」

這種時候要說什麼才好呢？

「我說冷的是你的手。」

啊？啊啊……

「雖然我還沒辦法訂任何約定，可是總有一天，我會支持米爾迦──」

我已經頭暈，不知道自己在說什麼。

「你什麼都不懂。」米爾迦夾著嘆氣地說。

「？」

「你的存在是——」

「存在？」

「沒什麼。」米爾迦說著撇開目光。

「……我總有一天一定會訂約定的，這件事我跟妳約好了。」我
說。

「會改變的約定嗎，那麼，預借約定。」

「預借？」

「不是電話——」

米爾迦如此說著，靠近我一步。

「？」我退後一步。

「也不是信——喂，你認為就在身邊的意思是？」

「在身邊的意思？」

米爾迦拉著我的手，又靠近一步。

「不懂嗎？」

「呃……」我支支吾吾。

「馬上就會懂了。」她說著湊近臉龐。

我的身邊就是米爾迦。金屬框的眼鏡，帶淺藍色的鏡片，還有那深
處靜謐的瞳孔。

「對，不花一分鐘。」

10.6.8　約定的象徵

兩分鐘後。

蒂蒂來到庭園。

「學長姊們！你們在這裡啊——啊，好漂亮的彩虹！」

雨後的天空變為完全的藍天，巨大的彩虹浮於天際。

「下午的會期開始了喔！」

我往雙倉圖書館前進一步——

再次回頭，仰視顯眼的彩虹。

《因為彩虹是約定的象徵》

掛在天空中的彩虹橋，看起來的確像巨大的約定象徵。

梅雨季馬上就要結束了。
接著——炎熱的夏天要來了。

誕生後已經過了超過 30 年
隨機演算法（randomized algorithm），
在演算法理論的領域，完全得到公民權。
在今天，思考隨機演算法很普遍。
可是，在實用演算法的世界，
我們很難說已經充分認識了隨機演算法的效果與價值。
——玉木久夫《隨機演算法》 [24]

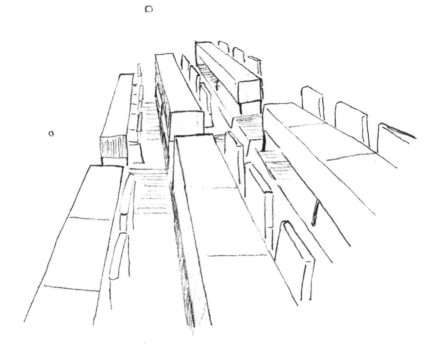

尾聲

「老師——！」女孩跳進教職員室。

「什麼？」老師從文件裡抬起目光。

「今天換我來出題！」

> 販賣所 A 與販賣所 B 兩處都在賣彩券。
>
> 請探討《販賣所 B 比販賣所 A 賣的彩券中獎機率高》的傳言。

「在數學上無意義。」老師立即回答，才不會上這種當。

「不過，這傳言是真的！」女孩呵呵呵地笑了。

「不可能，這有什麼不正當手段嗎？」

「嘿嘿——不——是。其實販賣所 B 賣的張數比販賣所 A 多！本來賣的張數就比較多，那家販賣所的中獎機率就變高了，老師。」

「那樣每一張彩券的中獎機率也不會變高，不是嗎？」

「而且啊，有更多誤解這個傳言的人，在販賣所 B 買，結果販賣所 B 中獎的機率就愈來愈高了。」

「喂喂喂……」

「偶爾有這種騙局也不錯吧？」女孩再次呵呵呵地笑了。「那麼老師，新的卡片呢？」

「就這張吧。」

「什麼什麼……

《將亂數表的一個數字改寫，可以稱為亂數表嗎》

……什麼？」

「妳知道亂數表嗎？」

```
8 0 0 5 8 9 6 7 7 0 2 9 7 5 9 6 8 5 1 4
5 8 2 7 7 2 1 7 6 6 0 8 1 5 6 2 2 3 6 1
5 2 8 9 9 2 0 7 5 0 1 0 1 6 8 9 8 9 6 7
3 5 1 9 4 6 2 9 8 9 7 7 1 1 3 6 3 9 2 2
9 4 8 6 5 8 4 7 5 4 5 1 5 7 9 4 4 1 9 9
4 0 4 9 7 3 5 0 1 3 8 2 6 2 0 3 8 7 7 5
3 5 6 3 1 3 4 8 7 2 2 0 3 8 5 5 1 8 4 8
2 9 3 8 4 5 9 0 7 6 0 2 9 5 4 6 0 6 4 0
1 8 7 0 5 6 1 4 7 2 6 6 1 5 9 3 1 8 0 2
5 8 7 1 0 3 5 8 4 6 6 1 6 1 9 5 6 7 …
```

「當然知道，所謂的亂數表就是隨機排列數字所製成的表。嗯──嗯嗯嗯，因為是隨機排列數字，改寫一個而已，應該還是亂數表吧？」

「對──啊。」

「既然如此，將已經改寫一個數字的亂數表──再改寫一個數字也是亂數表嗎？」

「呃……」女孩很困惑。

「其實，不管改寫幾個數字都是亂數表，也就是任意的數表都能稱為亂數表。」

「喔喔喔！」女孩讚嘆後陷入思考。

「妳可以在家慢慢想，妳看，雨已經停了。」

「……喂，老師。先不管亂數。」女孩用手指玩弄著卡片說。「老師常在上課說，《舉例是理解的試金石》。」

「對啊。試金石（touchstone）本來是用來鑑定貴金屬的黑色石頭。試金石是估算的比喻，也可以說是測試。《舉例是理解的試金石》──就是試著舉出具體事證。妳是否明白，可以用這個測試──的意思。」

「喂，老師？對我來說，真正的測試在哪呢？」

「真正的測試？」

「能夠通過這裡，表示妳已經沒問題了──這種測試。大學入學考試是測試我能好好生存的真正試金石嗎？」

「入學考試是入學考試，不過只是為了進入大學的選拔測驗。」

「我能好好生存嗎……」

女孩露出無比認真的表情。

我得正確回答才行——一邊想著，一邊也覺得——老師能做的只有一點點。對於17歲《問題》的《解答》，只有她本人能找到。

「老師在高中時代也想過這種事。」

「咦！這樣啊。」

「嗯，一樣。」

「喂，老師，長大以後，生存會變得更容易嗎？」

「喂喂喂……別把我說得像老人。」

女孩並非對任何人似地開始說：

「我誕生於這個世界，覺得擁有的時間該用在哪……我到底該做什麼呢？我——喜歡數學，也打算好好念書準備考試。可是，大學入學考試的前面有什麼呢，沒有任何人可以告訴我。讀書、思考後，愈學愈發現自己什麼都不知道……喂，老師，該不會順利進入大學、進公司、做出色的工作、邂逅優秀的男性，這麼做以後——我的煩惱就會消失？」

「該怎麼說呢。」

「喂，老師，你當數學老師很好嗎？」

「對啊。老師喜歡教學，也喜歡數學，特別喜歡與學生《對話》數學。認真的提問與認真的回答。幾百年、幾千年來人類在數學注入力量，將時間用在教學上。這個理由，現在我覺得有點了解了。」

「咦……」

「數學是——超越時代的。」

「超越時代？那我們正在接觸《永遠》，老師。」

「沒錯，接觸永遠，透過現在，接觸永遠。」

「就是啊！只有現在！老師，打起精神！」

「哎呀——原來是我才要打起精神。」

「啊哈，我第一次聽到……老師稱自己是《我》。」

「啊，是嗎。」

「我會再來的，老師。」

「嗯。」

女孩才剛從教職員室出去，馬上又回來了。

「老師，我發現其他解答了！」

「什麼意思？」

「剛才的亂數表：《將亂數表的一個數字改寫的表，可以稱為亂數表嗎》。」

「嗯？──其他解答？」

「這個答案怎麼樣？《本來就不存在亂數表這種東西》。」

「喔。」

「或是。」少女以笑容說，「《是否為亂數表》這個二選一的問題或許錯了，應該估算的是《哪種程度的亂數表》這個隨機的程度吧，老師！」

「喔喔。」

「好吧，今天的《對話》，非常謝謝老師──」

女孩有精神地揮著手指走出教職員室。

我從窗戶看向外面。

看見走出校門的女孩。

朝這裡回頭，大幅擺手的女孩。

我也慢慢揮手。

啊啊，真是腦筋靈活的孩子……

女孩的學習──我只能祈禱她接下來的所有步伐，都充滿偉大夢想與希望。

忽然抬起目光。

雨後天晴。

蔚藍澄澈的天空中──是約定的彩虹。

在許多的應用上，
隨機演算法是最單純的演算法，
還是最快速的演算法，
或是兩者都是。
——"Randomized Algorithms"[25]

後記

就是包也包不完而露了出來。

——幸田文「包」

我是結城浩，《數學女孩／隨機演算法》來了。

本書是

- 《數學女孩》（2007 年）
- 《數學女孩／費馬最後定理》（2008 年）
- 《數學女孩／哥德爾不完備定理》（2009 年）

的續集，這是「數學女孩」系列的第四作。登場人物有「我」、米爾迦、蒂蒂、表妹由梨，以及沙啞聲音的麗莎。以他們五人為中心，展開一如往常的數學與青春物語。

本書的執筆是以筆者記下他們的活動方式來進行。針對給予的問題，每個人各自挑戰探討。雖然仍好不容易到達解答，但中途有許多僵局。這時，找到似乎令人屏息的新發現……正如每天《不知道會發生什麼》。筆者自己只是驚訝、讚嘆於他們的發言而已。若能將這種心跳不已傳達給閱讀本書的各位讀者就好了。

本書用的是與過去「數學女孩」系列同樣的 LATEX2ε與 Euler font（AMS Euler）來排版。在排版上，奧村晴彥老師的《LATEX2ε美文書編寫入門》幫了我大忙，很感謝他。插圖是根據 Microsoft Visio，以及大熊一弘先生（tDB 先生）的初等數學講義寫作 macro emath 編寫而成的，非常感謝。

各章開頭的預設值，從《魯賓遜漂流記》引用的文字，是筆者自己翻譯的。

很感謝以下的各位與匿名的各位讀了執筆中途的草稿，給我寶貴的意見。當然本書中的錯誤全是筆者所造成的，以下的各位並無責任。

actuary_math、赤澤涼、石宇哲也、稻葉一浩、上原隆平、鏡弘道、

川嶋稔哉、毛塚和宏、上瀧佳代、田崎晴明、花田啟明、平井洋一、藤田博司、前原正英、松木直德、三宅喜義、村田賢太（mrkn）、山口漸史、矢野勉、吉田有子。

很感謝讀者們，聚集在我網站的友人們，總是為了我祈禱的基督教友們。

感謝直到本書完成，一直耐心支持我的野澤喜美男總編輯。此外，感謝為「數學女孩」系列加油的各位，大家的鼓勵是無可替代的寶物。

感謝最愛的妻子與兩個兒子。

謹將此書獻給把學習喜悅傳給我的父親。

非常感謝您閱讀本書到最後。

相信我們總有一天會見面。

結城　浩
正在對每天意想不到的事件感到驚異與感謝中
http://www.hyuki.com/girl/

我──不是孤獨一人。
每個人都在面對《自己的問題》。
世界上的《小數學家》們，
正在埋頭於各自的問題。
因此，因此，我不孤獨。
即使面臨的問題不同，
我也絕對、絕對不孤獨。
──《數學女孩／隨機演算法》

索引

國家圖書館出版品預行編目資料

數學女孩：隨機演算法 / 結成浩作；陳冠貴譯.
-- 初版. -- 新北市：世茂, 2013.06
面； 公分. -- (數學館；20)
ISBN 978-986-6097-89-8（平裝）

1.數學 2.通俗作品

310 102005794

數學館 20

數學女孩——隨機演算法

作　　者／結城 浩
審　　訂／洪萬生・王嘉慶
譯　　者／陳冠貴
主　　編／簡玉芬
責任編輯／陳文君
出 版 者／世茂出版有限公司
負 責 人／簡泰雄
地　　址／（231）新北市新店區民生路 19 號 5 樓
電　　話／（02）2218-3277
傳　　真／（02）2218-3239（訂書專線）
　　　　　（02）2218-7539
劃撥帳號／19911841
戶　　名／世茂出版有限公司　單次郵購總金額未滿 500 元（含），請加 60 元掛號費
排版製版／辰皓國際出版製作有限公司
印　　刷／傳興彩色印刷有限公司
初版一刷／2013 年 6 月
　　五刷／2021 年 1 月

I S B N ／ 978-986-6097-89-8
定　　價／ 450 元

合法授權・翻印必究
Printed in Taiwan